煤炭高等教育“十四五”规划教材
安徽省省级精品教材

大数据处理与分析

方贤文　王丽丽　卢　可／编著

中国矿业大学出版社
·徐州·

内容提要

Python是大数据分析中常用的工具，本书以Python3结合第三方开源工具进行大数据处理与分析，实现了对数据的预处理、可视化和统计分析。

本书共11章，首先给出大数据技术的简介和常用分析工具。然后，介绍了基于Python3实现的大数据预处理、可视化和统计描述，并给出了大数据的统计分析方法，包括假设检验、均值检验和时间序列预测等。详细阐述了大数据的经典分析方法，包括聚类分析、判别分析、主成分分析、因子分析方法。最后结合机器学习主流方法，给出了大数据的挖掘分析方法，如回归分析、神经网络、关联规则、决策树等。本书使用Python语言，所讲的内容可操作性强，并配套了相关的实验数据和代码，方便读者动手练习。

本书适合对大数据和统计学感兴趣的读者，特别是需要进行大数据处理和分析的学生和研究人员参考使用。

图书在版编目(CIP)数据

大数据处理与分析 / 方贤文，王丽丽，卢可编著. — 徐州：中国矿业大学出版社，2023.11

ISBN 978-7-5646-5873-1

Ⅰ. ①大… Ⅱ. ①方… ②王… ③卢… Ⅲ. ①数据处理—高等学校—教材 Ⅳ. ①TP274

中国国家版本馆CIP数据核字(2023)第113289号

书　　名 大数据处理与分析
编　　著 方贤文　王丽丽　卢　可
责任编辑 仓小金
出版发行 中国矿业大学出版社有限责任公司
（江苏省徐州市解放南路　邮编221008）
营销热线 (0516)83885370　83884103
出版服务 (0516)83995789　83884920
网　　址 http://www.cumtp.com　**E-mail**:cumtpvip@cumtp.com
印　　刷 苏州市古得堡数码印刷有限公司
开　　本 787 mm×1092 mm　1/16　**印张** 18.25　**字数** 424千字
版次印次 2023年11月第1版　2023年11月第1次印刷
定　　价 49.00元

前　言

大数据的特点可以概括为5个V:Volume(大量)、Velocity(高速)、Variety(多样)、Value(低价值密度)、Veracity(真实性)。随着大数据时代的来临,大数据处理与分析也应运而生。大数据处理与分析是指对规模巨大的数据进行预处理与分析,挖掘数据的有利信息并加以有效利用,将数据的深层价值体现出来。有了大数据处理与分析才能让规模巨大的数据有条有理,正确分类,产生有价值的分析报告,从而应用到各领域中,促进其发展。

Python编程语言被公认为是“最适合入门学习的编程语言”,它的语法简洁,通俗易懂,被广泛地应用在大数据分析、人工智能、数据挖掘、机器学习等专业领域。本书的目的是展现基于Python3的大数据处理与分析的核心算法和案例分析,在编写过程中本书遵循“体系完整,实用性强,案例丰富,让教和学更轻松”的原则,通过丰富的案例进行全面阐述,使用通俗的语言和生活中的案例解释专业术语,保证读者能够看懂,而且不失专业性。

本书分为11章,系统讲解了大数据处理与分析方法,内容结构如下:

第1章介绍了大数据技术的基本概念和大数据分析工具,给出了Python编程环境的搭建和配置,以及给出常用第三方开源库的介绍和安装,如Anaconda、NumPy、Pandas、Matplotlib、SciPy、Scikit-learn等。

第2章介绍了数据的预处理方法,即数据清洗、数据集成与规约、数据离散化与概念分层等方法。

第3章介绍了数据的统计描述,包括数据的频数描述、描述性统计和探索性分析方法,并给出了基于Python的探索性分析(EDA)实例。

第4章介绍了数据的可视化构图方法,使用Matplotlib、Seaborn、echarts等第三方库对数据进行可视化展示,并给出了基本图表的绘制方法。

第5～6章介绍了数据假设检验和均值检验方法,给出了这两种方法的统计学模型,第5章介绍了单个总体参数和两个总体参数的假设检验,第6章介绍了两组和多组之间的均值检验，包括 t 检验、方差分析等。

第 7 章介绍了数据的随机化模拟和仿真，给出了各种随机数据的生成方法，并介绍了随机数据的性质分析和程序验证方法。

第 8 章介绍了数据的时间序列预测，给出了时间序列成分和预测方法的相关概念，介绍了平稳序列、趋势、多成分序列的预测方法，最后介绍了基于 ARIMA 模型的 Box-Jenkins 方法。

第 9 章介绍了 K-Means、DBSCAN、Hierarchy Cluster 等聚类方法，还介绍了 Fisher 判别、距离判别、最大似然判别和贝叶斯判别等分析方法。

第 10 章介绍了主成分分析和因子分析方法的统计学模型、公式推导和实例分析。

第 11 章介绍了数据的挖掘分析和机器学习方法，给出了数据挖掘、无监督学习、监督学习的相关概念，并介绍了机器学习的主流方法，如回归算法、神经网络、关联规则、决策树等。

本书由安徽理工大学方贤文教授课题组组织撰写，方贤文教授负责全书的统稿，并编写 1～3 章，王丽丽副教授负责 4～7 章正文及答案的撰写工作，卢可博士负责 8～11 章正文及答案的撰写工作。本教材入选煤炭高等教育“十四五”规划教材，并得到安徽省省级精品教材项目（编号：sztsjh-2022-10-6）和信息与计算科学国家一流专业建设点的资助。在编写过程中，方欢教授对教材的编写提出了很多有价值的意见。毛古宝、方新升、宫子优、方娜、阚道豫、李娟、李孟瑶、郝惠晶等博士对教材的样稿及程序调试做了较多工作，在此一并表示感谢！

由于作者水平有限，书中难免有纰漏之处，恳请读者不吝赐教。

编著者

2023 年 1 月

目　录

1 大数据概论

“大数据”这一名词由知名咨询公司麦肯锡最早提出，其称:“数据，已经渗透到当今每一个行业和业务职能领域，成为重要的生产因素。人们对于海量数据的挖掘和运用，预示着新一波生产率增长和消费者盈余浪潮的到来”。大数据技术具有海量的数据规模、快速的数据流转、多样的数据类型和低价值密度四大特征。这也意味着在大数据的不同阶段，如数据存储或是数据分析等不同过程，用到的处理技术也不尽相同。

1.1 大数据技术简介

大数据技术在当今社会有着重大的战略意义，大数据不仅仅是数量众多的信息的集合，其意义更在于能够对这些包含信息的数据进行处理，获取在业务相关领域中的知识。换言之，大数据技术的目的在于提高对数据中所含有信息的处理能力。大数据很难采用少量的计算机进行处理，需要依托分布式架构，因此大数据技术与云计算的关系是密不可分的。随着云技术的普及，大数据相关领域也越发地引人注目。

1.2 数据处理与分析的阶段划分

大数据的数据处理周期分为四个阶段，即数据采集、数据处理、数据存储、数据分析，这四个阶段共同组成了大数据技术的核心。

1.2.1 数据采集

数据采集是指获取数据的过程。数据来源丰富，类型繁杂，产生速度快。因此，大数据采集技术面临许多挑战，既要高效地采集数据，同时也要保证数据的可靠性，并且尽量避免数据重复。采集到的数据可以被分为三种类型,即非结构化数据、结构化数据以及半结构化数据。大数据采集技术可以分为以下四种。

数据库采集:企业将大量数据库进行负载均衡与切片,并将这些数据库部署在采集端,完成数据采集的过程。

网络数据采集:网络数据采集指从网页获取相关的数据信息,一般通过网络爬虫等手段实现网页中的结构化数据提取,并统一为本地数据。

系统日志采集:指收集公司业务相关平台或系统所产生的日志数据。

感知设备数据采集:指使用感知设备如摄像头等,通过图片或录像获取数据。

1.2.2 数据处理

数据处理,是指在进行数据分析之前,对原始数据集进行预处理的过程,主要是为提高数据的整体质量,方便在后续工作研究中对这些数据进行分析。数据处理可以分为四个部分。

数据清理:利用清洗工具,对数据中的噪声或偏差进行处理。

数据集成:将来源不同的数据集中存放在统一的数据库内的存储过程。

数据清洗:根据业务要求对数据中存在的异常进行清洗,这些异常可能是噪声或者偏差,以保证后续数据分析的可靠性。

数据规约:在尽可能保持原有数据集特征的基础上,精减数据集大小,得到较小的数据集。

1.2.3 数据存储

数据存储是指用存储器,以数据库的形式,存储采集到的数据的过程。大数据技术中的数据存储与传统的存储方式存在不同,其最重要的特点为实时性。在业务相关的领域中,参与者能够更快地从庞大的数据集中获取有价值的信息,面对竞争对手时就更具优势。大数据的主要存储方式为:云数据库、分布式系统、NoSQL 数据库等,其数据存储路线包括:MPP 架构的新型数据库集群、基于 Hadoop 的技术扩展、大数据一体机等。

1.2.4 数据分析

在过去的半个世纪中,随着计算机技术与社会生活的全面融合,信息的爆炸已经积累到一个开始引发变革的水平。它不仅使世界比以往任何时候都充满了信息量,而且逐渐加快了增长速度,并将人们带入大数据的新时代。互联网(社交网络、搜索、电子商务)、移动互联网(微博)、物联网(传感器、智能地球)、车联网、GPS、医疗成像、安全监控、金融(银行、交易所、保险)和电信(通信、短信)都会产生极其庞大的数据量。到目前为止,线下超市和在线购物中心每天都产生超过 TB 级的数据。

在过去,人们常常无法获得他们想要的数据,因为数据库中没有相关数据。但现在人们仍然无法随意地获取他们想要的数据。主要原因是数据库中的数据太多,无法快速从数据库中获取有助于决策的有价值的数据。世界知名的数据仓库专家阿尔夫·金博尔(Alf Kimball)表示:“我们已经花了很多年时间将数据放入数据库,现在是时候将它们取出来了。”

数据分析可以从海量数据中获取有价值的信息,帮助公司或个人预测未来的趋势和行为,并塑造未来的业务和生产活动。例如,企业家可以通过数据分析来优化产品,营销人员可以通过数据解析来改进营销策略,产品经理可以通过数据剖析来洞察用户习惯,金融从业者可以通过数据分析来规避投资风险,程序员可以通过数据解读来进一步发掘数据价值。简而言之,数据分析可以使用数据来实现分析和识别真实事物。

在大数据时代,数据处理技术取得了飞速的进步。我们有能力发现和挖掘隐藏在海量数据背后的信息,并将这些信息转化为知识和智慧。这些数据启动了从数量到质量的转变过程。无论你在哪个行业,如果有分析数据的能力,在这个职位上往往会更有竞争力。

随着大数据广泛应用在越来越多的行业,我们每天都可以看到一些新的数据分析应用,以帮助人们获得有价值的信息。例如,在网上购物时,我们经常发现电子商务平台推荐我们最近搜索的产品。电商平台之所以能够以这种方式了解用户的需求,主要是基于对用户在线行为的相关数据进行分析,以达到精准营销的目的。接下来,让我们看看数据分析在某些领域的应用。

1. 营销方面的应用

杜克大学的一项研究表明,习惯占我们日常选择的 45%,这意味着我们可以通过了解个人习惯的形式来更容易地引导他们的消费。通过对消费者购买行为的分析,可以准确预测下一步的消费行为,塔吉特公司是最成功的例子,其为每个客户分配客户代码并使用该代码了解客户购买的内容,该公司通过会员卡等方式获取个人信息。根据消费者的购买信息进一步研究消费者的购买习惯,可以识别出不同的有价值的受众,并识别出消费者生活中特殊时刻的特殊购买需求,消费者的购买行为将变得特别灵活,及时的广告或代金券也能使他们能够开始新的购买方式。

2. 医疗方面的应用

数据分析相关应用程序的计算能力使我们能够更好地预测疾病,也能在几分钟内破解所有DNA，制订最新的治疗计划，也可以通过佩戴的智能手表实时生成健康数据。数据分析还可以帮助患者早期预防和预测疾病的发生，从而实现早期治疗和早期康复。大数据技术被医院用于监测早产儿和患病婴儿，通过记录和分析婴儿的心率，医生可以预测婴儿可能出现的不适症状，帮助医生更好地挽救婴儿。

3. 零售方面的应用

零售业曾有个销售奇闻，一家商店把尿布和啤酒放在同一个货架上。因此，尿布和啤酒的销量明显增加了。为什么两种不同产品的组合能取得如此惊人的效果？分析后发现，这些买家大多是已婚男性，他们为自己买啤酒，同时为孩子买尿布。发现这个秘密后，某一超市果断地将啤酒放在尿布旁边，让顾客更方便购买，事实证明销售额的确大幅增加。我们之所以谈论啤酒尿布的例子，是为了告诉大家，释放数据的潜在价值是零售业的根本竞争力。

4. 网络安全方面的应用

传统的网络安全主要依靠静态防御和病毒清理等手段。但在这种情况下，安全威胁已经发生。新的防病毒系统可以使用数据分析技术创建一个分析模型，以识别潜在的安全攻击，监控有关网络活动和相应登录行为的大量数据，识别潜在入侵者的可疑模式，并采取预防措施。

5. 在运输和物流方面的应用

物流是指货物从交货地点到收货地点的移动，包括运输、搬运、储存、包装、装卸、循环处理、物流信息处理和满足公司需求所必需的其他功能。用户可以通过公司的软件系统和GPS跟踪系统获取数据，该系统可以使用数据创建通信状态分析模型，实时有效地预测道路状况、物流状况、车辆流量、客流和货运流量，然后提前补货，制定库存管理策略。

从以上应用举例中可以看出，数据分析过程就是从可视化分析、数据挖掘算法、预测性分析、语义引擎、数据质量管理等方面，对杂乱无章的数据进行萃取、提炼和分析的过程。

可视化分析：其是借助图形化形式，清晰并有效传达与沟通信息的分析手段。可视化分析的优点在于可以实时检查数据，借助可视化对数据进行关联分析，快速迭代原始数据，做出完整分析图表，可以帮助用户更好地做出相关决策。

数据挖掘算法：其是根据数据创建数据挖掘模型的一组试探法和计算方法。这一技术是大数据分析技术的理论核心。现有的研究已经提出了多种数据挖掘算法，并具有不同的特点。这些方法对输入的数据进行分析，获得适合的相关参数并创造可能的挖掘模型。

预测性分析：其是大数据分析最重要的应用领域之一。预测性分析包含了多种统计学技术，结合机器学习、统计分析、数据挖掘等多重领域，对未来或者不确定的事件进行预测，这些预测可以为业务决策提供依据。

数据质量管理：其是对数据全生命周期的每个阶段（计划、获取、存储、共享、维护、应用、消亡等）中可能引发的各类数据质量问题，进行识别、度量、监控、预警等操作，以提高数据质量的一系列管理活动。

1.3 大数据分析工具

许多程序设计语言可以对数据进行分析，如 Python、R、MatLab 等，Python 以其无可比拟的优势被广泛应用于数据科学领域，并逐渐成为通用语言。选择 Python 进行数据分析，最重要的考虑是 Python 具有以下优点。

（1）语法简明

与其他编程语言相比，Python 语法非常简单，代码易于阅读，这对初学者非常友好。例如，在处理数据时，如果要扫描用户性别数据，将其转换为计算机可以计算的数字形式，则可以直接使用单行列表导入，这非常简单。

（2）拥有广泛而活跃的科学计算社区

Python 在数据分析、探索性计算、数据可视化等领域拥有成熟的库和活跃的社区，这使得 Python 成为数据处理的重要解决方案。在科学计算中，Python 有许多优秀的库和工具，如 NumPy、Pandas、Matplotlib、Scikit-learn 和 Ipython。特别是在中型数据处理方面，Pandas 具有无可比拟的优势，逐渐成为各行业数据处理任务的首选库。

（3）整体编程能力强

Python 不仅在数据分析方面功能强大，而且在 Web 爬网、Web 等领域也得到了广泛的应用。对于企业来说，所有业务都需要一种开发语言。例如，可以使用 Scrapy Crawler 框架来收集数据并将其提交给 Pandas 库进行数据处理，然后使用 Diango Web 框架向用户展示。这个任务集用 Python 完成，可以大幅提高企业的技术效率。

（4）人工智能时代的通用语言

在人工智能领域，Python 已经成为最流行的编程语言，这在很大程度上得益于其简洁的语法及丰富的库和社区，因此大多数深度学习框架都将 Python 语言编程放在首位。例如，目前最流行的深度学习框架 TensorFlow 虽然是用 C++编写的，但它对 Python 语言的支持最好。

(5) 与其他语言接口方便

作为一种粘贴语言，Python 可以以多种方式“粘贴”其他语言(如 C 或 Java)中的组件，并且可以轻松地操作用其他语言编写的库。这意味着用户可以根据需要向 Python 程序添加函数，或者在其他环境系统中使用 Python。

以下将列举大数据分析工具并说明其安装教程。

1.3.1 Python

Python 是大数据分析中常用的工具，安装 Python 是非常简单的，Python 安装包的下载地址：https://www.python.org/downloads/，点击该链接后，可以看到各种版本的 Python，选择一个版本进行下载。本节以 Python 的 3.8.3 版本为例，演示在 Windows 系统下安装 Python 的过程。

Release version	Release date		Click for more
Python 3.8.4	July 13, 2020	Download	Release Notes
Python 3.7.8	June 27, 2020	Download	Release Notes
Python 3.6.11	June 27, 2020	Download	Release Notes
Python 3.8.3	May 13, 2020	Download	Release Notes
Python 2.7.18	April 20, 2020	Download	Release Notes
Python 3.7.7	March 10, 2020	Download	Release Notes
Python 3.8.2	Feb. 24, 2020	Download	Release Notes

图 1-1 Python 的不同版本

点击图 1-1 中的版本号或者点击相应行的“Download”，即可进入对应版本的下载页面。滚动到网页最后即可看到对应各个平台的 Python 安装包。如图 1-2 所示。

Version	Operating System	Description	MD5 Sum	File Size	GPG
Gzipped source tarball	Source release		a7c10a2ac9d62de75a0ca5204e2e7d07	24067487	SIG
XZ compressed source tarball	Source release		3000cf50aaa413052aef82fd2122ca78	17912964	SIG
macOS 64-bit installer	macOS	for OS X 10.9 and later	dd5e7f64e255d21f8d407f39a7a41ba9	30119781	SIG
Windows help file	Windows		4aeeebd7cc8dd90d61e7cfdda9cb9422	8568303	SIG
Windows x86-64 embeddable zip file	Windows	for AMD64/EM64T/x64	c12ffe7f4c1b447241d5d2aedc9b5d01	8175801	SIG
Windows x86-64 executable installer	Windows	for AMD64/EM64T/x64	fd2458fa0e9ead1dd9fbc2370a42853b	27805800	SIG
Windows x86-64 web-based installer	Windows	for AMD64/EM64T/x64	17e989d2fecf7f9f13cf987825b695c4	1364136	SIG
Windows x86 embeddable zip file	Windows		8ee09403ec0cc2e89d43b4a4f6d1521e	7330315	SIG
Windows x86 executable installer	Windows		452373e2c467c14220efeb10f40c231f	26744744	SIG
Windows x86 web-based installer	Windows		fe72582bbca3dbe07451fd05ece1d752	1325800	SIG

图 1-2 各平台的 Python 安装包

选择 Windows x86-64 executable installer，下载得到 python-3.8.3-amd64.exe。双击打开即可开始 Python 的安装。

如图 1-3 所示，在这里尽量勾选 Add Python 3.8 to PATH，这样可以将 Python 命令工具所在目录添加到系统 Path 环境变量中，以后开发程序或者运行 Python 命令会非常方便。在这一步选择 Customize installation，进行自定义安装并进入下一步。

图 1-3 Python 安装界面

如图 1-4 所示，这一步是选择 Python 的组件，保持默认全部勾选即可。点击 Next 继续安装，出现的界面如图 1-5 所示。选择合适的目录进行安装，点击 Install 后等待几分钟即可完成安装。

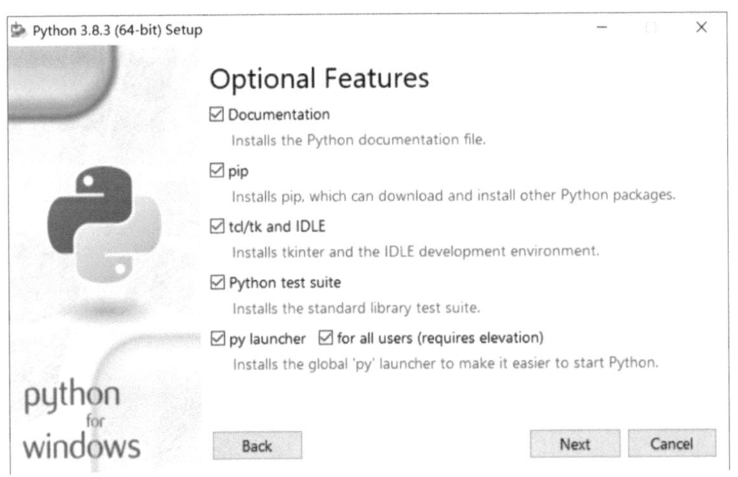

图 1-4 选择 Python 组件

安装完成后，还需要检验安装是否成功。打开 Windows 的命令提示符，输入

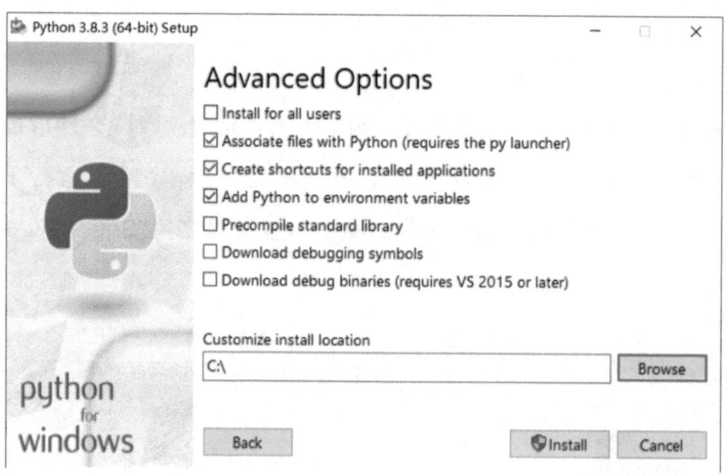

图 1-5 选择安装目录

Python，这里注意要小写。如图 1-6 所示，如果出现了所安装的 Python 的版本信息，并看到命令提示符>>>，说明 Python 已经安装成功。

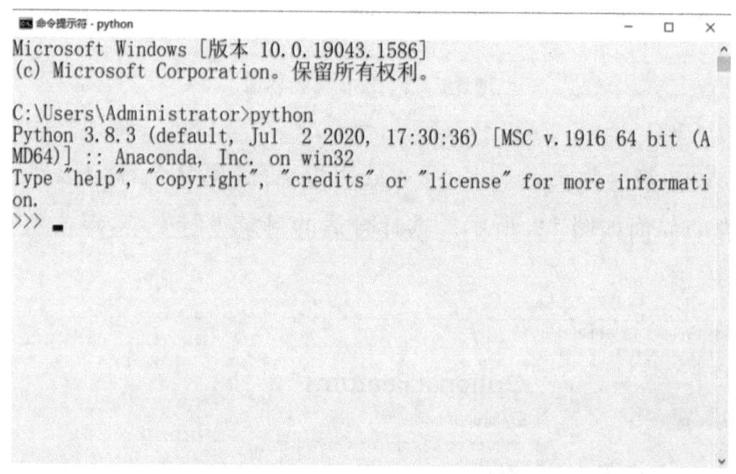

图 1-6 检验 Python 是否安装成功

1.3.2 Anaconda

Anaconda 是一个 Python 的发行版，包括了 Python 和很多常见的软件库，以及一个包管理器 Conda。Anaconda 里面集成了很多关于 Python 科学计算的第三方库，安装比 Python 更加方便。下载地址为 https://www.anaconda.com/download，如图 1-7 所示，打开链接后，将网页滚至最底端，选择适合的版本单击进行下载，本节以 64 位 Windows 系统为例进行演示说明。

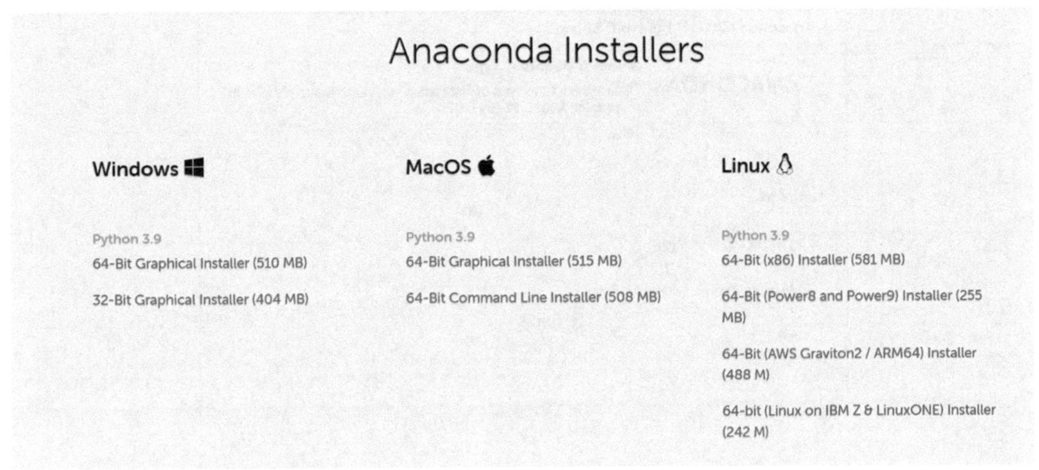

图 1-7　Anaconda 下载

下载完成后双击打开，出现如图 1-8 所示界面。

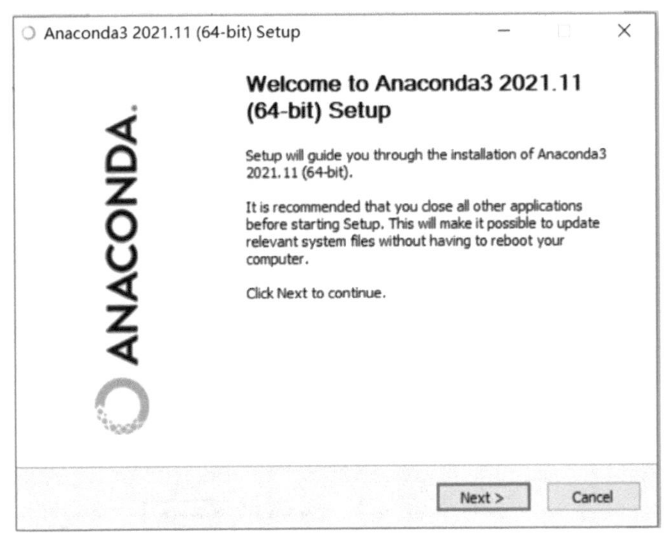

图 1-8　Anaconda 安装界面 1

点击 Next 按钮，进入用户协议界面，点击 I agree 继续安装。

进入如图 1-9 所示界面，选择 All Users，出现图 1-10 所示界面。

进入如图 1-10 所示界面。选择安装目录后点击 Next，出现图 1-11 所示界面。

进入如图 1-11 所示界面，此处选择与图中所选一致即可，再点击 Install，等待几分钟后即可完成安装。

完成安装后，打开命令提示符，输入 conda ——version，如果出现所安装 conda 版本的信息，说明安装成功。

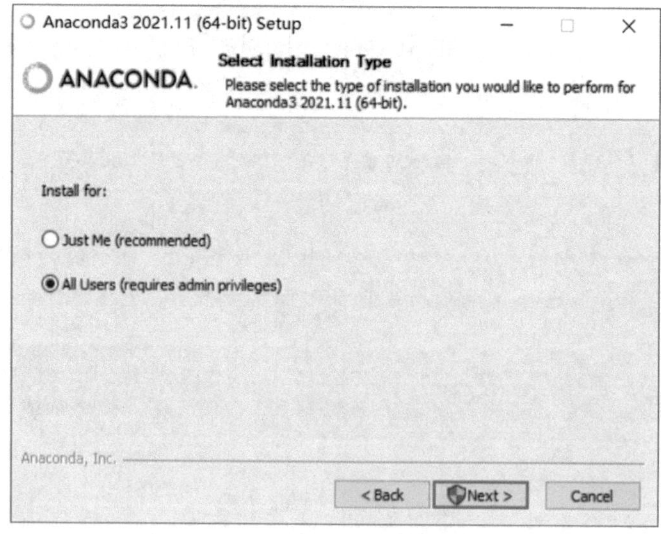

图 1-9　Anaconda 安装界面 2

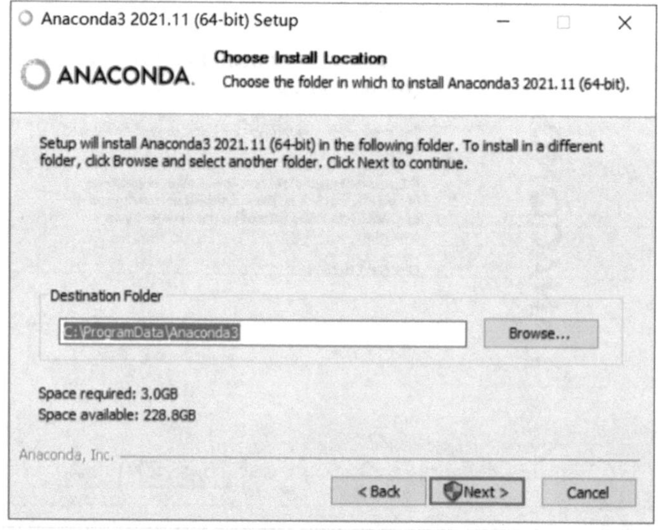

图 1-10　选择安装目录

1.3.3　常用库介绍及安装

进行大数据分析时会用到很多常用的 Python 库，本节中将会简要介绍几个常用的 Python 库并说明如何在 Python 原生环境和 Anaconda 中安装这些库。

1. NumPy

NumPy 支持多维度数组与矩阵运算并提供大量的数学函数库。NumPy 的前身 Numeric 最早是由 Jim Hugunin 与其他协作者共同开发，2005 年，Travis Oliphant 在

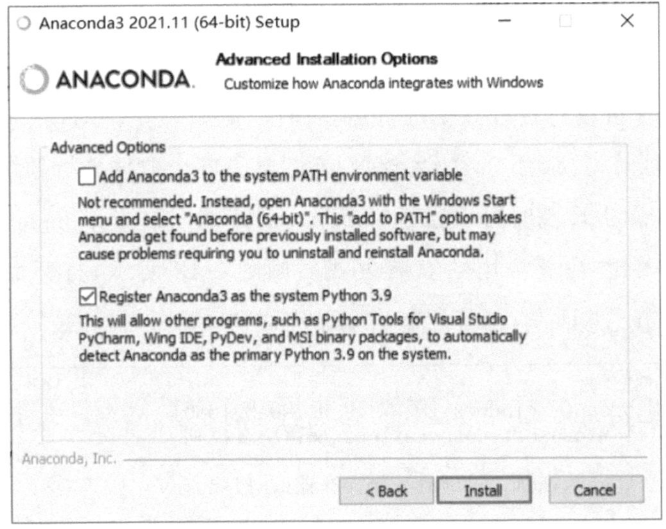

图 1-11 Anaconda 安装选项

Numeric 中结合了另一个同性质的程序库 Numarray 的特色，并加入了其他扩展而开发了 NumPy。NumPy 通常与 SciPy(Scientific Python)和 Matplotlib(绘图库)一起使用，是一个强大的科学计算环境，这种组合广泛用于替代 MatLab，有助于我们通过 Python 学习数据科学或者机器学习。

2. SciPy

SciPy 是一个开源的 Python 算法库和数学工具包。SciPy 是基于 NumPy 的科学计算库，用于数学、科学、工程学等领域，很多有一些高阶抽象和物理模型需要使用 SciPy。SciPy 包含的模块有最优化、线性代数、积分、插值、特殊函数、快速傅立叶变换、信号处理和图像处理、常微分方程求解和其他科学与工程中常用的计算。

3. Scikit-learn

Scikit-learn 项目始于 scikits. learn，这是 David Cournapeau 的 Google Summer of Code 项目。它的名称源于它是“Scikit”(SciPy 工具包)的概念，是 SciPy 的独立开发和分布式第三方扩展。原始代码库后来被其他开发人员重写。Scikit-learn 是针对 Python 编程语言的开源机器学习库，支持监督学习和非监督学习。它还提供了各种工具，用于模型拟合、数据预处理、模型选择、模型评估等。它具有各种分类，回归和聚类算法，包括支持向量机、随机森林、梯度提升、k 均值和 DBSCAN，并且旨在与 Python 数值科学库 NumPy 和 SciPy 联合使用。

4. Pandas

Pandas 名字衍生自术语“panel data”(面板数据)和“Python data analysis”(Python

数据分析)。Pandas 是一个强大的分析结构化数据的工具集,基础是 NumPy(提供高性能的矩阵运算)。Pandas 可以从各种文件格式比如 CSV、JSON、SQL、Microsoft Excel 导入数据。Pandas 可以对各种数据进行运算操作,比如归并、再成形、选择,还有数据清洗和数据加工特征,广泛应用在学术、金融、统计学等各个数据分析领域。

使用 Python 原生环境时可以通过"pip install 库名"或"pip3 install 库名"命令完成库的安装,pip 命令也是最常用的安装方式。如图 1-12 所示,打开命令提示符,输入"pip3 install numpy"并回车,稍等片刻后安装完成。

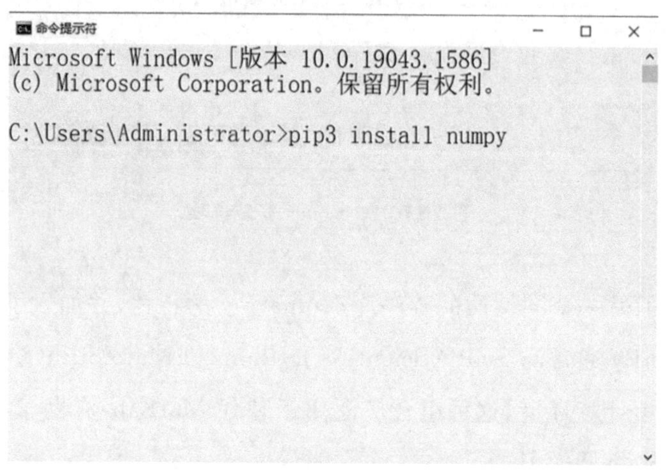

图 1-12　pip 安装 NumPy

Anaconda 中也可以通过"conda install 库名"命令完成库的安装,如图 1-13 所示,在命令提示符中输入"conda install numpy"并回车等待完成安装。

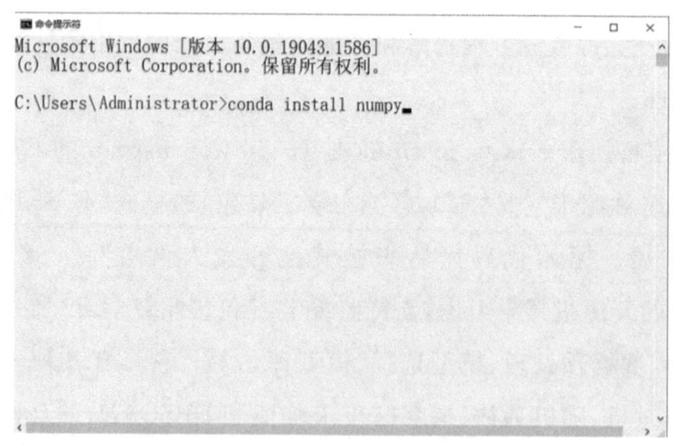

图 1-13　conda 安装 NumPy

1.4 本章小结

本章主要介绍大数据处理技术的基础知识，首先介绍了数据分析与处理的四个阶段，并给出了详细的说明，然后详细描述了两种大数据分析工具 Python 和 Anaconda，并介绍了两种分析工具的安装流程。最后描述了大数据分析工具分析时常用的库。

本章习题

1. 大数据的数据处理周期可以分为几个阶段？
2. 数据挖掘算法创建模型的过程是怎样的？
3. 大数据技术的战略意义是什么？
4. 大数据与云计算的关系是怎样的？
5. 列举几个适用于大数据的技术。

2　数据预处理方法

数据预处理的基本目的是从大量的、可能是杂乱无章的、难以理解的数据中抽取并推导出对于某些特定的人群来说是有价值、有意义的数据。处理过程包括对各种原始数据的分析、整理、计算、编辑等的加工和处理。

2.1　数据预处理相关概念

2.1.1　预处理的概念

大量的原始数据是大数据技术发展和应用的基础，这些原始数据大部分是随机的，不完整的且存在噪声的。使用这些原始数据难以获得高质量数学模型，因此在数据挖掘过程中需要对这些原始数据进行处理，这个处理的过程被称为数据预处理。数据预处理一般包括数据清洗、数据集成、数据规约、数据离散化和数据概念分层几个部分。数据挖掘的目的是从海量数据中提取潜在的有用信息和知识的过程。数据预处理就是将原始数据转换成机器能够识别的数据形式，以适应相关技术或算法模型。比如在多人信息分类的场景中，原始数据是各种各样的信息，其中包含姓名、工作、家庭住址等。单纯的使用分类器进行分类是不切实际的，需要筛选并删除不完整的信息，并进行一定程度的数据转换，再根据关注的问题进行分类。

数据驱动决策需要良好的数据做支撑，在进行建模或其他的数据操作之前，需要对数据进行预处理，以确保得到的结果更准确，可用性更高。

2.1.2　数据属性的类别划分

在讨论数据类型时，谈论的一般是整型或字符型这类数据属性，然而本节中讨论的数据属性是从数据特征的角度出发的，比如说一个人的姓名、身高、年龄等变量属性。一般来说，变量需要使用相关的仪器、设备或计算机进行测量。所测量变量的多少会对数据的可用性、数据的分析方法乃至最后所得出的结论产生极大的影响。常用的变量测量尺度有四种，分别为：定类尺度、定序尺度、定矩尺度、定比尺度。

定类尺度：定类尺度主要用于标识对象，区分对象的类别，像城市的邮政编码，居民身份证号是典型的定类尺度，除了用来标识数据对象外，定类尺度不具有任何额外的含义。

定序尺度：它建立在定类尺度的基础上，定序尺度的关键在于需要足够的信息去确定数据对象的顺序。常见的例子是学生成绩的好坏程度排序，为数据分配 ID，1 表示成绩非常好，2 表示成绩较好，3 表示成绩一般这种方式来确定数据对象的顺序。

定距尺度：它建立在定序尺度的基础上，对于定距尺度来说，数据值之间的差是非常重要的。定距尺度最常见的例子是摄氏温度和华氏温度，无论在任何环境下，这两者测量值之间的差异是相同的。

定比尺度：定比尺度和定距尺度最大的不同在于定比尺度存在一个绝对的“零”点，定比尺度包含定距尺度的所有属性。对于定比尺度来说，值之间的差和比率都非常重要，如，和摄氏温度、华氏温度相反的是开尔文温度，开尔文温度的零值是绝对零度，所以开尔文温度是定比尺度。常见的定比尺度还有货币量、长度等。从这四种测量尺度性质可以知道，它们所包含的信息量是依次递增的，其中定类尺度数据所包含的信息最少，而定比尺度数据所包含的信息最多。

2.1.3 数据质量描述

数据质量是数据分析的基础，为取得良好的模型以及良好的数据结果，在进行数据操作之前需要对数据质量进行评估，数据质量的评估标准主要包含四个维度，分别为完整性维度、一致性维度、精确性维度、及时性维度，从这四个维度来判断数据质量是否达到了预设标准。

(1) 完整性维度

完整性维度指是否涵盖了各种属性，具体取决于实体。对于客户数据，完整性指的是数据信息是否少于所必需的最少信息。如果数据信息完整性达不到最低标准，那么它的价值就会大打折扣；对于产品或服务，完整性可以帮助客户进行比较和选择。完整性评估通常可以使用历史数据与现有数据比对来实现，例如一类商品的日成交量为 1 000 左右，然而现在的成交量只有 100，这时就要考虑数据的完整性问题了。

(2) 一致性维度

一致性维度指的是在多个实例中存储和使用的相同信息是否匹配。数据质量的一致性主要是指数据的格式以及数据匹配度是否符合规范。数据的一致度越高,数据的可利用价值就越大。一致性强调的是多数据集对比,通常一致性评估分为三个方面:首先是等值一致性,一个评估对象的数据,必须在特定规则下与另一个评估对象数据相等,比如说身份证号,中间几位与出生年月日相等;其次是存在一致性,一个评估对象的数据存在,另一个评估对象也必然存在,比如说婚姻状态为已婚,其结婚时间必定存在;最后是逻辑一致性,一个评估对象的数据和另一个评估对象数据存在一定的逻辑关系,比如说上班时间小于下班时间。一致性需要考虑多个数据之间的关系。数据一致性通常与数据精准性相关联,数据质量越高,一致性和精准性也必然越高。

(3) 精准性维度

精准性维度指的是数据表达信息的正确程度,精确性与一致性不同,精确性表达的不仅仅只是不一致的问题,诸如数据乱码、数据不具体都属于精确性的范畴。测量数据的准确性需要使用真实的资料或者现实中的实体进行验证,数据的精确性问题可能存在于个别记录中,也有可能是整个数据存在问题,如果只是少部分数据出现问题,可以使用工具修复。高数据准确性可以推动事实正确的报告和值得信赖的业务成果。准确性对于医疗保健和金融等需要高度监管的行业至关重要。

(4) 及时性维度

及时性维度指的是数据从产生到可以查看的时间间隔,也叫数据的延时的时长。及时性对于数据分析本身要求并不高,但如果数据分析以及数据建立的时间过长,就可能导致分析得出的结论失去了借鉴意义。比如说一份数据统计需要在一天之内完成,然而实际完成时间却是在多天之后,那么该数据的价值就会大大降低。

2.2 变量类型与数据类型

2.2.1 变量类型

变量源于数学,是一种用来存储计算结果的抽象概念。在计算机领域中,变量是存储在内存中的值,每当创建一个新的变量时都需要在内存中为其开辟一个存储空间。Python 中的变量不需要声明,变量的赋值操作既是变量声明的过程也是变量定义的过程。每个变量都在内存中创建,包括变量的标识、名称和数据等信息。每个变量在使用前都必须赋值,变量赋值以后该变量才会被创建。等号用来给变量赋值,等号运算符左边是一个变量名，等号运算符右边是存储在变量中的值。

【例 2.1】 单一变量赋值。

```
x = 1  #整型
y = 10.0  #浮点型
z = 'cat'  #字符串
print(x, type(x))
print(y, type(y))
print(z, type(z))
```

执行上面的示例代码后，输出结果如下：

```
1 <class 'int'>
10.0 <class 'float'>
cat <class 'str'>
```

【例 2.2】 多变量赋值。

```
x = y = z = 1  #多变量赋同一值
a, b, c = 1, 2, 3  #多变量分别赋值
print(x, y, z, a, b, c)
```

执行上面的示例代码后，输出结果如下：

```
1 1 1 1 2 3
```

变量命名规则：

① 变量名第一个字符必须是字母(大小写均可)或者下画划线，不能以数字开头；

② 变量名不能和 Python 关键字一样；

③ 变量名中不能有空格。

2.2.2 数据类型

Python 语言主要的数据类型有 5 种，分别是数字(numbers)，列表(list)，元组(tuple)，字符串(string)，字典(dict)。

Python 语言支持的数字类型有 3 种，分别是 int(整型)，float(浮点型)，complex(复数)，其中复数的表示方式与数学中复数的表现方式相同，即由实部和虚部两部分构成。

【例 2.3】 数据类型查看方法。

```
x = 10
y = 20.0
print(type(x), type(y))  # 输出 x,y 的数据类型
```

执行上面的示例代码后，输出结果如下：

```
<class 'int'> <class 'float'>
```

(1) 字符串

字符串是一种由数字、字母、下画划线组成，用于表示文本的数据类型，使用双引号或单引号来创建字符串，在 Python 中创建字符串，只要将字符串赋值给一个变量即可。

【例 2.4】 字符串的输出与类型查看方法。

```
x = 'Hello World! '
y = "Hello cat!"
print(x, type(x))
print(y, type(y))
```

执行上面的示例代码后，输出结果如下：

```
Hello World! <class 'str'>
Hello cat! <class 'str'>
```

字符串访问和切片：根据索引访问字符串内部字符，从左往右访问索引是从 0 开始，从右往左访问索引是从 -1 开始。

【例 2.5】 字符串访问和切片的表示方法。

```
x = 'Hello World! '
y = "Hello cat!"
print(x[0])
print(y[-1])
```

执行上面的示例代码后，输出结果如下：

```
H
!
```

【例 2.6】 使用索引和中括号[i:j]对字符串进行切片，其中 i 是开始索引，j 是结束索引，切片不包含结束索引。

```
x = 'Hello World! '
y = "Hello cat!"
print(x[0:5])
print(y[-5:-1])
```

执行上面的示例代码后，输出结果如下：

```
Hello
cat
```

(2) 列表

列表是内置类型的一种，常见的列表以一个中括号内添加元素、元素之间逗号分隔的形式表示，列表不要求所有的数据项是相同数据类型，并且列表支持嵌套。

【例 2.7】 列表的表示方法。

```
x = [1, 2, 3, 4, 5, 'aa', 'bb',[6, 7, 8]]
print(x, type(x))
print(x[1])
print(x[-1])
```

执行上面的示例代码后，输出结果如下：

```
[1, 2, 3, 4, 5, 'aa', 'bb',[6, 7, 8]] <class 'list'>
2
[6, 7, 8]
```

【例 2.8】 列表的切片、拼接和元素改变。

```
x = [1, 2, 3, 4, 5, 'aa', 'bb',[6, 7, 8]]
print('原列表:', x)
print('切片:', x[0:5])
print('拼接:', x + [4, 5])
x[1:4] = ['c', 'd', 'e']  #切片赋值
print(x)
delx[2]  # 删除列表元素
print(x)
```

执行上面的示例代码后，输出结果如下：

```
原列表:[1, 2, 3, 4, 5, 'aa', 'bb', [6, 7, 8]]
切片:[1, 2, 3, 4, 5]
拼接:[1, 2, 3, 4, 5, 'aa', 'bb', [6, 7, 8], 4, 5]
      [1, 'c', 'd', 'e', 5, 'aa', 'bb',[6, 7, 8]]
      [1, 'c', 'e', 5, 'aa', 'bb',[6, 7, 8]]
```

（3）元组

和列表相比两者最大的区别在于元组是在小括号内添加元素，以逗号隔开，并且与列表不同的是，元组中的元素是不可以修改的。值得注意的是，当元组内只存在单一元素时，也要在该元素后添加逗号，以便将单一元素元组和整型区分开来。

【例 2.9】 元组的表示方法。

```
x = (1, 2, 3, 4, 5, 'a', 'b', 'c', 'd')
print(x, type(x))
print(x[1])
print(x[1:3])
```

执行上面的示例代码后，输出结果如下：

```
(1, 2, 3, 4, 5, 'a', 'b', 'c', 'd') <class 'tuple'>
2
(2, 3)
```

【例 2.10】 元组运算、测试元组是否可以修改元素。

```
x = (1, 2, 3, 4, 5)
y = ('a', 'b', 'c', 'd', 'e')
z = x + y  #元组运算
print(z)
x[0] = 10  #修改元素为非法操作
```

执行上面的示例代码后，输出结果如下：

```
(1, 2, 3, 4, 5, 'a', 'b', 'c', 'd', 'e')
traceback (most recent call last):
  file "E:/pythonProject/sy.py", line 29, in <module>
    x[0] = 10
typeError: 'tuple' object does not support item assignment
```

【例 2.11】 测试单一元素场景。

```
x = (1)
y = (1,)
print(x, type(x))
print(y, type(y))
```

执行上面的示例代码后，输出结果如下：

```
1 <class 'int'>
(1,) <class 'tuple'>
```

(4) 字典

以一个大括号添加键和值，键和值之间以冒号分隔的形式表示，字典是一个可变的容器，可以存储任意类型的元素，其中键和值存在着对应关系。在字典中，字典使用键存取值，键是不可重复的。

【例 2.12】 字典具体表现形式。

```
dict = {'a': 1, 'b': 2, 'c': 3, 'd': 4, 10: 5}
print(dict)
print(type(dict))
print(dict['b'])
print(dict[10])  #通过键查看值
```

执行上面的示例代码后，输出结果如下：

```
{'a': 1, 'b': 2, 'c': 3, 'd': 4, 10: 5}
<class 'dict'>
2
5
```

【例 2.13】 添加、修改、删除字典中的数据以及一些其他操作。

```
dict = {'a': 1, 'b': 2, 'c': 3, 'd': 4, 10: 5}
print('原字典:', dict)
dict['e'] = '6'  #添加
print('添加后的字典:', dict)
dict['a'] = '7'  #修改
print('修改后的字典:', dict)
del dict['a']  #删除键 a
print('删除后:', dict)
dict.clear()  #清空字典
print('清空后:', dict)
```

执行上面的示例代码后，输出结果如下：

```
原字典:{'a': 1, 'b': 2, 'c': 3, 'd': 4, 10: 5}
添加后的字典:{'a': 1, 'b': 2, 'c': 3, 'd': 4, 10: 5, 'e': '6'}
修改后的字典:{'a': '7', 'b': 2, 'c': 3, 'd': 4, 10: 5, 'e': '6'}
删除后:{'b': 2, 'c': 3, 'd': 4, 10: 5, 'e': '6'}
清空后:{}
```

2.2.3 日期型变量表示

Python 语言有很多方式处理日期和时间，转换日期格式是一个常见的功能。时间日期是一种特有的格式(<class 'datetime.datetime'>)，这种格式不像常见数据格式容易操作，在使用的时候有诸多不便。改变它的显示样式，按照一定的年、月等特性进行分类。

【例 2.14】 获取当前日期时间戳。

```
import time
ticks = time.time()  #获取当前的时间戳
print('时间戳为:', ticks)
```

执行上面的示例代码后，输出结果如下：

```
时间戳为:1644557029.1661317
```

这种形式的日期表示方式便于做日期计算，但是这种表现形式不便于日期的解读，并且这种形式的表示方式只适用于1970年后。

【例2.15】 获取便于读取形式的日期的具体方法。

```
import time
time1 = time.asctime(time.localtime(time.time()))
print(time1)
```

执行上面的示例代码后，输出结果如下：

```
Fri Feb 11 13:31:34 2022
```

【例2.16】 一些简单的日期计算。

```
import datetime
day1 = datetime.date.today()  #获取当前的日期
print(day1)
day2 = day1 - datetime.timedelta(days=1)  #获取昨天的日期
print(day2)
day3 = day1 + datetime.timedelta(days=1)  #获取明天的日期
print(day3)
```

执行上面的示例代码后，输出结果如下：

```
2022-02-11
2022-02-10
2022-02-12
```

2.3 数据清洗

数据挖掘过程中，使用的原始数据中通常存在着各种不利于分析与建模工作的因素，比如数据缺失、数据重复、数据存在异常值以及数据不一致等。在数据的处理过程中，一般都需要进行数据清洗工作，数据的清洗是一项复杂且繁琐的工作，同时也是整个数据分析过程中最为重要的环节。实际的工作中确实如此，数据清洗的目的有两个，第一是通过数据清洗让数据可用性变高；第二是让数据变得更适合进行后续的分析工作。

2.3.1 缺失值处理

几乎所有的原数据都存在数据缺失的问题，处理缺失数据是数据清洗过程中的重要一环。数据缺失一般是由以下原因造成的：一是由于数据无法获取或获取该数据的代价太高；二是一些人为因素造成的数据遗漏，像忘记填写、误输入等；三是由于数据采集设备出现问题或者是数据传输过程中造成的数据缺失问题；四是由于一些对象不存在该属性值，像未婚女性的结婚时间等。数据的缺失会影响到最终的模型质量，使模型的不确定性增加，使数据之间的关系不明显，严重情况下可能使模型的输出产生较大偏离。在 Python 的 Pandas 对象中有处理缺失值的功能，可以应对大部分场景。

【例 2.17】 判断 Series 对象是否存在缺失值。

```
import pandas as pd
data = pd.Series(['abc', 'def', np.NaN, 'gfh', 'shsh'])
print(data)
print(data.isnull())  # 判断是否为空
```

执行上面的示例代码后，输出结果如下：

```
0    abc
1    def
2    NaN
3    gfh
4    shsh
dtype: object
0    False
1    False
2    True
3    False
4    False
dtype: bool
```

【例 2.18】 过滤对象中存在的缺失值。

```
from NumPy import nan as na
data = pd.Series(['abc', 'def', na, 'gfh', 'shsh'])
print(data)
print(data.dropna())  # 过滤缺失值
```

执行上面的示例代码后，输出结果如下：

```
0    abc
1    def
2    NaN
3    gfh
4    shsh
```

```
dtype: object
0      abc
1      def
3      gfh
4      shsh
dtype: object
```

由于 DataFrame 对象既包括行也包括列，所以想要处理该对象的缺失值要复杂一些。

【例 2.19】 DataFrame 对象缺失值行处理方式。

```
from NumPy import nan as na
data1 = pd.DataFrame([[1, 2, 3, na],
                      [4, 5, 6, 7],
                      [1.1, 2.2, 3.3, na],
                      [1, na, na, na],
                      [2, 5, 6, 8]])
print(data1)
h = data1.dropna()  #删除包含 na 的行
print(h)
```

执行上面的示例代码后，输出结果如下：

```
0  1    2    3
0  1.0  2.0  3.0  NaN
1  4.0  5.0  6.0  7.0
2  1.1  2.2  3.3  NaN
3  1.0  NaN NaN NaN
4  2.0  5.0  6.0  8.0

     0    1    2    3
1  4.0  5.0  6.0  7.0
4  2.0  5.0  6.0  8.0
```

【例 2.20】 DataFrame 对象缺失值列处理方式。

```
from NumPy import nan as na
data1 = pd.DataFrame([[1, 2, 3, na],
                      [4, 5, 6, 7],
                      [1.1, 2.2, 3.3, na],
                      [1, na, na, na],
                      [2, 5, 6, 8]])
```

```
print(data1)
l = data1.dropna(axis=1)   #删除包含 na 的列
print(l)
```

执行上面的示例代码后，输出结果如下：

```
0  1    2    3
0  1.0  2.0  3.0  NaN
1  4.0  5.0  6.0  7.0
2  1.1  2.2  3.3  NaN
3  1.0  NaN NaN NaN
4  2.0  5.0  6.0  8.0


     0
0  1.0
1  4.0
2  1.1
3  1.0
4  2.0
```

由于 dropna()是针对所有包含缺失值的行和列进行操作的，这种操作会损失大量的数据信息，为保证原数据的可用性可以使用 thresh 参数来限制 dropna()删除的行数或列数。

【例 2.21】 thresh 参数使用方法。

```
import pandas as pd
from NumPy import nan as na
data1 = pd.DataFrame([[1, 2, 3, na],
                      [4, 5, 6, 7],
                      [1.1, 2.2, 3.3, na],
                      [1, na, na, na],
                      [2, 5, 6, 8]])
print(data1)
yz = data1.dropna(thresh=4)
print(yz)
```

执行上面的示例代码后，输出结果如下：

```
0  1    2    3
0  1.0  2.0  3.0  NaN
1  4.0  5.0  6.0  7.0
```

```
2  1.1  2.2  3.3  NaN
3  1.0  NaN NaN NaN
4  2.0  5.0  6.0  8.0

    0   1    2    3
1  4.0  5.0  6.0  7.0
4  2.0  5.0  6.0  8.0
```

因为过滤缺失值会使大量的数据信息被删除，严重情况下可能会使原数据不可用，所以使用缺失值补全的方式来替代缺失值过滤。

【例 2.22】 Fillna 缺失值补全方法。

```
from NumPy import nan as na
data2 = pd.DataFrame(np.random.randn(5, 4))
data2.loc[:2, 0] = na
data2.loc[1, 1:3] = na
print(data2)
bq = data2.fillna(0)   #在缺失值的位置补上 0 值
print(bq)
```

执行上面的示例代码后，输出结果如下：

```
       0          1          2          3
0      NaN        -0.38007   1.282568   0.061603
1      NaN        NaN        NaN        NaN
2      NaN        0.06329    1.152478   0.122652
3      -0.6979    -0.04215   -1.42784   0.47592
4      -0.54875   0.587872   -2.75378   -0.59784

0      1          2          3
0      0          -0.38007   1.282568   0.061603
1      0          0          0          0
2      0          0.06329    1.152478   0.122652
3      -0.6979    -0.04215   -1.42784   0.47592
4      -0.54875   0.587872   -2.75378   -0.59784
```

处理缺失值的主要方法有三种：删除记录、数据插值和不处理。最常用的是数据插值，包括均值插值、中值插值、定值插值等，下面将详细介绍拉格朗日插值法和牛顿插值法。

拉格朗日插值法：任意给定 F 中 $2n+2$ 个数 $x_1,x_2,\cdots,x_{n+1},y_1,y_2,\cdots,y_{n+1}$，其中 $x_1,x_2,\cdots,x_{n+1}$ 互不相同，则存在唯一的次数不超过 n 的多项式 $P_n(x)$，满足 $P_n(x_i)=y_1(i=1,2,\cdots,n+1)$，这里：

$$P_n(x_i)=y_1\frac{(x-x_2)(x-x_3)\cdots(x-x_n)(x-x_{n+1})}{(x_1-x_2)(x_1-x_3)\cdots(x_1-x_n)(x_1-x_{n+1})} \tag{2-1}$$

将缺失函数值对应的点 x 代入插值公式，得到缺失值的近似值 L(x)。

然而，当插值节点增加或减少时，插值多项式会发生变化，这在实际计算中非常不方便。为了克服这一问题，提出了牛顿插值方法。

牛顿插值：优点是计算相对简单，特别是在添加节点时，计算只增加一项，这与拉格朗日插值不可比。

缺点是相同拉格朗日函数的插值曲线在节点处有尖锐的点，不光滑，插值多项式在节点处不可微。

1 阶差商：

$$f[x_i,x_j]=\frac{f(x_i)-f(x_j)}{x_i-x_j}(i\neq j,x_i\neq x_j) \tag{2-2}$$

2 阶差商：

$$f[x_i,x_j,x_k]=\frac{f[x_i,x_j]-f[x_j,x_k]}{x_i-x_k}(i\neq k) \tag{2-3}$$

K+1 阶差商：

$$f[x_0,\cdots,x_k,x_{k+1}]=\frac{f[x_0,\cdots,x_{k-1},x_k]-f[x_0,\cdots,x_{k-1},x_{k+1}]}{x_k-x_{k+1}} \tag{2-4}$$

联立以上差商公式建立插值多项式可以得到牛顿插值多项式：

$$f(x)=f(x_0)+(x-x_0)f(x,x_0)+(x-x_0)(x-x_1)f(x_0,x_1,x_2)+\cdots+$$
$$(x-x_0)\cdots(x-x_n)f(x_0,\cdots,x_n)$$

可记为：

$$f(x)=N_n(x)+R_n(x) \tag{2-5}$$

2.3.2 重复值处理

处理数据重复项是数据清洗的重要一环，在数据的采集、数据传送的过程中都有造成数据重复的可能性，在商业环境下，像重复的交易、重复的资金流出都会使企业遭受巨大损失，所以在不允许存在重复事件的数据中，进行数据分析以及数据建模之前都要对重复的数据进行处理。在允许重复数据存在的环境中，可以不对重复值进行处理，最大可能保证数据完整性。分类模型训练时，一般情况下有一类数据可能会比较少，导致训练模型的数据不均衡，这时可能人为地添加重复数据，保证数据均衡，使模型效果更好。在这种情况下，不能对数据中的重复项进行处理。

Python 语言的 Pandas 对象中有处理重复值的方法 duplicated()。

【例 2.23】 判断对象中是否存在重复值。

```
import pandas as pd
data3 = pd.DataFrame({'a1': ['A', 'A', 'A', 'B', 'B'],
                      'a2': [1, 2, 3, 3, 3],
                      'a3': ['a', 'b', 'c', 'c', 'c']})
print(data3)
cf = data3.duplicated()  #查询重复项
print(cf)
```

执行上面的示例代码后，输出结果如下：

```
a1   a2 a3
0  A   1  a
1  A   2  b
2  A   3  c
3  B   3  c
4  B   3  c

0    False
1    False
2    False
3    False
4    True
dtype: bool
```

【例 2.24】 去除对象中的重复值。

```
import pandas as pd
data3 = pd.DataFrame({'a1': ['A', 'A', 'A', 'B', 'B'],
                      'a2': [1, 2, 3, 3, 3],
                      'a3': ['a', 'b', 'c', 'c', 'c']})
print(data3)
qc = data3.drop_duplicates()  #去除重复项
print(qc)
```

执行上面的示例代码后,输出结果如下:

```
a1  a2  a3
0  A  1  a
1  A  2  b
2  A  3  c
3  B  3  c
4  B  3  c

a1  a2  a3
0  A  1  a
1  A  2  b
2  A  3  c
3  B  3  c
```

2.3.3　异常值处理

异常值是数据中除缺失值和重复值以外最值得关注的一类数据值,这类数值偏离于正常数值,是数据噪声的一种。异常值一般表现出不合理的特性,在数学建模和数据分析的过程中如果忽略这些异常值,可能会得到效果较差的结果,所以在进行这些操作之前需要对异常值进行妥善处理。

造成异常值出现的原因有很多,如错误的统计、错误的传输等,但在现实的数据处理场景中,存在真异常和假异常的区别,在一些场景中需要得到这些异常中所包含的信息,像金融诈骗和一些其他的欺诈场景中,异常值所包含的信息是非常重要的,但在一些场景中需要处理掉这些异常,以避免其对正常业务流程产生影响,下面将介绍几种常见的异常值分析方法。

(1) 统计分析方法

统计分析方法是指对数据进行统计分析,通过常识判断数据中的不合理值。在统计分析中,经常使用最大值和最小值,最大值和最小值形成了一个区间,只要超出了这个区间就可以判定这个值为异常值,比如说人的寿命,取最小值为 0 岁,最大值为 100 岁,那么 101 岁和 −1 岁明显是异常值。

(2) 3σ 原则

对于服从正态分布的数据,在 3σ 原则下,异常值被定义为一组测定值中与平均值的偏差超过 3 倍标准差的值。在正态分布的假设下,距离平均值 3σ 之外的值出现的概率为 $P(|x-\mu|>3\sigma)\leqslant 0.003$,属于极个别的小概率事件。如果数据不服从正态分布,

也可以用远离平均值几倍的标准差来描述。

(3) 箱形图分析方法

箱形图是根据数据进行绘制的，可以直观地反映所有数据的分布情况，并且对数据的规格以及形式没有任何限制。箱形图以四分位为一个单位划分所有数据，因为四分位的抗干扰能力比较强，所以能够很好地反映异常值，且不被异常值所干扰。

具体箱形图如图 2-1 所示。

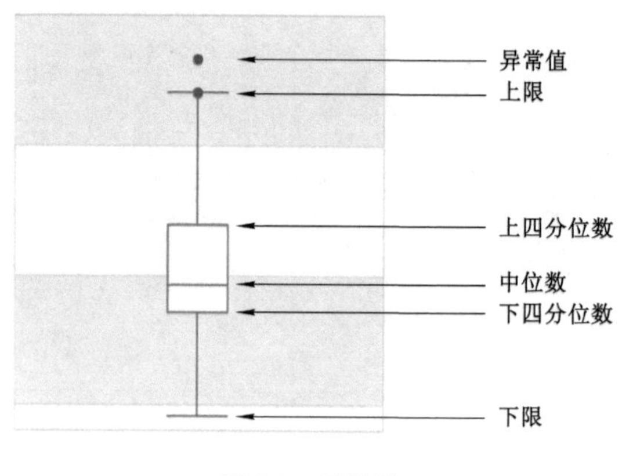

图 2-1　箱形图

下面总结常用的异常值方法，结果如表 2-1 所示。

表 2-1　常用异常值处理方式

异常值处理方法	方法描述
删除数据中异常值所在的行	直接将含有异常值的记录删除
将异常值当作缺失值	利用缺失值处理的方法进行处理
使用数据的平均值修复	用前后两个观测值的平均值修正该异常值
不处理	某些异常值也是包含有用的信息

2.3.4　数据一致性

数据不一致指的是数据之间存在矛盾、互不相容，使用不一致的数据进行分析和挖掘可能得到与预期相反的结果。导致数据不一致的原因有很多，可能是由于数据采集的环境不同，数据没有及时更新以及数据传输存在问题等。

在介绍完缺失值、异常值、重复值处理以及数据的一致性之后，对数据预处理的常用函数做一个总结，结果如表 2-2 所示。

表 2-2 常用函数

函数名	函数功能	所属扩展库
interpolate	一维、高维数据插值	SciPy
unique	取出数据中的重复元素，得到单值元素列表	Pandas
isnull	判断是否空值	Pandas
notnull	判断是否空值	Pandas
PCA	对指标变量矩阵进行主成分分析	Scikit-learn
random	生成随机矩阵	NumPy

2.3.5 案例分析

本节将展示一个实际案例的完整数据处理流程，从外部读取数据集对数据进行重复值、缺失值、异常值处理，具体操作如例 2.25 所示。

【例 2.25】 使用国内的一些旅游信息做数据预处理操作。

```
import NumPy as np
import pandas as pd
import matplotlib.pyplot as plt
df = pd.read_csv('process.csv')
print(df.head())
```

执行上面的示例代码后，输出结果如下：

```
     出发地    目的地    价格…      去程时间        回程航司        回程方式    回程时间
0  0  哈尔滨    北海    2208.0…   17:10-21:50   春秋航空 9C8742    直飞    10:20-15:05
1  1  成都      泸沽湖  1145.0…   19:45-21:20   成都航空 EU2738    直飞    23:30-01:05
2  2  广州      沈阳    2702.0…   08:05-11:45   深圳航空 ZH9652    经停    08:20-13:05
3  3  上海      九寨沟  1954.0…   21:55-01:15   成都航空 EU6677    直飞    17:45-20:35
4  4  广州      天津    1608.0…   06:55-10:00   海南航空 HU7201    直飞    20:15-23:25
```

查看了旅游数据的前五行，可以发现第一列是无意义的，使用 drop 函数删除该列，具体操作如下：

```
df.drop(['Unnamed: 0'],axis=1,inplace=True)
print(df.head())
```

执行上面的示例代码后，输出结果如下：

	出发地	目的地	价格	节省…	去程时间	回程航司	回程方式	回程时间
0	哈尔滨	北海	2208.0	650.0…	17:10-21:50	春秋航空 9C8742	直飞	10:20-15:05
1	成都	泸沽湖	1145.0	376.0…	19:45-21:20	成都航空 EU2738	直飞	23:30-01:05
2	广州	沈阳	2702.0	618.0…	08:05-11:45	深圳航空 ZH9652	经停	08:20-13:05
3	上海	九寨沟	1954.0	484.0…	21:55-01:15	成都航空 EU6677	直飞	17:45-20:35
4	广州	天津	1608.0	422.0…	06:55-10:00	海南航空 HU7201	直飞	20:15-23:25

经过对原始数据集的观察和分析，发现列名字段中存在空格，这对以后的数据处理存在影响，所以需要删除列名中的空格。

```
lie = df.columns.values
print(lie)
```

执行上面的示例代码后，输出结果如下：

```
['出发地 ' '目的地' '价格 ' '节省' '路线名' '酒店' '房间' '去程航司' '去程方式'
'去程时间' '回程航司' '回程方式 ' '回程时间']
```

使用 for 循环删除列名中的空格。

```
lie2 = []
for lieming in lie:
    lie2.append(lieming.strip())
print(lie2)
df.columns = lie2
```

执行上面的示例代码后，输出结果如下：

```
['出发地', '目的地', '价格', '节省', '路线名', '酒店', '房间', '去程航司', '去程方式', '去程时间', '回程航
司', '回程方式', '回程时间']
```

重复值查找与删除。

```
chongfu = df[df.duplicated()]  #查看存在重复值的行
print(chongfu.head())
print(df.shape)  #查看当前数据的行列数
```

执行上面的示例代码后，输出结果如下：

```
454 广州   黄山   1871.0   492.0…   19:20—21:15   南方航空 CZ3628   直飞   22:05—23:50
649 济南   长沙   1134.0   360.0…   18:40—20:50   山东航空 SC1186   直飞   10:20—12:15
685 青岛   重庆   1474.0   420.0…   19:30—00:05   华夏航空 G54710   经停   18:00—22:25
852 北京   哈尔滨 1450.0   368.0…   22:20—00:20   大新华航空 CN7150 直飞   22:50—00:55
922 北京   长沙   1289.0   334.0…   17:45—20:30   南方航空 CZ3855   直飞   22:55—01:10
(5100, 13)
```

使用 duplicated 函数查看数据中存在重复值的行，并使用 shape 查看当前数据集的行列数，以便后续对重复值删除操作进行验证。

```
df.drop_duplicates(inplace=True)
print(df.shape)
print(df.tail())
```

执行上面的示例代码后，输出结果如下：

```
(5000, 13)
     出发地  目的地   价格     节省…       去程时间        回程航司      回程方式   回程时间
5094 大连    武汉   1473.0   368.0…   18:35—21:10   东方航空 MU2517   经停   07:40—12:05
5096 成都    泸沽湖 1158.0   376.0…   19:45—21:20   成都航空 EU2738   直飞   23:30—01:05
5097 天津    丽江   1616.0   426.0…   16:25—19:45   首都航空 JD5739   直飞   07:50—10:50
5098 大连    重庆   1703.0   446.0…   18:25—23:30   山东航空 SC4837   经停   07:00—11:30
5099 天津    哈尔滨 1192.0   356.0…   21:10—23:25   福州 FU6556       直飞   11:35—13:45
```

使用 drop_duplicates 函数删除重复行，再一次查看行列数，发现目前数据集仅剩 5 000 行，这代表已经成功删除重复行。查看后 5 行数据发现，索引由于删除重复行而变得不连续，需要重新编排数据索引。

```
print(df.isnull().sum())
```

执行上面的示例代码后，输出结果如下：

```
出发地      2
目的地      1
价格       28
节省       17
路线名      0
酒店      0
房间      0
去程航司    0
去程方式    0
去程时间    0
回程航司    0
回程方式    0
回程时间    0
```

使用 isnull 来判断数据集中每一列是否存在缺失值，根据输出的结果可以看到“出发地"存在 2 处缺失,"目的地"存在 1 处缺失,"价格"和"节省"分别存在 28 和 17 处缺失,缺失的数据既有字符型也有数字型,接下来将分别对这两种类型的缺失值进行处理。

查询出发地缺失数据。

```
chufaqueshi = df[df.出发地.isnull()]
    print(chufaqueshi)
```

执行上面的示例代码后,输出结果如下:

```
   出发地   目的地   价格     节省…      去程时间          回程航司       回程方式   回程时间
1864 NaN    烟台    647.0    348.0…   10:05—11:05   天津航空 GS6402    直飞   16:30—17:25
1930 NaN    西安   1030.0    326.0…   07:10—08:55   华夏航空 G58858    直飞   23:10—00:55
```

对路线名进行切割,将出发地切割出来,填入出发缺失位置。

```
cg = chufaqueshi['路线名'].values
print(cg)
chufa2 = []
for i in chufaqueshi['路线名'].values:
    print(i.split('—')[0])
    chufa2.append(i.split('—')[0])
print(chufa2)
df.loc[1864,'出发地'] = chufa2[0]
df.loc[1930,'出发地'] = chufa2[1]
print(df[df.出发地.isnull()])
```

执行上面的示例代码后,输出结果如下:

```
['大连—烟台 3 天 2 晚 | 入住烟台海阳黄金海岸大酒店 + 幸福航空/天津航空往返机票'
'济南—西安 3 天 2 晚 | 入住西安丝路秦国际青年旅舍钟楼回民街店 + 华夏航空往返…']
大连
济南
['大连','济南']
Columns: [出发地, 目的地, 价格, 节省, 路线名, 酒店, 房间, 去程航司, 去程方式, 去程时间, 回程航司, 回程方式, 回程时间]
```

使用 for 循环和 split 函数对路线名进行划分,提取出出发地,再根据前面查看的出发地索引填充缺失值,接下来对目的地进行填充。

查询目的地缺失数据及其对应的路线名。

```
mudidi = df[df['目的地'].isnull()]
print(mudidi)
luxian = df[df['目的地'].isnull()]['路线名'].values
print(luxian)
```

执行上面的示例代码后,输出结果如下:

```
     出发地   目的地   价格      节省…       去程时间         回程航司       回程方式   回程时间
1875 深圳     NaN    2149.0   494.0…    09:10—12:40    东海 DZ6242     经停    12:40—18:00
['深圳—大连 3 天 2 晚 | 入住大连黄金山大酒店 + 南方航空/东海往返机票']
```

旅行目的地获取。

```
import re
mudi = []
for m in df.loc[df.目的地.isnull(), '路线名'].values:
    print(re.findall('—(.*?)\d', m)[0])
    mudi.append(re.findall('—(.*?)\d', m)[0])
print(mudi)
df.loc[1875, '目的地'] = mudi[0]
print(df.loc[1875])
```

执行上面的示例代码后,输出结果如下:

```
大连
['大连']
出发地                                深圳
目的地                                大连
价格                                  2149
节省                                  494
路线名     深圳—大连 3 天 2 晚 | 入住大连黄金山大酒店 + 南方航空/东海往返机票
酒店                 大连黄金山大酒店 舒适型 3.4 分/5 分
房间                    标准间 大/双床 不含早 1 间 2 晚
去程航司                          南方航空 CZ6833
去程方式                              直飞
去程时间                          09:10—12:40
回程航司                           东海 DZ6242
回程方式                              经停
回程时间                          12:40—18:00
```

使用 for 循环和正则表达式来提取旅行路线中的目的地,再通过赋值的方式把目的地填入缺失位置。

数值型缺失值补全，价格和节省缺失值处理。

```
jiage = df[df['价格'].isnull()]
print(jiage.head())
```

执行上面的示例代码后，输出结果如下：

```
   出发地  目的地   价格    节省…     去程时间        回程航司      回程方式  回程时间
11 哈尔滨  长沙     NaN    472.0…   16:25-22:05   奥凯航空 BK2849   经停   07:15-12:50
31 天津    西宁     NaN    396.0…   15:25-17:55   中国国航 CA8280   经停   18:15-22:05
41 南京    青岛     NaN    326.0…   22:55-00:10   首都航空 JD5298   直飞   10:40-12:00
51 青岛    长沙     NaN    454.0…   06:20-08:40   幸福航空 JR2769   直飞   06:40-09:05
73 深圳    呼和浩特 NaN    606.0…   11:05-17:00   深圳航空 ZH9128   经停   13:55-18:40
```

查看价格含缺失值的行，接下来使用价格的均值对数据进行填充。

```
jgmean = df['价格'].mean()
x = round(jgmean, 1)
df['价格'].fillna(x, inplace=True)
print(df.loc[11])
```

执行上面的示例代码后，输出结果如下：

```
出发地                              哈尔滨
目的地                               长沙
价格                               1767.8
节省                                 472
路线名     哈尔滨—长沙3天2晚 | 入住长沙艾玛连锁酒店+海南航空/奥凯航空往返机票
酒店                  长沙艾玛连锁酒店 舒适型 3.7分/5分
房间             豪华双人间—不含早(预…双床 不含早 1间2晚
去程航司                       海南航空 HU7726
去程方式                              经停
去程时间                       16:25—22:05
回程航司                       奥凯航空 BK2849
回程方式                              经停
回程时间                       07:15—12:50
```

处理节省数据的缺失值与处理价格的缺失值方法相同，在处理完全部缺失值之后，做一个综合验证，查看数据中是否还存在缺失值。

```
df['节省'].fillna(round(df['节省'].mean(),1),inplace=True)
print(df.isnull().sum())
```

执行上面的示例代码后，输出结果如下：

```
出发地    0
目的地    0
价格      0
节省      0
路线名    0
酒店      0
房间      0
去程航司  0
去程方式  0
去程时间  0
回程航司  0
回程方式  0
回程时间  0
```

接下来是异常值处理部分，使用统计方法快速地找到异常值，并且设计算法去验证找出的异常值是否真的是异常值。

```
tongji = df.describe()
print(tongji)
```

执行上面的示例代码后，输出结果如下：

	价格	节省
count	5000	5000
mean	1767.782	474.4909
std	2597.026	168.8605
min	578	306
25%	1255	358
50%	1636.5	436
75%	2028.25	530
max	179500	3500

根据数据统计价格总量和节省总量一样，这是不符合常识的，节省的钱不可能大于或等于原价格，下面对这个问题进行验证。

```
yz = (df['价格'] - df['价格'].mean()) / df['价格'].std()
sj = df[((yz) > 3) | ((yz) < -3)]
print(sj)
```

执行上面的示例代码后，输出结果如下：

```
出发地    目的地  价格        节省…         去程时间          回程航司        回程方式  回程时间
2792 杭州  九寨沟179500.0  538.0…    20:30—01:00    长龙航空 GJ8680    经停   20:25—00:50
```

找出价格中有异常的数据，接下来用同样的方式找出节省的异常数据。

```
yz2 = (df['节省'] - df['节省'].mean()) / df['节省'].std()
sj2 = df[((yz2) > 3) | ((yz2) < -3)]
print(sj2)
```

执行上面的示例代码后，输出结果如下：

```
出发地    目的地  价格     节省…        去程时间          回程航司        回程方式  回程时间
37 沈阳    三亚  4040.0    998.0…    16:10—22:20    深圳航空 ZH9725    经停   09:55—16:00
70 广州    西宁  3586.0    988.0…    06:30—10:10    南方航空 CZ3130    经停   13:55—18:40
87 广州    丽江  4279.0   1048.0…    13:45—16:40    东方航空 MU5733    经停   21:30—01:25
117 广州   西宁  1767.8    990.0…    06:30—10:10    南方航空 CZ3130    经停   13:55—18:40
129 广州   拉萨  5338.0   1454.0…    08:10—14:05    南方航空 CZ3464    经停   14:55—20:25
…          …     …         …          …               …                 …       …
```

在找出价格和节省的异常值之后，删除这些异常值并且更新数据集的索引。

```
del1 = pd.concat([df[abs(yz) > 3], df[abs(yz2) > 3]])
del_index = del1.index
df.drop(index=del_index, inplace=True)
df.index = range(0, df.shape[0])
print(df.shape)
```

执行上面的示例代码后，输出结果如下：

```
(4934, 13)
```

通过结果可以观察到已成功将异常值删除。

2.4 数据集成与数据规约

2.4.1 数据集成

在数据挖掘、数据建模等一系列的数据分析工作中，涉及多个数据源的数据时，怎样将不同数据源的数据集成在一起是一个重要的问题。数据集成起到了将不同数据源的数据整合在同一个数据仓库的作用。显然，在将不同的数据集成在一起时可能会碰到数据不匹配的问题，为了解决这类问题，需要考虑到数据的实体识别问题和属性冗余问题。

实体识别:主要指的是多个不同数据源在集成时可能存在不同数据描述同一实体属性的情况,如果两数据源之间存在描述同一实体的数据,那么可以把这些数据作为连接键,从而集成两个数据集,同时可以为数据去重起到一定的作用。举一个实例,表 A 中存在 stu_id 可以用来表示这个学生,而表 B 中也存在 stu_num 也可以表示这个学生,那么这两个都表示为同一实体。

属性冗余:指的是属性之间的相关性,比如说一个属性可以由另一个属性推测得到,比如某位女性有两个孩子,那么可以推出她已婚这个属性。对于属性值来说,不同的数据源之间可能存在数据冲突,比如,在不同的数据源同一实体的属性值可能不同。只有解决了上述的问题才能在底层集成不同数据源,得到一个数据仓库。

数据集成的优势:

(1) 提高系统协作性和统一性

如每个部门处于不同物理位置的员工需要访问公司的共享和个人项目数据。IT 部门需要一个安全的解决方案,通过跨所有业务线的自助服务访问来提供数据,此外,几乎每个部门的员工都会生成和改进其他业务所需的数据。数据集成需要协作和统一,以改善整个组织的协作和统一。

(2) 节省时间,提高效率

如当公司采取措施适当地整合其数据时,就会大大减少准备和分析数据所需的时间。统一视图的自动化减少了手工收集数据的过程,员工在需要运行报告或构建应用程序时不再需要从头建立连接。此外,使用正确的工具,而不是手工编写集成,可以为开发团队节省更多的时间(和整体资源),将更多的时间花在分析和执行上,从而使团队更具生产力和竞争力。

(3) 减少错误

为了手动收集数据,员工必须知道他们可能需要浏览的每个账户和位置,并在开始之前安装所有必要的软件,以确保他们的数据集是完整和准确的。如果添加了一个数据存储库,而员工并不知道它,那么数据集便会不完整。此外,如果没有数据集成解决方案来同步数据,则必须定期报告数据以解决任何更改。但是,使用了自动更新功能,用户可以根据需要轻松地实时运行报告。

(4) 提供更有价值的数据

数据集成工作实际上可以增加业务数据的价值。通过将数据集成到一个系统中,可以识别出数据存在的问题并实施必要的改进,从而形成更准确的数据质量分析基础。

2.4.2 数据规约

通过数据集成可以得到一个良好的数据集，但是通常这类数据集的规模比较大，这不利于后续的数据分析工作，从大规模的数据集中提取出比较小的数据集，且这个小的数据集包含源数据的所有信息，这样既不影响数据分析结果，又减少了数据分析的工作量，这种操作就叫数据规约。数据规约主要包含维度规约和数量规约。

维度规约：主要作用是去除无关属性，将高维的数据集在不影响数据基本属性的情况下转换为低维数据集，从而减少数据分析的工作量。维度规约的常用方法是特征的选择，也可以叫作特征的提取，要充分分析每个单一变量对目标属性的影响程度，删除影响程度低和没有影响的变量，保留影响程度比较高的变量，这样就可以尽量减小数据集的规模，从而起到数据规约作用。最常用的维度规约方法有主成分分析方法、特征集选择方法、小波变换等。

数量规约：基本原理是用小数据来代表大数据，比如说聚类算法，可以把数据分为很多个簇，从簇中选取一个能表示整个簇的数据，这样就实现了数据集规模的缩减，并且不影响数据分析的结果，最常见的数量规约方式有对数线性模型、聚类方法、抽样方法等。

2.5 数据的离散化与概念分层

2.5.1 数据离散化

数据离散化是指将连续的数据分为段落区间的形式。离散化处理有助于减少数据分析时间，并且一些算法是基于离散化数据进行开展的，所以在某些环境下，需要进行数据离散化处理，离散化处理使数据聚类以及抗噪能力显著增强。数据的离散化可以使得到的模型结果更加稳定，比如说人的青年、中年、老年的区分，大部分情况下，不会出现增长一岁，就从青年变成中年的情况，所以需要把年龄进行分段，划分三个区间，只有从当前区间跨越到另一个区间，才可以说从青年变成中年。数据离散化这种分段形式，使特征的增删变得更加容易，有助于模型的迭代，并且有效地提高了计算效率。最常见的离散化方式有等宽离散、等频离散、二值化离散等。

(1) 等宽离散：等距区间或自定义区间进行离散，优点是灵活，能保持原有数据分布。

(2) 等频离散:根据数据的频率分布进行排序,然后按照频率进行离散。

(3) 二值化离散:将数据跟阈值进行比较,大于阈值,则设置为某一固定值(例如1),小于阈值,则将数据设置为另一值(例如0),然后得到一个只拥有两个值域的二值化数据集。

2.5.2 概念分层

概念分层是指将所有的连续的数据值都看成是可能分裂的点,相邻的点聚合在一起形成一个区间,区间可以用标记来代替实际数据,重复这个操作直到属性值被划分为多个层。与离散化概念相似,离散化是将数据划分为区间,以减少数据分析难度,而概念分层是将属性进行离散化,用一个泛化概念代替实际属性值。比如说有一个人的出生到死亡的年龄数据,通过聚合年龄数值将他的人生分为青年、中年、老年三个阶段。虽然这样操作丢失了很多数据细节,但是条理更加清晰,并且也更加容易解释。概念分层的方式有分箱、直方图、聚类等。

分箱法:是一种基于箱的指定个数、自顶向下的分裂技术。通过使用等宽或等频分箱,用箱均值或中位数替换箱中的每个值,可以将属性值离散化,就像分别用箱的均值或箱的中位数光滑一样。这些技术可以递归地作用于结果划分,产生概念分层。分箱并不使用类信息,因此是一种非监督的离散化技术。它对用户指定的箱个数很敏感,也容易受离群点的影响。

直方图法:算法递归地用于每一部分,自动地产生多级概念分层,直到到达一个预先设定的概念层数,过程终止。也可以对每一层使用最小区间长度来控制递归过程。最小区间长度设定每层每部分的最小宽度,或每层每部分中值的最少数目。

聚类法:算法可以用来将数据划分成聚类或群。每一个聚类形成概念分层的一个节点,而所有的节点在同一概念层。每一个聚类可以进一步分成若干子聚类,形成较低的概念层。聚类也可以聚集在一起,以形成分层结构中较高的概念层。

2.6 本章小结

本章主要介绍数据预处理的相关知识,首先介绍了数据属性类别划分的四个尺度,然后详细描述了变量类型和数据类型以及如何评估数据的质量的问题,然后描述数据清洗需要注意的地方,比如说缺失值、重复值等,最后描述了数据集成、数据规约、数据离散化以及概念分层的基本概念。

本章习题

1. 数据预处理的任务和目的是什么?
2. 请简要描述数据属性划分的几种尺度。
3. 数据质量的评估标准有哪些?它们是怎样进行评估的?
4. 数据清洗的目的是什么?列举几种数据清洗的常见操作。
5. 什么是数据离散化?离散化的作用是什么?常见的离散化方式有哪些?
6. 什么是数据概念分层?简要介绍几种常见的概念分层方式。
7. 请用 Python 语言实现 Series 对象和 DataFrame 对象的缺失值处理操作。
8. 请用 Python 语言实现 Series 对象和 DataFrame 对象的重复值处理操作。

3 数据的统计描述

数据样本在不同的情况下数量级差异很大，少则屈指可数，多则成千上万，然而为了简便高效，人们希望只用少数几个数值来体现数据样本总体的规律，这些数值在最小化数据信息损失的情况下能够尽可能多地包含相关信息。

描述性统计就是搜集、整理、加工和分析统计数据，使之系统化、条理化，以显示出数据资料的趋势、特征和数量关系。它是统计推断的基石，有着较强的实用性，并在统计工作中经常发挥作用。

3.1 数据的统计建模方法

随着计算机和网络技术普及得越来越广泛、发展得越来越迅速，面对数据和信息爆炸的挑战，如何迅速高效地将数据提升为信息、知识和智能，是统计工作者面临的重要课题。而统计建模将统计方法、计算机技术完美融合，以数据分析为导向，以发现和挖掘数据隐藏规律为目标，能为经济社会的发展提供更高价值的统计信息。接下来本章会先对统计建模进行简单介绍。

3.1.1 统计建模简介

统计建模是指以计算机统计分析软件为工具，利用各种统计分析方法对批量数据建立统计模型和探索处理的过程，用于揭示数据背后的规律，诠释社会经济现象，或对经济和社会发展作出预测或判断。

目前，市面上有许多非常好用的统计建模软件，如 Spss，EXCEL，SAS，EViews，R 软件，MatLab 等。而本书用 Python 编程的方式对数据进行处理、建模与分析，从而实现更加灵活、更适应个人的统计建模方法。

利用统计建模的方法能够在生活中更好地解决问题，而实现统计建模方法的前提是了解其过程，简要来说，统计建模过程可划分为：明确问题、收集信息、模型假设、模型构建、模型求解以及模型分析这 6 个步骤。

3.1.2 统计模型分类

1. 多元回归

由于客观事物内部规律的复杂性及受人们认知程度的限制，有时会出现无法分析实际对象内在的因果关系，也无法建立合乎机理规律的数学模型的情况。在遇到有些无法用机理分析建立数学模型的时候，通常采取搜集大量数据，再对数据进行统计分析并建立模型的方法，其中用途最为广泛的一类随机模型就是统计回归模型。

回归模型用于确定数据之间是否为相关关系。在大量的观察下，相关数据会表现出一定的规律性，可以借助函数关系式来表达，这种函数就称为回归函数或回归方程。其中，回归模型的分类如下：

设因变量为 Y，k 个自变量分别为 $X_1, X_2, \cdots, X_k$，描述因变量 Y 如何依赖于自变量 $X_1, X_2, \cdots, X_k$ 和误差项 ε 的方程称为多元回归模型。其一般形式可表示为：

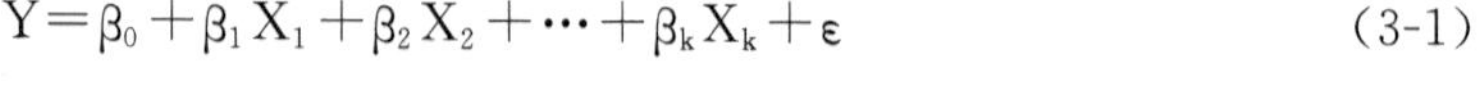

$$Y = \beta_0 + \beta_1 X_1 + \beta_2 X_2 + \cdots + \beta_k X_k + \varepsilon \quad (3\text{-}1)$$

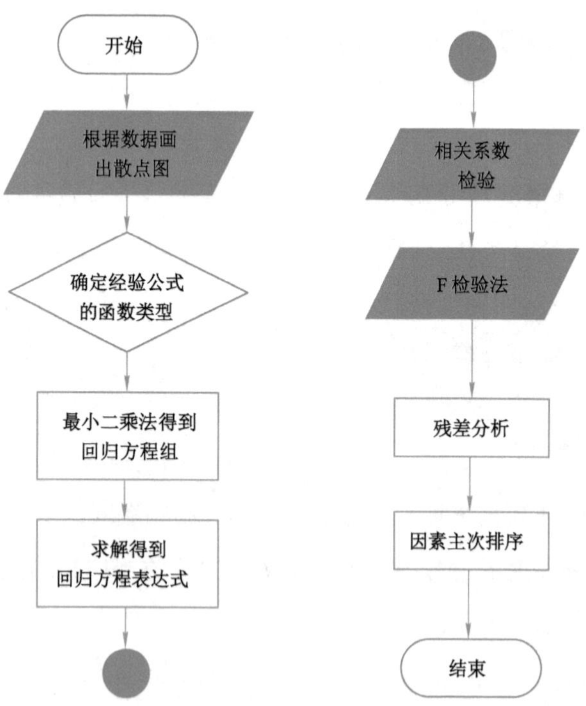

图 3-1 回归模型解题步骤

回归模型解题步骤(见图 3-1)主要包括两部分：

(1) 确定回归模型所属的基本类型,通过计算得到回归方程表达式

① 根据试验数据画出散点图；

② 确定经验公式的函数类型；

③ 通过最小二乘法得到回归方程组；

④ 求解方程组,得到回归方程的表达式。

(2) 对回归模型进行显著性检验

① 相关系数检验,检验线性相关程度的大小；

② F 检验法；

③ 残差分析；

④ 对于多元回归分析还需进行因素的主次排序。

2. 分类

分类是一种基本的数据分析方式,根据数据的特点,可将其划分为不同的部分和类型,再进一步分析,能够挖掘事物的本质。

在机器学习和统计中,分类是通过类别成员资格已知的观察(或实例)训练数据集判断新数据的所属类别。例如,将给定的电子邮件分配成“垃圾邮件”类或“非垃圾邮件”类,又如根据观察到的患者特征(性别,血压,某些症状的存在或不存在等)为给定患者分配诊断等。分类是模式识别的一个特例。

分类的主要用途和场景是“预测”,即基于已有的样本预测新样本的所属类别。例如信用评级、风险评级、欺诈预测等;同时,它也是模式识别的重要组成部分,广泛应用在机器翻译、人脸识别、医学诊断、手写字符识别、指纹识别、图像识别、语音识别、视频识别等领域;另外,分类算法也可以用于知识抽取,通过模型找到潜在的规律,帮助业务得到可执行的规则。

常见的分类算法有:朴素贝叶斯、逻辑回归、决策树、随机森林、支持向量机等。

3. 聚类分析

指将物理或抽象对象的集合分组为由类似的对象组成的多个类的分析过程。它是一种重要的人类行为。聚类分析的目的就是在相似的基础上收集数据来进行分类。聚类源于很多领域,包括数学、计算机科学、统计学、生物学和经济学等。在不同的应用领域,很多聚类技术都得到了发展,这些技术方法被用作描述数据,用来衡量不同数据源间的相似性以及把数据源分类到不同的簇中。

聚类是将数据分类到不同的类或者簇的过程,所以同一个簇中的对象有很大的相

似性，而不同簇间的对象有很大的相异性。聚类与分类的不同在于，聚类所要求划分的类是未知的。

其中，聚类的方法又分为层次聚类和非层次聚类两种。常用的聚类算法有基于网格/密度的聚类、DBSCAN 聚类、K-均值聚类、谱聚类、模糊聚类等。聚类分析的具体算法和应用将在本书的第 8 章中做详细阐述。

4. 判别分析

是基于已知类别的训练样本，对未知类别的样本进行判别的一种统计方法，也是一种有监督的学习方法，是分类的一个子方法。更具体来说，是在研究已经过分类的样本基础上，根据某些判别分析方法建立判别式，再根据判别式对未知分类的样本进行分类。

判别分析又可细分为：距离判别法、Fisher 判别法、Bayes 判别法、逐步判别法这几类，其中比较常用的是 Bayes 判别法和逐步判别法。

5. 主成分分析

主成分分析是一种降维数的数学方法，具体就是，通过降维技术将多个变量化为少数几个主成分的统计分析方法。在建模中，主要用于降维、系统评估、回归分析、加权分析等。

主成分分析的目的是希望用较少的变量去解释原来资料中的大部分变量，把相关性很高的变量转化成彼此相互独立或不相关的变量。在描述数据集中的样本时，样本又叫作实例、观测，样本可以由多个属性来描述，这些又可以称为特征、指标、变量、维度，比如描述某企业的员工信息时，数据集就是所有员工信息，每个员工就是一个样本，用来描述样本信息的性别、年龄、工龄、籍贯、工资……这些指标可能有某种程度上的相关关系，就会存在信息冗余，就需要特征选择，也就是降维。

常用的降维方法有主成分分析 PCA、SVD 奇异值分解、逐步回归等。

6. 因子分析

可以看成主成分分析的推广，它也是多元统计分析中常用的一种降维方式。因子分析的首要任务就是估计因子载荷的方差，然后给因子一个合理的解释，若难以进行合理的解释，则需要进一步作因子旋转，希望旋转后能发现比较合理的解释。因子分析的前提条件是观测变量间有较强的相关性。如为了解学生的知识和能力，对学生进行了抽样命题考试，考题包括的面很广，但总的来讲可归结为学生的语文水平、数学推导、艺术修养、历史知识、生活知识等五个方面，把每一个方面称为一个(公共)因子，显然每个学生的成绩均可由这五个因子来确定。即通过因子分析将 24 个心理指标归结为 4 个公共因子:即词语因子、速度因子、推理因子和记忆因子。

因子分析可分为:

① R型因子分析,即对变量的研究,也是最常用的方法;

② Q型因子分析,即对样本的研究。

因子分析和主成分分析的区别和联系是,两者都是降维数学技术,前者是后者的推广和发展。主成分分析只是一般的变量替换,其始终基于原始变量研究数据的模型规律;而因子分析则是挖掘和研究新的少数变量的一种方法,如同数据挖掘中的未知关联关系发现。

7. 时间序列预测法

这是一种定量分析方法,它是在时间序列变量分析的基础上,运用一定的数学方法建立预测模型,使时间趋势向外延伸,从而预测未来市场的发展变化趋势,确定变量预测值。其基本特点是:假定事物的过去趋势会延伸到未来;预测所依据的数据具有不规则性。

一个时间序列通常可以分解为以下四大部分:

① 长期趋势变动;

② 季节变动;

③ 循环变动;

④ 不规则变动。

也可分为以下五部分:

① 平均数预测;

② 移动平均数预测;

③ 指数平滑法预测;

④ 趋势法预测;

⑤ 季节变动法。

3.2　数据的频数描述方法

统计建模的相关知识作为解决数据处理问题的一个基本框架,各种统计分析方法的应用也是其必不可少的,基本统计分析往往是从频数分析开始的,本节讲述了频数分布的目的并利用Python举例对频数描述方法进行分析。

3.2.1 频数分析的目的和基本任务

基本统计分析往往是从频数分析开始的。通过频数分析能够了解取值的状况，这对于了解数据的分布特征是非常有用的。例如，在问卷数据分析中，通常应首先对被调查者的状况，如被访总人数、年龄特点、职业特点、性别特征等进行分析和总结。通过这些分析，能够在一定程度上反映出样本是否具有总体代表性，抽样是否粗壮以至系统是否有偏差等，这些分析可以通过对频数分析来实现。

频数分析的第一个主要任务是编制频数分布表，表中含有频数、百分比、有效百分比、累计百分比等统计内容；第二个主要任务就是绘制统计图，统计图是一种最为直接的数据刻画方式，能够非常清晰直观地展示变量的取值状况。常见的统计图有条形图、直方图、饼图、折线图等。

在下一小节中，将会就频数统计的基本概念给出一些简单的 Python 实例。

3.2.2 频数统计

【例 3.1】 频数分析。

```
import pandas as pd
import matplotlib.pyplot as plt
from matplotlib.pyplot import MultipleLocator
import seaborn as sns
data = pd.read_csv('data.csv')  # 导入数据
print(data.head())
```

若在 head()中不指明参数，则默认显示数据表中的前 5 行数据。执行上面的示例代码后，输出结果如下：

```
    date          score    price
0   2018-09-03    70.0     23.55
1   2018-09-04    75.0     24.43
2   2018-09-05    65.0     23.41
3   2018-09-06    60.0     22.81
4   2018-09-07    NaN      23.21
```

通过简单的数据预览可发现数据中存在缺失值，为了统计缺失值，可以用以下代码统计缺失值。

```
print(data.isnull().sum())
```

执行上面的示例代码后，输出结果如下：

```
date     0
score    1
price    0
dtype: int64
```

缺失值填充：可看出整个数据表中只有在 score 列出现了 1 个空值，这里对缺失值实现按整列的平均数填充。具体代码如下：

```
import pandas as pd
import matplotlib.pyplot as plt
from matplotlib.pyplot import MultipleLocator
import seaborn as sns
data = pd.read_csv('data.csv')  # 导入数据
mean_val = data['score'].mean()  # 计算 score 列的均值
data['score'].fillna(mean_val, inplace=True)  # 填补空值，并直接对原始对象进行修改
print(data.head())
```

执行上面的示例代码后，输出结果如下：

```
     date          score    price
0    2018-09-03    70.0     23.55
1    2018-09-04    75.0     24.43
2    2018-09-05    65.0     23.41
3    2018-09-06    60.0     22.81
4    2018-09-07    63.0     23.21
```

【例 3.2】 频数分布表。

这里以处理后的数据第 2 列，也就是 score 列数据为例，为其制作频数分布表，把数据划分为从 0 到 100、步长为 20 的 5 段区间，并利用此频段计算 data 的频数。

```
import pandas as pd
import matplotlib.pyplot as plt
from matplotlib.pyplot import MultipleLocator
import seaborn as sns
data = pd.read_csv('data.csv')  # 导入数据
data1 = data.iloc[:, 1]  # 截取 score 列数据
# data1 数据进行从 0 到 100，步长为 20 的频段划分
cut = pd.cut(data1, [0, 20, 40, 60, 80, 100], labels=[u"(0,20]", u"(20,40]",
u"(40,60]", u"(60,80]", u"(80,100]"])
data_cut = cut.value_counts()  # 利用此频段进行统计计数
```

```
data_cut.sort_index(inplace=True)  #采用按索引升序排列
print(data_cut)
```

执行上面的示例代码后，输出结果如下：

```
(0,20]       2
(20,40]     10
(40,60]     11
(60,80]     17
(80,100]    17
Name: score, dtype: int64
```

【例 3.3】 频数分布图。

通过之前的数据预处理和频数分布表的制作，已经得到了想要的数据，现在只差最后一步，就是把处理好的数据进行可视化处理。

```
import pandas as pd
import matplotlib.pyplot as plt
from matplotlib.pyplot import MultipleLocator
import seaborn as sns
data = pd.read_csv('data.csv')  # 导入数据
data1 = data.iloc[:, 1]  # 截取 score 列数据
# data1 数据进行从 0 到 100，步长为 20 的频段划分
cut = pd.cut(data1, [0, 20, 40, 60, 80, 100], labels=[u"(0,20]", u"(20,40]",
u"(40,60]", u"(60,80]", u"(80,100]"])
data_cut = cut.value_counts()  # 利用此频段进行统计计数
data_cut.sort_index(inplace=True)  # 采用按索引升序排列
#先把频数分布表转化为 DataFrame 格式，以方便可视化
# x 轴为 score，y 轴为 frequency
data_format = {'score': data_cut.index, 'frequency': data_cut.values}
data_cut = pd.DataFrame(data_format)
plt.rcParams['font.sans-serif'] = ['SimHei']  # 为避免中文乱码，添加中文字体
ax = plt.figure().add_subplot(111)  # 使用 Seaborn 的 barplot 绘制条形图：
sns.barplot(x="score", y="frequency", data=data_cut)
ax.set_ylim([0, 20])  # 设置 y 轴刻度范围
ax.set_xlabel('区间', fontsize=15)  # 设置坐标轴文字
ax.set_ylabel('频数', fontsize=15)
ax.set_title('频数分布图')  # 设置图片标题
plt.xticks(fontsize=15)  # 设置坐标轴刻度大小
```

```
plt.yticks(fontsize=15)
#避免刻度显示为小数,这里设置 y 轴刻度间隔为 2 的倍数
y_major_locator=MultipleLocator(2)
ax.yaxis.set_major_locator(y_major_locator)
#将每个柱体的值放在柱体上方
for x, y in zip(range(5), data_cut.frequency):
    ax.text(x, y, '%d' % y, ha='center', va='bottom', fontsize=20, color='grey')
plt.show()
```

最后,生成的频数分布如图 3-2 所示。

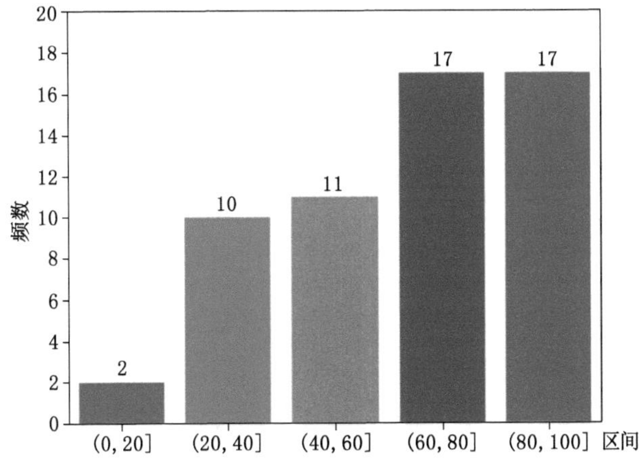

图 3-2　频数分布图

以上是对基本的数字型数据文件频数分布进行的分析,接下来作为扩展内容,讲解如何对文本(如 *.txt 等)的文字型数据进行频数分析。这里以翻译成中文的著名话剧剧本《罗密欧与朱丽叶》为例进行词频统计分析,并在最后进行数据可视化处理。

【例 3.4】　文本词频统计分析。

```
import re  #正则表达式库
import collections  #词频统计库
import NumPy as np  # NumPy 数据处理库
import jieba  #结巴分词
import wordcloud  #词云展示库
from PIL import Image  #图像处理库
import matplotlib.pyplot as plt  #图像展示库
#读取文件
fn = open('Romeo and Juliet.txt', encoding='utf-8')  #打开文件
```

```
string_data = fn.read()  #读出整个文件
fn.close()  #关闭文件
#文本预处理
pattern = re.compile(u'\t|\n|\.|-|:|;|\)|\(|\?|"')  # 定义正则表达式匹配模式
string_data = re.sub(pattern, '', string_data)  # 将符合模式的字符去除
#文本分词
seg_list_exact = jieba.cut(string_data, cut_all=False)  #精确模式分词
object_list = []
remove_words =[u'的', u',', u'和', u'是', u'随着', u'对于', u'对', u'等', u'能', u'都',
u'。', u' ', u'、',u';', u'? ', u'! ',u'中', u'在', u'了',u'通常', u'如果',
u'我们', u'需要', u'你', u'我', u'他', u'她', u'它']
#自定义去除词库
for word in seg_list_exact:  #循环读出每个分词
    if word not in remove_words:  #如果不在去除词库中
        object_list.append(word)  #分词追加到列表
#词频统计
word_counts = collections.Counter(object_list)
#对分词做词频统计
word_counts_top10 = word_counts.most_common(10)
#获取前10最高频的词
print(word_counts_top10)  #输出检查
#词频展示
# mask = np.array(Image.open('wordcloud.jpg'))
#定义词频背景
wc = wordcloud.WordCloud(
    font_path='C:/Windows/Fonts/simhei.ttf',  #设置字体格式
    # mask=mask,  #设置背景图
    background_color="white",
    max_words=200,  #最多显示词数
    max_font_size=100  #字体最大值)
wc.generate_from_frequencies(word_counts)  #从字典生成词云
# image_colors = wordcloud.ImageColorGenerator(mask)
#从背景图建立颜色方案
# wc.recolor(color_func=image_colors)
#将词云颜色设置为背景图方案
```

```
plt.imshow(wc)  #显示词云
plt.axis('off')  #关闭坐标轴
plt.show()  #显示图像
```

本段代码先读取中文文本，并在词频统计之前进行基本的预处理，比如用正则表达式去除文本中可能存在的空行，也可以包括其他不需考虑的情况。然后利用中文分词工具 jieba 第三方库进行中文分词，中文分词与英文不同，不能通过单词空格进行简单分割，而是需要精确地定位到各个词汇，故 jieba 中包含 3 种分词模式，分别是：① 精确模式，试图将句子最精确地切开，此模式适合文本分析；② 全模式，把句子中所有的可以成词的词语都扫描出来，速度非常快，但是有一个缺陷，就是不能解决歧义；③ 搜索引擎模式，在精确模式的基础上，对长词再次切分，能够提高召回率，适合用于搜索引擎分词。值得注意的是，jieba 还支持繁体分词和自定义词典，是中文词频分析和自然语言处理预处理阶段最常用的工具之一。

这里利用精确分词的方法，并排除不需要加入结果统计的常用词汇，如一般代词、介词和中文标点符号等，以充分展示能反映文章内容词频的统计结果；最后筛选出出现次数最多的 10 个词汇进行输出显示，并对所有统计结果进行排序，以及进行数据可视化处理，这里采用的是词云的方式，以不同于数据图表的形式直观展示各个词汇的出现频次，利用的是专业用于词云生成的 Wordcloud 第三方库。更多词云显示的方法还可以利用 Pyecharts 等专业数据可视化工具，这里就不展开具体讲解。

执行上面的示例代码后，所产生的词云图如图 3-3 所示，输出结果如下：

```
[('罗密欧', 311), ('这', 237), ('一个', 214), ('把', 210), ('去', 199),
('就', 198), ('朱丽叶', 188), ('来', 180), ('人', 163), ('啊', 162)]
```

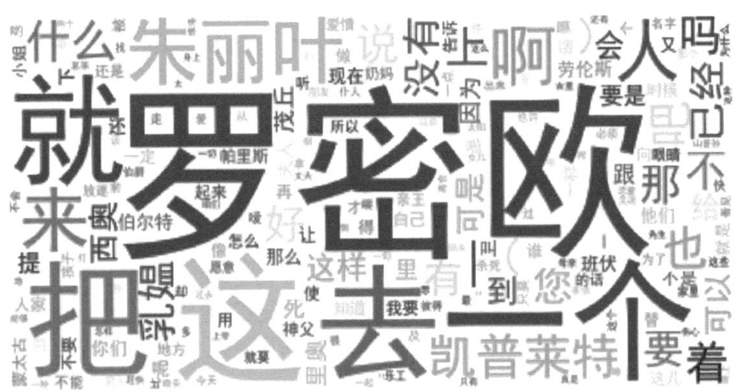

图 3-3　词频统计可视化——词云

3.3 数据的描述性统计方法

通过频数分析可以对数据集合的总体特性有一个初步的认识，为了对数据整体进行更加直观的描述，描述性统计发挥了至关重要的作用。由此，本节首先介绍了描述性统计，接着利用 Python 举例对描述性统计方法进行分析并将数据进行可视化展示。

3.3.1 描述性统计简介

描述性统计分析，顾名思义就是通过统计的方法，对数据整体进行描述，是一种借助图表或者总结性的数值来描述数据的统计手段。

在数据挖掘工作的数据分析阶段，可借助描述性统计来描绘或总结数据的基本概况，一方面不仅可以对整个数据分析思路整理出一个清晰的脉络，另一方面还可以更全面地向他人展示数据分析结果。

而在数值分析的过程中，往往要计算出数据的统计特征。在 Python 中，NumPy 和 SciPy 作为经典的科学计算工具可以很好地用于数据侧描述性统计分析；而最后通过 Matplotlib 也可将数据进行可视化，进行更好地呈现。对于 Matplotlib 的使用，本章只作为数据可视化的简单应用进行展示。

3.3.2 使用 NumPy 和 SciPy 进行数值分析

1. 中心位置

均值(Mean)、中位数(Median)和众数(Mode)可共同组成数据的中心位置。数据的中心位置是最简单的数据特征，借由中心位置，可以知道数据的平均情况。其中均值和中位数是用于定量的数据，众数是用于定性的数据。

对于定量数据来说，均值是总和除以总量，中位数是数值按大小排序后位于中间的值，均值相对中位数来说，包含的信息量更大，但是容易受异常值的影响；而对于定性数据来说，众数是出现次数最频繁的值。

有了以上的简单描述，可以使用 Python 对均值、中位数和众数进行计算。

【例 3.5】 中心位置。

```
import NumPy
from scipy. stats import mode
#生成数据：
data1 = NumPy. array([1, 2, 3, 2, 0])  # 构建一组一维数组
```

```
data2 = NumPy.random.normal(0, 10, size=10)  # 构建一组服从正态分布的定量数据
data3 = NumPy.random.randint(0, 10, size=10)  # 构建一组服从均匀分布的定性数据
#对三组数据计算并输出均值、中位数和众数：
print(data1, NumPy.mean(data1), NumPy.median(data1), mode(data1))
print(data2, NumPy.mean(data2), NumPy.median(data2), mode(data2))
print(data3, NumPy.mean(data2), NumPy.median(data3), mode(data3))
```

执行上面的示例代码后，输出结果如下：

```
[1 2 3 2 0]    1.6    2.0    ModeResult(mode=array([2]),count=array([2]))
[-7.85030545  2.88859584  -8.16233442  -2.02589476  10.03164975  -9.32944627
4.75241291  -5.92867674  -13.50743227  -5.30175952]
-3.44331909    -5.61521811    ModeResult(mode=array([-13.50743227]), count=array([1]))
[7 3 0 5 3 2 3 6 8 8]  -3.443319   4.0    ModeResult(mode=array([3]), count=array([3]))
```

2. 发散程度

以上对均值、中位数和众数此类有关中心位置的数据进行了简单介绍，下面将进一步研究现有数据以中心位置为标准的发散程度。若以中心位置来预测新数据，那么发散程度决定了预测的准确性。其中，数据的发散程度可用极差(PTP)、方差(Variance)、标准差(STD)、变异系数(CV)来衡量。其对应的公式如下所示：

数据的发散程度 PTP：

$$\text{PTP}=\text{Max}(\text{data})-\text{Min}(\text{data}) \tag{3-2}$$

方差 Variance：

$$\text{Variance}=\frac{\sum_{i=1}^{N}(\text{data}[i]-\text{Mean})^2}{N} \tag{3-3}$$

标准差 STD：

$$\text{STD}=\sqrt{\text{Variance}} \tag{3-4}$$

变异系数 CV：

$$\text{CV}=\frac{\text{STD}}{\text{Mean}} \tag{3-5}$$

有了以上的简单描述，可以使用 Python 对极差、方差、标准差和变异系数进行计算。

【例 3.6】 极差、方差、标准差和变异系数。

```
import NumPy
from NumPy import mean, ptp, var, std
#生成数据：
```

```
data1 = NumPy.array([1, 2, 3, 2, 0])  # 构建一组一维数组
data2 = NumPy.random.normal(0, 10, size=10)  # 构建一组服从正态分布的定量数据
data3 = NumPy.random.randint(0, 10, size=10)  # 构建一组服从均匀分布的定性数据
#计算并输出极差、方差、标准差和变异系数：
print(data1, ptp(data1), var(data1), std(data1), mean(data1)/std(data1))
print(data2, ptp(data2), var(data2), std(data2), mean(data2)/std(data2))
print(data3, ptp(data3), var(data3), std(data3), mean(data3)/std(data3))
```

执行上面的示例代码后，输出结果如下：

```
[1 2 3 2 0]          3        1.04      1.02       1.57
-7.85                2.89     -8.16     -2.03      10.03
-9.33                4.75     -5.93     -13.51     -5.30
23.54                47.81    6.91      -0.50
[7 3 0 5 3 2 3 6 8 8] 8       6.65      2.58       1.75
```

偏差程度(Z-Score)：由于均值容易受异常值影响，那么如何衡量偏差以及偏差到何种程度才能被称为异常是两个必须要解决的问题。偏差程度(Z-Score)为测量值距均值相差的标准差数目，其公式如下：

$$\text{Z-Score}=\frac{\text{X-Mean}}{\text{STD}} \tag{3-6}$$

有了以上的简单描述，可以使用 Python 对 Z-Score 进行计算(注：只有当标准差不为 0 且不为较接近于 0 的数时，Z-Score 才是有意义的)，这里以 data1 数据为例，打印其第一个数据的 Z-Score。

【例 3.7】 计算 Z-Score。

```
import NumPy
from NumPy import mean, ptp, var, std
#生成数据：
data1 = NumPy.array([1, 2, 3, 2, 0])  # 构建一组一维数组
data2 = NumPy.random.normal(0, 10, size=10)  # 构建一组服从正态分布的定量数据
data3 = NumPy.random.randint(0, 10, size=10)  # 构建一组服从均匀分布的定性数据
print('Z-Score is %f' % (data1[0]-mean(data1)/std(data1)))
```

执行上面的示例代码后，输出结果如下：

```
Z-Score is-0.56892
```

通常，Z-Score 的绝对值大于 3 就被视为异常。

相关程度：当存在两组数据时，若要研究这两组数据是否相关以及相关程度是多少，可以用协方差(COV)和相关系数(CORRCOEF)来衡量其相关程度。其中协方差和

相关系数的公式如下所示：

$$COV=\frac{\sum_{i=1}^{N}(data_1[i]-Mean_1)*(data_2[i]-Mean_2)}{N} \tag{3-7}$$

$$CORRCOEF=\frac{COV}{STD_1*STD_2} \tag{3-8}$$

协方差的绝对值越大表示相关程度越大，协方差为正值表示正相关，协方差为负值则表示负相关，0 为不相关，且只表示线性相关的方向，取值范围是正无穷到负无穷；而相关系数不仅表示线性相关的方向，还表示线性相关的程度，取值为－1 到 1。

有了以上的简单描述，可以使用 Python 完成协方差和相关系数的计算，这里以 data2 和 data3 为例，计算两组数据的相关程度。

【例 3.8】 协方差和相关系数。

```
import NumPy
from NumPy import mean, ptp, var, std
from NumPy import array, cov, corrcoef
#生成数据：
data1 = NumPy.array([1, 2, 3, 2, 0])
#构建一组一维数组
data2 = NumPy.random.normal(0, 10, size=10)
#构建一组服从正态分布的定量数据
data3 = NumPy.random.randint(0, 10, size=10)
#构建一组服从均匀分布的定性数据
#计算两组数据的协方差：
data = array([data2, data3])
#首先将两组数据合并为一个二维矩阵
print(cov(data, bias=1))
#参数 bias=1 表示结果需要除以 N,否则只计算分子部分
#返回结果为矩阵,第 i 行第 j 列的数据表示第 i 组数与第 j 组数的协方差,对角线为方差
#计算两组数据的相关系数：
data = array([data2, data3])
#首先将两组数据合并为一个二维矩阵
print(corrcoef(data))
#返回结果为矩阵,第 i 行第 j 列的数据表示第 i 组数与第 j 组数的相关系数,对角线为 1
```

执行上面的示例代码后，输出结果如下：

```
[[133.22915823  -3.9445114 ]
[ -3.9445114    7.36       ]]
[[1.            0.12296565]
[0.12296565     1.         ]]
```

【例 3.9】 案例分析——股价数据分析。

综合以上所讲的描述性统计方法，这里举一个股价分析的具体案例。案例中读取了 2019 年全年上证指数，利用其开盘价进行简单的描述性分析并输出了各项指标，指标的原理以及其计算过程见例 3.8，最后用折线图的形式描述了 2019 年开盘、收盘以及最高价的走向，其详细代码如下：

```
import NumPy as np
from scipy.stats import mode
from NumPy import mean, ptp, var, std
import matplotlib.pyplot as plt
import tushare as ts
pro = ts.pro_api()
data = pro.daily(ts_code='000001.SZ', start_date='20190101', end_date='20191231')
plt.rcParams['font.sans-serif'] = ['SimHei']
print('mean: %.3f' % np.mean(data['open']))
print('median: %.3f' % np.median(data['open']))
print('mode: ' + str(mode(data['open'])))
print('ptp: %.3f' % ptp(data['open']))
print('var: %.3f' % var(data['open']))
print('std: %.3f' % std(data['open']))
print('cv: %.3f' % mean(data['open']/std(data['open'])))
print('z-score: \n' + str(data['open']-mean(data['open'])/std(data['open'])))
x = range(len(data))
plt.plot(x, data['open'], color='g', label="开盘价")
plt.plot(x, data['close'], color='b', label="收盘价")  # 收盘价折线图
plt.plot(x, data['high'], color='r', label="最高价")  # 最高价折线图
plt.title("2019 全年上证 50 指数走势图")
plt.xlabel("时间")
plt.ylabel("指数")
plt.legend()
plt.grid()
```

```
plt.savefig('3-3(1).png', dpi=300)
plt.show()
```

执行上面的示例代码后，输出结果如下，生成的结果如图 3-4 所示。

```
mean: 13.818
median: 13.890
mode: ModeResult(mode=array([12.34]), count=array([4]))
ptp: 8.080
var: 3.722
std: 1.929
cv: 7.162
z-score:
0      9.407931
1      9.297931
2      9.367931
3      9.177931
4      9.287931
...
239    2.567931
240    2.677931
241    2.077931
242    2.017931
243    2.227931
Name: open, Length: 244, dtype: float64
```

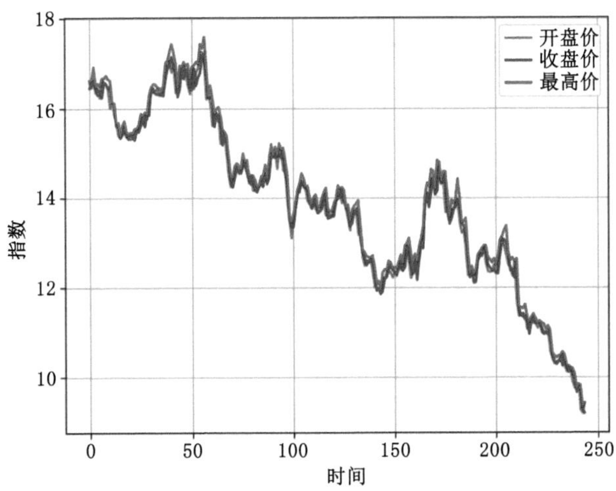

图 3-4　2019 年全年上证指数走势图

3.4 数据的探索性分析方法

以上两节介绍了数据总体特性的分析方法，接下来需要对数据进行更深一步的探索性分析，它能够发现数据的结构和规律，从而可以为数据深层分析奠定基础。本节对探索性分析进行简单的介绍并利用 Python 的各种库进行举例说明。

3.4.1 探索性分析(EDA)简介

为了确保收集数据和执行分析的完整性，探索性数据分析（EDA，Exploratory Data Analysis)是必要的。

“分析数据的程序，解释此类程序结果的技术，计划数据收集以使其分析更容易、更精确或更准确的方法，以及适用于分析数据的(数学)统计的所有机制和结果。”这是统计学家约翰·图基(John Tukey)在 1961 年对数据分析定义时所提出的观点。

正如图基所提出的概念，探索性分析指的是在没有先验的假设或者很少的假设的情况下，通过数据的描述性统计、可视化、特征计算、方程拟合等手段，去发现数据的结构和规律的一种方法。在传统的统计分析中，统计学家总是会对数据的分布特征做出先验判断，然后根据样本的某些特征，进一步去估计总体的特征。然而，在日常生活中，数据的分布往往并不是完美地符合统计学的要求的，这就会给实际应用带来偏差，而探索性数据分析，就是利用数据自身的各项表征，避免传统统计分析弊端的一种有效手段。

值得注意的是，之前所讲解的描述性分析有一个前提，是假定调研者事先已对问题有许多相关的知识的情况下，事实上，探索性与描述性调研的主要区别在于后者事先设想了具体的假设，即所需的信息已被很清楚地定义。典型的描述性调研都是以有代表性的大样本(一般在 600 人以上)为基础的，正式调研方案在设计时规定选择信息来源的方法以及从这些来源收集数据的方法。

而探索性分析研究的基本目的是提供一些资料以帮助调研者初步认识和全面理解所需解决的问题。在以一种更正式的调研之前，它常常帮助调研者将问题定义得更准确些、帮助确定相关的行动路线或获取更多的相关资料。这一阶段所需的信息是没有被精确定义的，研究过程灵活性很强，并且没有什么结构。例如向行业专家咨询就是一种探索性的研究，其样本量一般较小也没有什么代表性。原始数据一般是定性的，探索性调研的结果一般只是试验性的、暂时性的，或作为进一步研究的一个开端。

3.4.2 EDA 分析的目标与类型

EDA 分析的目标(见图 3-5)如下：

① 快速描述一份数据集：行/列数、数据丢失情况、数据的类型、数据预览；

② 清除脏数据：处理丢失的数据、无效的数据类型和不正确的值；

③ 可视化数据分布：条形图，直方图，箱形图等；

④ 计算并可视化展示变量之间的相关性(关系)：热图（heatmap)。

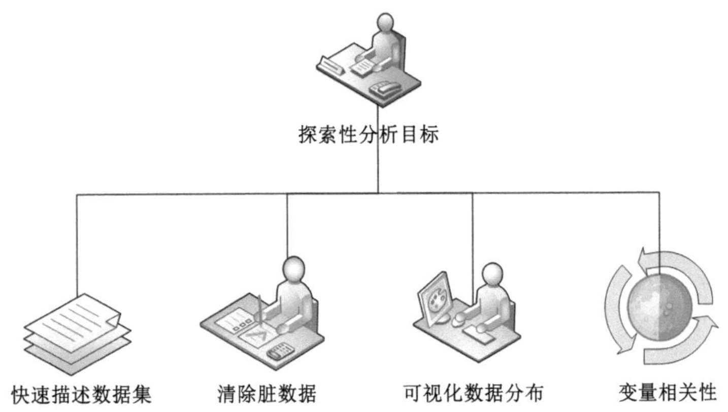

图 3-5 探索性分析的目标

EDA 共有四种主要类型。

(1) 单变量非图形

这是数据分析形式中最简单的，因为所分析的数据只包括一个变量。单变量分析的主要用途是描述数据并找出其中存在的模式。

(2) 单变量图形

非图形方法无法以完整的视角观察数据，因此想要全面、直观地了解数据需要用到图形方法。常见的单变量图形类型包括：

· 茎叶图——展示了所有数据值和分布的概况。

· 直方图——一种条形图，每个条形代表案例中一系列值的频率(计数)或比例(计数/总计数)。

· 框图——以图形方式描绘 5 个数的摘要：最小数、第一四分位数、中位数、第三四分位数和最大数。

(3) 多变量非图形

多变量数据来自多个变量。多变量非图形 EDA 方法通常使用交叉表或统计数据来表示数据的两个或更多变量之间的关系。

(4) 多变量图形

多变量数据使用图形展示两组或多组数据之间的关系。分组条形图使用得最频繁，每个组表示一个变量的一个级别，组内的每个条形表示另一个变量的级别。

其他常见的多变量图形类型包括：

· 散点图——水平和垂直轴上的数据点的绘制，以显示一个变量受另一个变量影响的程度。

· 多变量图表——因子与响应之间关系的图形表示。

· 运行图表——一段时间内绘制的数据折线图。

· 气泡图——在二维图中显示多个圆圈(气泡)的数据可视化。

· 热图——按颜色描绘数据值的图形表示法。

3.4.3 Python 中的 EDA

同之前章节中一样，Python 中有很多可用的有关数据处理的库，例如 Pandas，NumPy，Matplotlib，Seaborn 等。

【例 3.10】 EDA 数据分析。

```
import NumPy as np
import pandas as pd
import seaborn as sns
import matplotlib.pyplot as plt
#导入数据：
data = pd.read_csv('data.csv')
#数据检查与预处理：
#数据检查
print(data.shape)  #查看行列
print(data.head())  #数据预览：查看前 5 行
print(data.columns)  #查看列名
print(data['grade'].value_counts())
#检查 data 中"grade"列的值，该方法按降序显示数据
# 帧中每个特定值出现的次数
```

执行上面的示例代码后，输出结果如下：

```
(10236, 25)
   cycle   branch     type   …   question_id createddate   timestamp
0  2016  President  polls-plus…  74999   2011/1/16   2016/11/1 15:09
```

```
1  2016  President  polls－plus…  74936  2011/1/16  2016/11/1 15:09
2  2016  President  polls－plus…  74934  2011/1/16  2016/11/1 15:09
3  2016  President  polls－plus…  74252  10/25/16  2016/11/1 15:09
4  2016  President  polls－plus …  74519  10/27/16  2016/11/1 15:09
[5 rows x 25 columns]
Index(['cycle', 'branch', 'type', 'matchup', 'forecastdate', 'state',
       'startdate', 'enddate', 'pollster', 'grade', 'samplesize', 'population',
       'poll_wt', 'rawpoll_clinton', 'rawpoll_trump', 'rawpoll_johnson',
       'rawpoll_mcmullin', 'adjpoll_clinton', 'adjpoll_trump',
       'adjpoll_johnson', 'url', 'poll_id', 'question_id', 'createddate',
       'timestamp'],
      dtype='object')
A－    2796
B    2622
C－    1146
C＋     846
B＋     552
A     432
B－     327
A＋     216
C    138
D     27
Name: grade, dtype: int64
```

(1) 可视化数据分布——Seaborn 直方图

通过对数据 data 的预处理,可以利用数据可视化的手段将数据直观地呈现出来,达到探索性分析的效果。这里采用 Seaborn 库的方法将 data 数据中的 grade 列进行统计并利用直方图的形式可视化。

由之前的预览输出可以看出,grade 列的数据分为 10 类等级,这里利用 Seaborn 库对这 10 类等级在 samplesize 列下的数据进行统计并可视化,代码如下。

【例 3.11】 数据分布——直方图。

```
def Histogram(data):
#可视化数据分布－ Seaborn 直方图
sns.barplot(x='grade', y='samplesize', data=data)
#利用 Seaborn 画直方图,x 轴为 grade 分类,y 轴为对应的 samplesize 数据
```

```
    plt.show()
```

执行上面的示例代码后，输出直方图如图 3-6 所示：

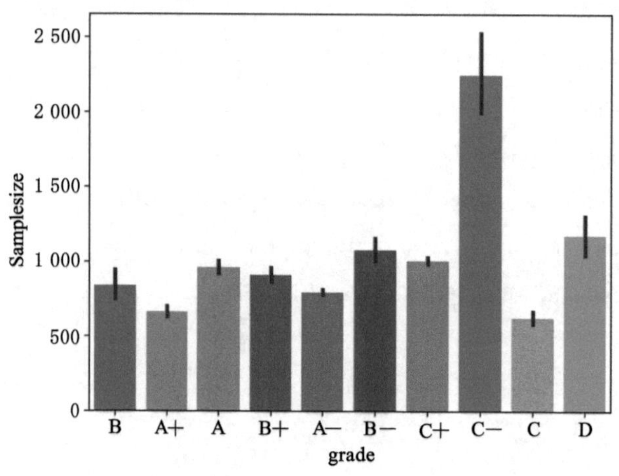

图 3-6　直方图

（2）可视化数据分布——Matplotlib 箱形图

箱形图(box-plot)又称为盒须图、盒式图或箱线图，是一种统计图，用作显示一组数据分散情况资料。箱形图表示数据的扩展，包括最小、最大和四分位数范围(IQR)。四分位数范围由第一分位数、中位数和第三分位数组成。

箱形图的优点非常明显：能直观准确地识别数据中的异常值；可利用箱形图判断数据批的偏态和尾重。这里可以用 Matplotlib 绘制 data 数据在 rawpollclinton 列和 rawpolltrump 列上的数据分布情况，直观地分辨出数据的异常值，代码如下：

【例 3.12】 数据分布——箱形图。

```
def Boxplot(data):
# 可视化数据分布— Matplotlib 箱形图
    labels = 'rawpoll_clinton', 'rawpoll_trump'
    box_1, box_2 = data['rawpoll_clinton'], data['rawpoll_trump']
    plt.boxplot([box_1, box_2], labels=labels)
    plt.show()
```

执行上面的示例代码后，输出的箱形图如图 3-7 所示，可以看出这两列中仍具有较多的异常点，并集中分布在上下限附近。

也可绘制水平箱形图，并显示其均值。

```
def Boxplot(data):
# 可视化数据分布——Matplotlib 箱形图
```

```
labels = 'rawpoll_clinton', 'rawpoll_trump'
box_1, box_2 = data['rawpoll_clinton'], data['rawpoll_trump']
plt.boxplot([box_1, box_2], labels=labels, vert=False,showmeans=True)
plt.show()
```

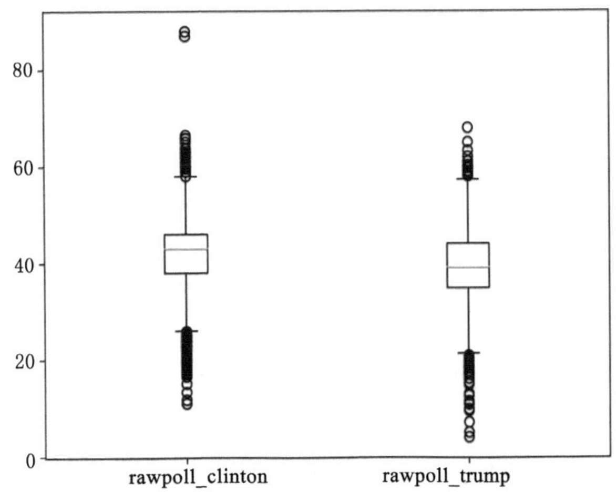

图 3-7 箱形图

执行上面的示例代码后,输出箱形图如图 3-8 所示。

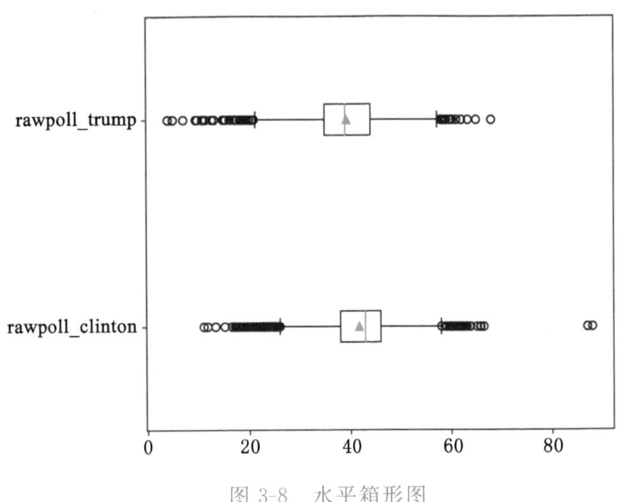

图 3-8 水平箱形图

(3) 计算并可视化相关性——Seaborn 热力图

热力图是指通过颜色的深浅来表示数据的分布,是非常流行的一种数据展示方法,利用不同的色块把对象分成不同的等级区间,分区展示数据。

为了更加直观地展示热力图的效果,利用 NumPy 构造 10 * 12,取值为(0,1)的随机二维数组，利用热力图表示此二维数组的数据分布。代码如下：

【例 3.13】 数据分布——热力图。

```
def Heatmap():
# 计算并可视化相关性－Seaborn 热力图
    np.random.seed(0)
    data = np.random.rand(10, 12)
    sns.heatmap(data)
    plt.show()
```

执行上面的示例代码后，输出热力图如图 3-9 所示。

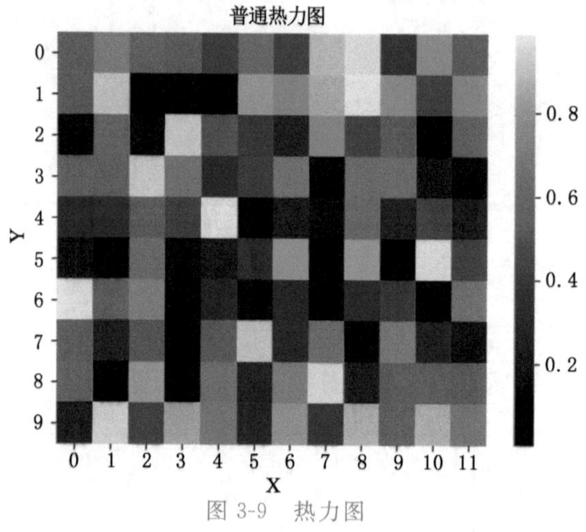

图 3-9 热力图

3.5 本章小结

本章主要讲解了数据的统计建模方法。首先简要介绍了统计建模及其过程，以及所包含的 7 种方法；其次介绍了频数性统计方法，包括数据预处理、数据分布图表等，并给出了相应的 Python 实现代码；然后对于描述性统计方法，介绍了数据的中心位置、发散程度、偏差程度以及相关程度等指标，并用 Python 中的 NumPy 库进行了相应数据分析；最后是数据的探索性分析方法，介绍了 Python 是如何实现 EDA 目标并在一定程度上进行可视化的。

本章习题

1. 请简要阐述统计模型的分类，并思考如何用 Python 实现相应分析。

2. 统计建模的主要过程有哪些?

3. 请列举出至少5种常见的分类算法。

4. 请利用Python编码实现基础的频数分析。

5. 请简要说明描述性统计的方法。

6. 请利用NumPy库进行编码,实现分别生成一组服从正态分布的随机数组和一组服从均匀分布的随机数组。

7. 请利用Python编码实现对于一组数据的中心位置、发散程度、偏差程度以及相关程度各类指标的计算。

8. 请利用Python编码实现对于一组数据的EDA分析,并实现基本数据可视化。

4 数据的可视化构图方法

本章介绍关于数据视觉表现形式的科学技术研究——数据可视化，其中，这种数据的视觉表现形式定义为：一种以某种概要形式抽提出来的信息，包括相应信息单位的各种属性和变量。它是处于不断改变进化的环境之中的一个概念，其边界在不停地扩大。主要指的是技术层面较为高级的技术方法，而这些技术方法允许利用图形、图像处理、计算机视觉以及用户界面，通过表达、建模以及对立体、表面、属性以及动画的显示，对数据进行可视化解释以便加深理解。

4.1 数据可视化的类型

了解可视化任务属于哪个类型有助于我们对要使用的可视化以及需要的工具技能做出准确的判断。可视化任务类型有如下四种：

观点说明类：概念型、陈述性图表。利用人们对隐喻（树状图、桥形图）和简单惯例（圈子、层级）的理解，可以极大地简化复杂的概念。组织图、决策树和周期图都是观点说明类图表的经典示例。观点说明类图表的设计应清晰而简单。

观点生成类：概念型、探索型的可视化图表。同观点说明类图表一样，观点生成类图表也依赖概念性的隐喻和惯例，但它发生的情境更加非正式，如非工作场合会议、战略会议等。此类任务多为解决非数据性的挑战：如组织重构、新的业务流程等。图表设计的过程对观点探索有一定帮助：搜集尽可能多的不同观点和可视化方法，然后做出决策，选取一个并在后期进行优化。从观点探索过程中得到的可视化图表，往往会变成一个更正式且具备展示性的观点说明类图表。

可视化发掘类：数据型、陈述型的可视化图表。这是最复杂的可视化类型，因为事实上，它是两个类别的结合。可视化证实的使用情境大多是非正式场合，它是正式演示之前为找到合适的图表形式而做的准备工作。把重点放在原型设计上能够迭代数据，并进行快速可视化与再可视化。可视化探索有助于交互性——允许管理者即时调整参数，注入新数据或者随时对可视化图表做出调整。复杂数据在某些情况下更宜使用特殊的或不常见的可视化类型，例如展示集群关系网的力导向网络图(force-directed network diagram)，或者地形图。

日常数据可视化：数据型、陈述型的可视化图表。数据科学家的工作以探索性为主，而管理者主要使用的是日常数据可视化这类图表。这类图表通常形式比较简单，如折线图、条形图、饼图和散点图等。

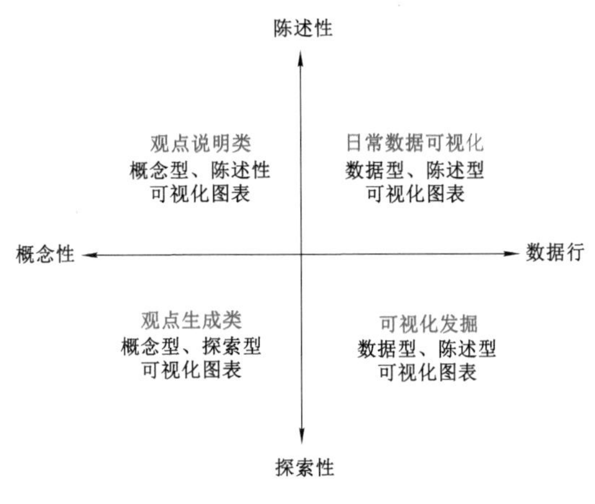

图 4-1 可视化任务类型

4.2 可视化图的类别

这一章中将重点介绍数据的可视化构图方法，通过给定的数据集制定最优的图表以体现数据的特有属性以及其相关关系。这里重点阐述一些可视化图形类别，通过与大数据处理分析技术的相关性，将图形总共分为比较图、关系图、合成图以及分布图这四种类别进行介绍，并在之后的小节中详细介绍利用 Python 将给定的数据集进行对应类型图的可视化操作。

4.2.1 比较图

顾名思义，比较图类型的图表非常适合表达多个变量之间或随着时间等因素变化的情况，可以体现出变化的趋势以及变量间的对比。比如，对于数据项之间的比较，可使用柱状图来表示数据间的分类情况；若要表示一种变化趋势或一段时间内变量的可视化过程，直方图或者折线图可能是一种很好的选择。

折线图：及其复合型图均可统称为线型图。其用于显示连续时间内的定量值，并将信息显示为一个系列。对于直线段连接的时间序列，线型图是理想的选择方案。具体来说，折线图的纵轴表示需要体现变化或比较的数值，横轴表示反应进度的刻度，如时间等。

图 4-2 展示了用 Matplotlib 创建的一个折线图。

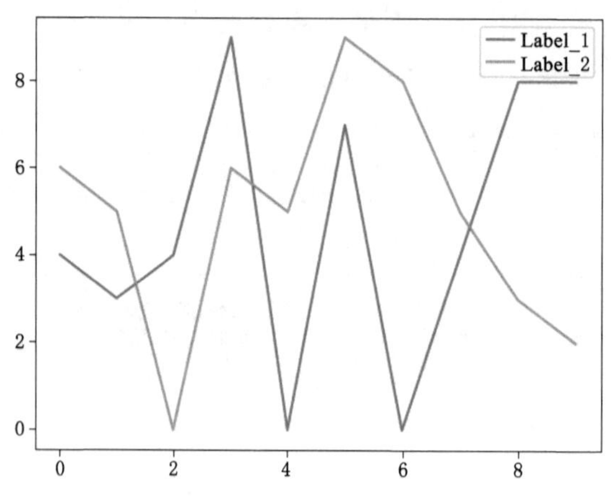

图 4-2　拥有两个 label 的折线图

柱状图和直方图：柱状图又可分为垂直柱状图和水平柱状图，二者均可以用于比较不同类别间的数字数值，但垂直柱状图有时也用于显示一段时间的单变量。但需要注意的是，柱状图和直方图的形式虽然相差不大，但不宜将二者混淆使用：柱状图用于比较不同的变量和类别，而直方图则显示了单变量的分布情况。图 4-3 和图 4-4 则展示了柱状图（垂直）和直方图的大致形式。

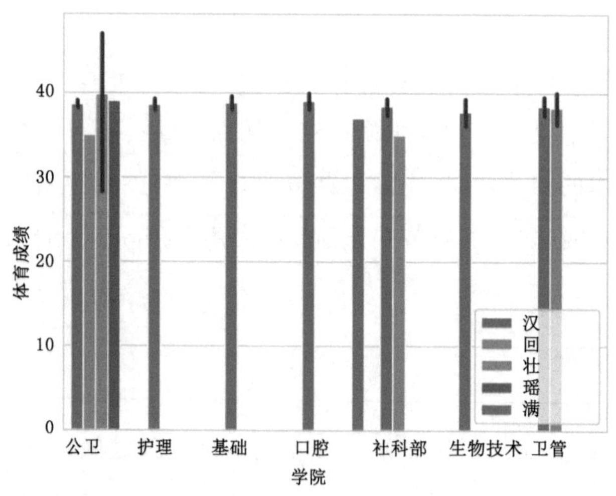

图 4-3　柱状图示例

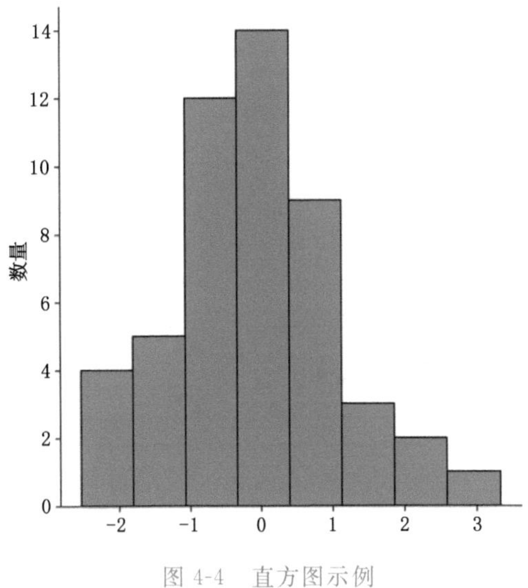

图 4-4　直方图示例

更多具体关于折线图和柱状图的生成方法，可见本章的第 4.3.1 节。

4.2.2　关系图

关系图用于显示多个变量间的关系。如散点图可以针对一个或多个分组，对两个变量间的关系进行可视化，且在大数据统计中，除了描述数据组间的大致分布外，散点图也可结合聚类分析来描述数据间的分类情况；关系图中的热图作用不同于一般现实意义下的热力图，是以高亮的这种特殊形式显示访客热衷的页面区域及其所在的地理区，而是用于显示模式或两个定性变量间的相关性，比如用图形表示的混淆矩阵就通常用热图绘制。

除了以上所介绍的散点图和热图之外，关系图还包括气泡图、相关图等多种子图，图 4-5 和图 4-6 展示了散点图和热图的大致形式。

更多具体关于散点图和热图的生成方法，可见本章的第 4.4.1 和 4.4.4 节。

4.2.3　合成图

若要研究的数据是作为整体的一部分，或者需要一张图内包含多个分组的情况，合成图是一个比较理想的选择方案。对于一般的统计数据，常见的合成图有饼图、堆叠柱状图或维恩图等，其都能通过一张图来表示单个事物和整体分布情况。

其中，饼图或其衍生的环形图都有助于显示分组的比例和百分比；而堆叠柱状图可以用于显示多个额外维度的信息，除此之外还有堆叠面积图。图 4-7、图 4-8 展示了饼图与堆叠柱状图的大致形式。

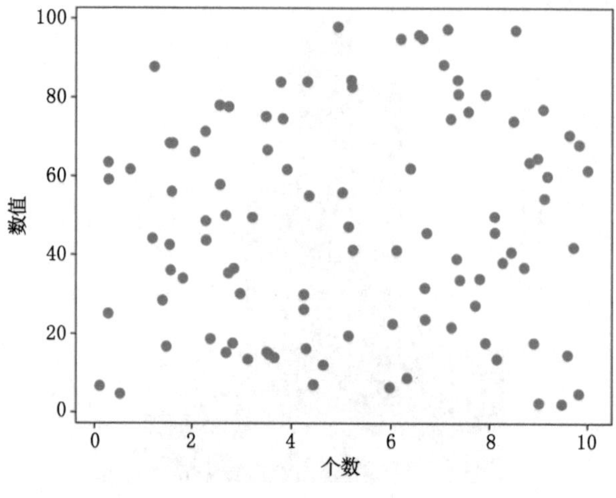

图 4-5　散点图示例

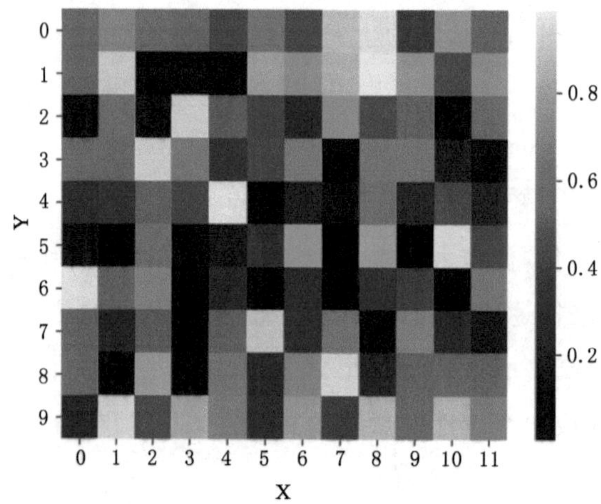

图 4-6　热图示例

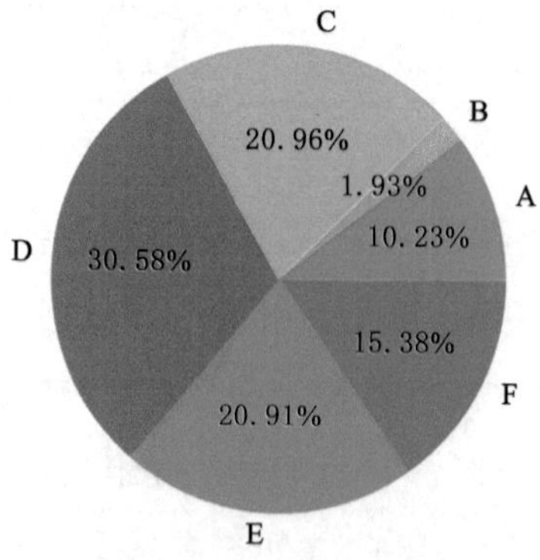

图 4-7　表示数据比例的饼图

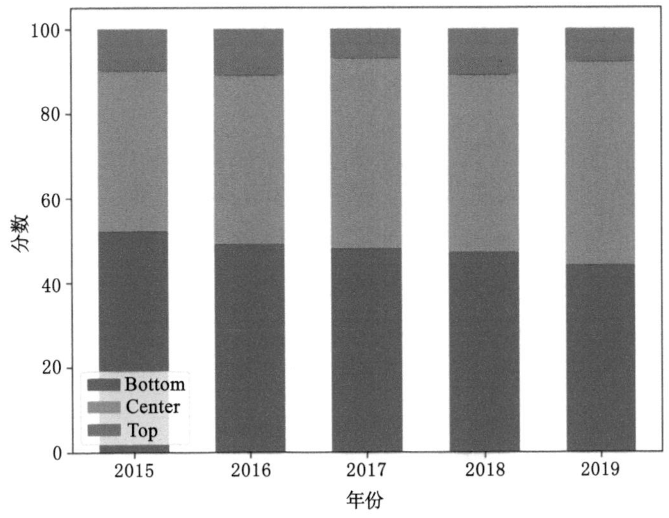

图 4-8 用堆叠柱状图表示不同年份中的分数组成

更多具体关于饼图和堆叠柱状图的生成方法，可见本章的第 4.3.2 和 4.3.3 节。

4.2.4 分布图

分布图体现了数据的分布情况。分布图又可分为在 4.1.1 中提到的直方图、箱图以及小提琴图，对于单变量，直方图是一种较好的选择方案；而对于多变量则可采用箱图和小提琴图，小提琴图的大致形式如图 4-9 所示。

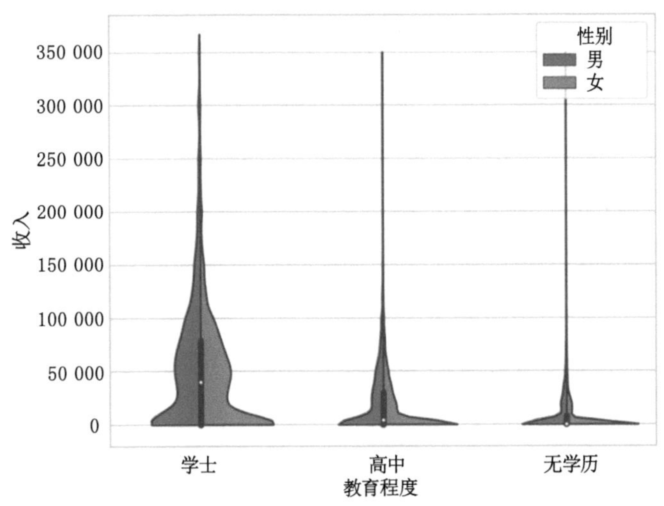

图 4-9 小提琴图示例

小提琴图(Violin Plot)用来展示多组数据的分布状态以及概率密度。这种图表结合了箱形图和密度图二者的特点,主要用来显示数据的分布形状,这跟箱形图类似,但是小提琴图在密度层面展示更好。在数据量非常大,不方便一个一个展示的时候小提琴图特别适用。

直方图展示了单一数字变量的分布状态,其中,各条形表示一定间隔的频率。直方图有助于获得统计度量估计值,从图中可以看到数值集中于何处,并且可以很容易地检测到异常值。对于数据集,直方图有助于了解底层分布状态。直方图的示例可见图 4-4 和图 4-10,而本节则以最简单的直方图进行介绍。

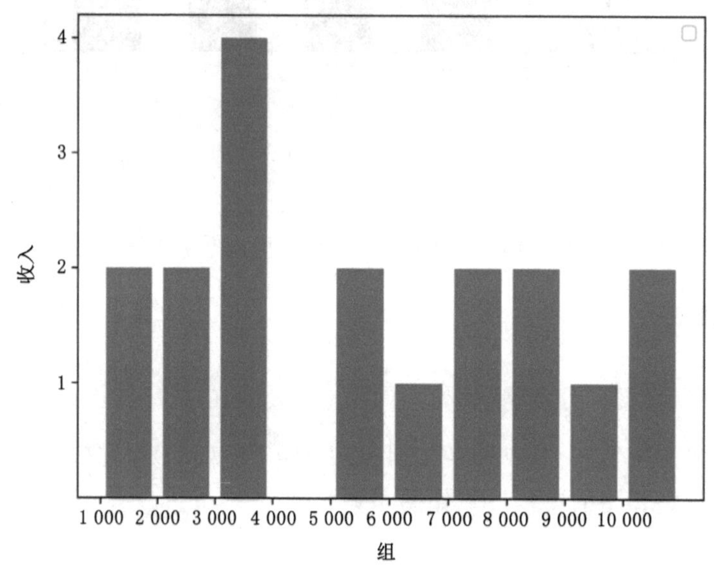

图 4-10　直方图示例

更多具体关于直方图的生成方法,可见本章的第 4.3.1 节。

4.3　可视化工具

视觉是人很重要的一种感官,所以可视化在数据相关的研发中可以起到“四两拨千斤”的作用。数据可视化主要是通过图形化手段传递与沟通信息,一目了然且清晰高效,否则若是直接查看离线存储在各类数据库中杂乱无章的数据,会让人瞬间感到崩溃、没有头绪。故为了有效地传达思想观念,美学形式与功能需要双管齐下,通过直观的方式传达关键内容与特征,从而对数据进行可视化操作,使其一目了然,对于实现相当稀疏而又复杂的数据集的深入洞察提供了一个关键性方式。

例如，可以通过可视化看到一年中不同月份的降雨量、中国各个城市房价的对比、不同行业的薪资水平等。而此节中将着重介绍 Python 中对于数据可视化部分的具体应用，分别包括 Matplotlib、Seaborn 和 Echarts 这三个主要可视化库。通过此节的介绍，读者能对 Python 数据可视化应用有直观了解。

4.3.1　Matplotlib

Matplotlib 是较为流行的 Python 绘图库，常用于数据科学和机器学习的可视化操作中。它可与 NumPy 一起使用，提供了一种有效的 MatLab 开源替代方案，也可以和图形工具包一起使用，如 PyQt 和 wxPython 等。其支持跨平台运行，是 Python 常用的 2D 绘图库，同时它也提供了一部分 3D 绘图接口。Matplotlib 引入了一些特性，如 MatLab 的全局样式，以便 MatLab 用户更容易地过渡到 Matplotlib。

下面将逐一详细介绍 Matplotlib 的具体应用，包括其安装、绘制各类图表等。

安装：

```
pip install matplotlib
```

Pyplot 基础：Pyplot 包含了用于创建可视化内容的简单接口，用户无须显式配置 Figure 和 Axes 即可绘制图像。

【例 4.1】 Pyplot 基础。

```
#创建一个 Figure：
import matplotlib.pyplot as plt
#导入并用别名引用 pyplot
plt.figure(figsize=(5, 5))
#缺省状态下，Figure 的宽 6.4 inch，高 4.8 inch，dpi 为 100
plt.figure(dpi=300)
```

调用 close()可显式地关闭不再使用的 Figure，同时清空内存空间。默认情况下，关闭的为当前 Figure，若要关闭特定 Figure 时，可提供一个执行 Figure 实例，或一个 Figure 参数。使用 close('all')则关闭所有 Figure。

```
plt.figure(num=5)
#创建一个 Figure 并将其设为实例 5
plt.close(5)
#指定关闭实例 5 的 Figure，其他 Figure 不影响
```

创建一个简单的可视化内容：

```
import NumPy as np
import matplotlib.pyplot as plt
```

```
plt.figure()  # 创建一个 Figure
x = np.random.randint(50, size=100)
#随机生成[0,50]共 100 个数据
plt.plot(x)
plt.show()
plt.savefig('fig1.png')
#利用 plt.savefig 可将生成的图片保存
```

执行上面的示例代码后，输出结果如图 4-11 所示：

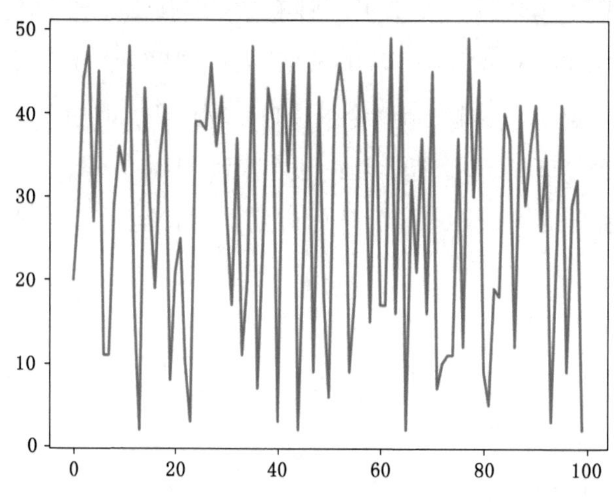

图 4-11　一组随机数据生成的折线图

【例 4.2】 Matplotlib-小提琴图。

在 4.1.4 节中有提到的小提琴图是箱图与密度图的结合，可以用来显示数据的分布状况，这里以 Matplotlib 为例简单展现如何用其绘制不同类型的分布图。绘制效果在 Seaborn 和 Pyecharts 中同样支持。绘制代码如下：

```
import matplotlib.pyplot as plt
import NumPy as np
plt.rcParams['font.family'] = 'simhei'
plt.rcParams['axes.unicode_minus'] = False
data = np.random.normal(size=1000)  # 设置随机数据
plt.subplot(331)  # 子图布局为 3 * 3
plt.title("默认样式")
plt.violinplot(data)
plt.subplot(332)
plt.title("水平方向")
```

```
plt.violinplot(data, vert=False)
plt.subplot(333)
plt.title("设置位置")
plt.violinplot(data, positions=[2])
plt.subplot(334)
plt.title("设置宽度")
plt.violinplot(data, widths=0.3)
plt.subplot(335)
plt.title("隐藏极值")
plt.violinplot(data, showextrema=False)
plt.subplot(336)
plt.title("显示均值")
plt.violinplot(data, showmeans=True)
plt.subplot(337)
plt.title("显示中位数")
plt.violinplot(data, showmedians=True)
plt.subplot(338)
plt.title("设置核密度估计点数")
plt.violinplot(data, points=10)
plt.tight_layout()
plt.show()
```

执行上面的示例代码后,输出结果如图 4-12 所示。

4.3.2 Seaborn

与 Matplotlib 不同,Seaborn 是建立在 Matplotlib 基础上的,并与 Pandas 数据结构紧密集成的第三方库。它提供了一个用于绘制信息多样的统计图形的高级界面。其面向数据集的声明式 API 让使用者可以专心着重于绘图中不同元素的含义,而不是将重点放在绘制的细节上。在大部分情况下,使用 Seaborn 即可做出很具有吸引力的图,但使用 Matplotlib 能制作出更多别具一格的图,故应该把 Seaborn 视为 Matplotlib 的扩展补充,而不是一种替代物。

下面将逐一详细介绍 Seaborn 的具体应用,包括其安装、绘制各类图表等。

安装:

```
pip install seaborn
```

使用 Matplotlib 处理 DataFrame 会增加一些不必要的过程,比如在导入数据时必

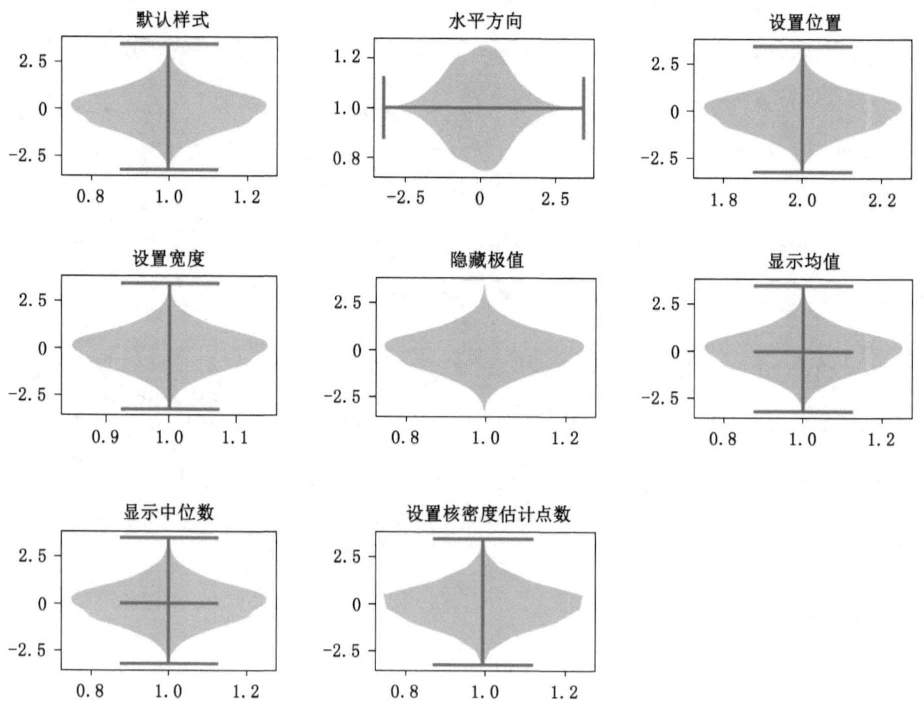

图 4-12　Matplotlib-小提琴图

须执行一些额外的数据整理工作才能用 Matplotlib 对 DataFrame 中数据进行绘制，但 Seaborn 在 DataFrame 和全部数据集数组上进行操作，这就简化了相关操作过程，它在内部执行必要语义映射和统计聚合以生成富含信息的图表。下面示例代码则以 Seaborn 从导入的 csv 文件中绘制了简单的散点图。

【例 4.3】 Seaborn-散点图。

```
import seaborn as sns
import pandas as pd
sns.set(style='ticks')  # 选择 tickes(十字交叉)主题，默认为 darkgrid(灰色网格)
data = pd.read_csv('salary.csv')  #读取 csv 数据
# relplot 可用于绘制散点图和曲线图，当参数 kind='line'则为曲线
sns.relplot(x='Salary', y='Age', data=data)  #将 Salary 作为自变量，Age 为因变量进行绘图
plt.show()
```

执行上面的示例代码后，输出结果如图 4-13 所示。

虽然许多任务都可以通过 Seaborn 来完成，但进一步的定制则还是需要使用到 Matplotlib，如 Figure 中默认的参数和配置。对于已经熟悉 Matplotlib 的用户来说，使用 Seaborn 的扩展会非常简单，因为大部分的核心概念都基本相似。Seaborn 更多的参

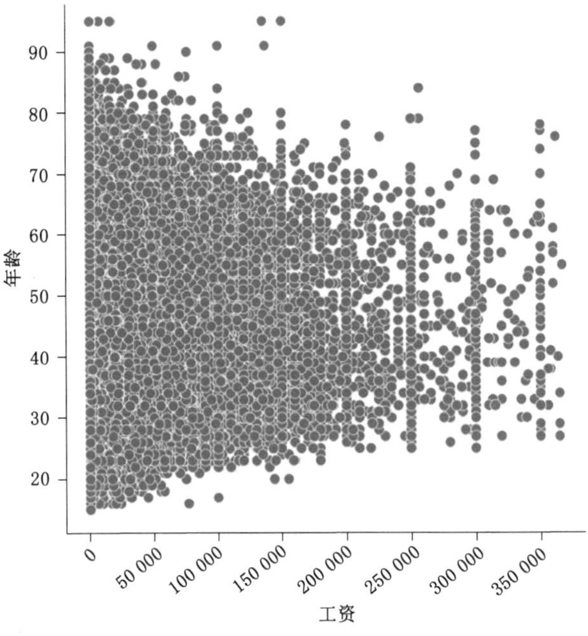

图 4-13　Seaborn-散点图

数和应用将在 4.3 节中的具体例子中进行讲解。

4.3.3　ECharts

ECharts 开源来自百度商业前端数据可视化团队，基于 html5 Canvas，是一个纯 Javascript 图表库，提供直观、生动、可交互、可个性化定制的数据可视化图表。对于此可绘制出震撼视觉效果的图形工具，国内作者创建了新的 Python 第三方库 Pyecharts，可以实现用 Python 调用 EChatrs。

下面将逐一详细介绍 ECharts 的具体应用，包括其安装、绘制各类图表等。

安装：

```
pip install pyecharts
```

和上一节中介绍的 Seaborn 不同，Pyecharts 不再依赖于 Matplotlib，而是一个单独的第三方库，所以在使用方面也和上面两者有所不同。下面的代码用 Pyecharts 绘制几种常见的图形，从中可以看出其绘图风格和 Matplotlib、Seabron 均有较大差异。

【例 4.4】　利用 ECharts 绘制散点图。

```
from pyecharts. charts import Scatter
from pyecharts import options as opts
from pyecharts. faker import Faker
scatter = Scatter()
```

```
#创建散点图实例
scatter.add_xaxis(Faker.choose())
# add_xaxis 用于添加 x 轴的数据
#数据从 pyecharts 自带的 facker 数据集里面随机选取
scatter.add_yaxis('数据 1', Faker.values())  # add_yaxis 用于添加 x 轴的数据,并将实例命名
scatter.add_yaxis('数据 2', Faker.values())
# set_global_opts 为全局设置,几乎所有的设置项均可在其中以链式调用的形式设置
#这里利用全局设置图例名和子标题
scatter.set_global_opts(title_opts=opts.TitleOpts(title='散点图',
subtitle='Facker 随机数据生成散点图'),
        toolbox_opts=opts.ToolboxOpts(is_show=True))
#添加工具栏
scatter.render('scatter_base.html')
#以 html 格式保存
```

这里用了 Pyecharts 中自带的 Facker 数据集绘图演示,从中随机选取三组数据分别用作自变量与两个因变量,所绘制出的散点图如图 4-14 所示。值得注意的是,Pyecharts 所生成的图例不像 Matplotlib 那样可以直接查看再确定是否保存,而是直接利用 Render 存储于本地,且为 Html 格式,可与部分图像实例进行交互。若要保存为图片,可在 Setglobalopts()全局设置中添加工具栏的设定,其中就有打开页面后将图例下载保存为 Png 格式。

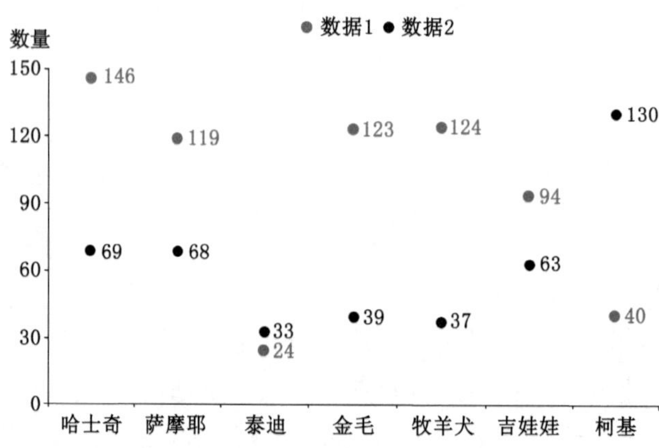

图 4-14 Pyecharts-散点图

利用 ECharts 绘制柱状图:

为了充分发挥出 ECharts 视觉上的效果,这里展示了对图例进行的一些设置,使得呈现的图例在感官上更有直接的效果。比如在一般柱状图的基础之上,除了加入之前

散点图的设定之外也额外添加了两组数据的平均值与最值，设置的代码如下，最后呈现的柱状图如图 4-15 所示。

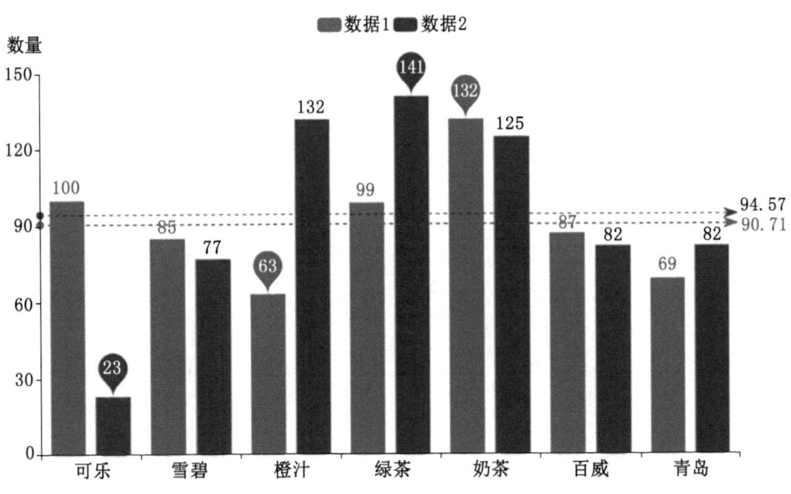

图 4-15 Pyecharts-柱状图

【例 4.5】 利用 ECharts 绘制柱状图

```
def echarts_bar():
# 用 pyecharts 绘制柱状图
  bar = Bar()
  bar.add_xaxis(Faker.choose())
  bar.add_yaxis('数据 1', Faker.values(),
                    markline_opts=opts.MarkLineOpts(
# MarkLineItem:标记线数据项
                  data=[opts.MarkLineItem(type_="average", name="平均值"),]),
           markpoint_opts=opts.MarkPointOpts(
# MarkPointItem:标记点数据项
                  data=[opts.MarkPointItem(name='最大值', type_='max'),
  opts.MarkPointItem(name='最小值', type_='min')]))
  bar.add_yaxis('数据 2', Faker.values(),
           markline_opts=opts.MarkLineOpts(
# MarkLineItem:标记线数据项
                  data=[opts.MarkLineItem(type_="average", name="平均值"),]),
           markpoint_opts=opts.MarkPointOpts(
# MarkPointItem:标记点数据项
                  data=[opts.MarkPointItem(name='最大值', type_='max'),
```

```
    opts.MarkPointItem(name='最小值', type_='min'),]))
    bar.set_global_opts(title_opts=opts.TitleOpts(title='柱状图',
subtitle='Facker 随机数据生成柱状图'),
toolbox_opts=opts.ToolboxOpts(is_show=True))
bar.render('bar_base.html')    # 以 html 格式保存
```

执行上面的示例代码后,输出结果如图 4-15 所示。

在以上代码中,柱状图的样式设计利用的单独调用方法,V1 版本开始支持链式调用,调用的方法也可用类似于如下形式,整体比单独调用要简洁许多。

```
#链式调用各个参数设置
bar =(
Bar()
    .add_xaxis(Faker.choose())
    .add_yaxis('数据 1', Faker.values())
    .add_yaxis('数据 2', Faker.values())
    .set_global_opts(title_opts=opts.TitleOpts(title="主标题", subtitle="副标题"))
    #或者直接使用字典参数
    .set_global_opts(title_opts={"text": "主标题", "subtext": "副标题"})
)
bar.render('bar_base.html')
```

4.4 基本图表

在本章中会用 Matplotlib、Seabron 和 Pyecharts 分别描述几种在大数据可视化里常见的图表,并对其代码进行详细讲解与描述。这一章节中介绍包括散点图、折线图、直方图等在内的多类常规图形的 3 种不同样式、不同方法的绘制。

4.4.1 散点图、折线图和直方图

在这一节中主要讲解对散点图、折线图以及直方图的基本绘制方法。

(1) Matplotlib

散点图是最基本也是最简单的绘图模式,即使在不添加任何样式的情况下只是导入两组数据就能很清晰地发挥其特有的效果。

【例 4.6】 Matplotlib-散点图。

```
import NumPy as np
```

```
import matplotlib.pyplot as plt
np.random.seed(1000)
#设置随机数生成器种子
N = 50
x = np.random.rand(N)
# x轴取值为范围在[0,1)内均匀分布的随机数值,数量50
y = np.random.rand(N)
# y轴取值为范围在[0,1)内均匀分布的随机数值,数量50
colors = np.random.rand(N)
#颜色同样随机
area = (30 * np.random.rand(N))**2
#散点的面积同样随机
plt.scatter(x, y, s=area, c=colors, alpha=0.8)
#设置颜色及透明度
plt.title("Scatter")
#设置标题
plt.show()
```

这里利用了 NumPy 中的 random 实现了数据的随机,并将 x 轴、y 轴、颜色以及点面积的选取都在[0,1)的范围内选取 50 个,对于点面积多进行了一步放大处理。

最后利用 scatter()进行散点图的绘制,形成的代码如图 4-16 所示。其中除了 x,y 为需要输入的数据外,s 则需要传入标量或形如 shape[n]的数组,缺省为 20,所以利用 rand()生成的是[0,1)内的数据就需要进行放大处理;c 表示的则是颜色序列,需要注意的是,这里传入 c 的参数不应是单一的 RGB 数字或 RGBA 序列,因为不方便点之间的

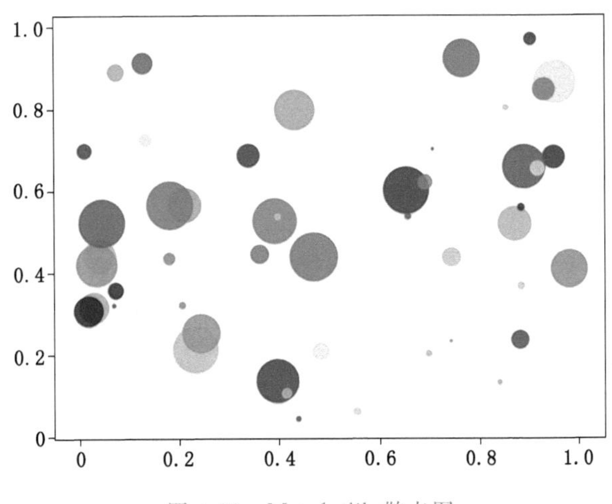

图 4-16 Matplotlib-散点图

颜色区分，所以应传入数组大小同 x，y 的颜色序列；alpha 传入的参数是一个[0,1]的标量，表示点的透明度，数值越趋近于 0，点就越透明；同时 scatter()中常用的还有一个 marker 参数，用于设定点的形状，缺省为“.”及普通的点，故在代码中可以省略，若要设定其他的形状，如像素块、圈之类的，都可使用 marker 中对应的字符进行设置，这里给出部分常见的形状设定，可见表 4-1。

表 4-1 marker 对应字符表

marker	说明
“.”	点(默认)
“,”	像素
“o”	圈
“v”	倒三角
“^”	正三角
“*”	星形
“+”	十号
“x”	x 号

折线图同样也是一种非常常见的比较图，多用于描述数据的走向趋势。这里利用 Tushare 金融分析的 api 接口在线获取股票行情进行股市折线图的绘制。

【例 4.7】 Matplotlib-折线图。

```
import matplotlib. pyplot as plt
import tushare as ts
def Linechart():
    #获取上证 50 指数的历史数据
pro = ts. pro_api()  #调用 tushare 金融分析的 api
#指定股票代码和时间段
    data = pro. daily(ts_code='000001. SZ', start_date='20180901', end_date='20181231')
    data = data. sort_index()  #按列进行排序
    x = range(len(data))
    plt. rcParams['font. sans-serif'] = ['SimHei']  #设置中文字体防止乱码
    plt. plot(x, data['close'], color='b', label="收盘价")  # 收盘价折线图
    plt. plot(x, data['high'], color='r', label="最高价")  # 最高价折线图
    plt. title("2018 第 4 季度上证 50 指数的最高价、收盘价走势折线图")
    plt. xlabel("时间")  # 赋予 x 轴标签
    plt. ylabel("指数")  # 赋予 y 轴标签
    plt. legend()  # 显示图例
    plt. grid()  # 背景显示网格
    plt. show()
```

Tushare是一个免费、开源的Python财经数据接口包。主要实现对股票等金融数据从数据采集、清洗加工到数据存储的一系列过程，能够为金融分析人员提供迅速、整洁、和多样的便于分析的数据，很大程度上减轻了他们在数据获取方面工作量，从而能够更加专注于策略和模型的研究与如何实现上。基于Python Pandas包在金融量化分析中体现出的优势，Tushare返回的绝大部分的数据格式都是Pandas DataFrame类型，非常便于用Pandas/NumPy/Matplotlib进行数据分析和可视化。

在使用前，需要同其他的Python第三方库一样，进行pip安装。

```
pip install tushare
```

注意，通过pip安装的Tushare最新版在API的调用接口上进行了更新，所以官方推荐使用pro_api()函数进行调用，但在调用前，需要导入用户的Token凭证码，凭证码需要在其官网上进行注册后获得，全过程免费。注册完复制Token凭证码之后，在代码调用api接口前中添加以下一行代码即可：

```
ts.set_token('你的凭证码')
```

在之前的代码中，利用daily()接口在线获取了上证50指数在2018年第四季度的历史数据，其中参数tscode表示股票代码，startdate和enddate则表示需要获取的时间段，最后data数据返回的是一个DataFrame；利用sortindex()对数据进行列排序，并将x轴设置为时间跨度；由于之后对于图表标题以及轴名等进行中文命名，所以需要加上plt.rcParams['font.sans-serif'] = ['SimHei']定义中文字体以防乱码；然后进行两条折线的绘制，分别是收盘价的走向，用蓝色表示；最高价的走向，用红色线表示；label用于添加折线对应的图例，注意在添加了图例后若要显示其图例需要调用legend()。最后用grid()设定了图片背景为网格。最终生成的折线图如图4-17所示。

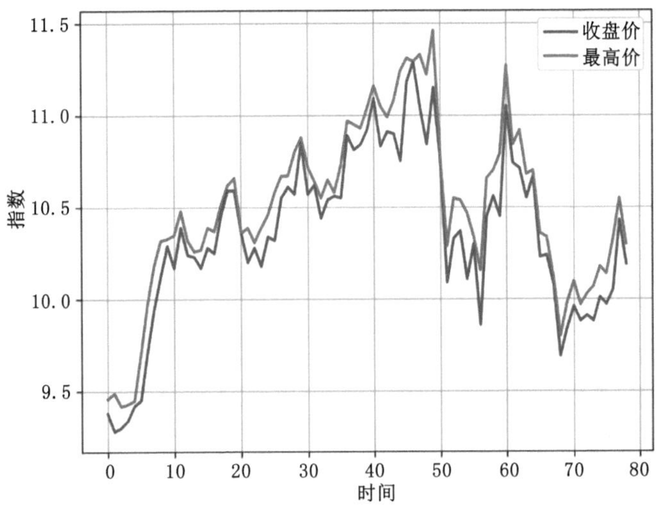

图4-17 Matplotlib-折线图

在绘制折线图时，同散点图一样也可对线条的样式进行指定，在 plot()中的参数同样为 marker，在折线图中有四种线条样式，如表 4-2 所示。

表 4-2 折线图四种线条样式

marker	说明
“—”	实线(默认)
“——”	短划线
“—.”	点划线
“:”	点线

柱状图一般用来比较两个或以上的值(不同时间或者不同条件)，若只有一个变量，通常只需利用较小的数据集进行分析，利用横向排列或多维方式表达均可。接下来利用 Matplotlib 画一个基本的柱状图，具体代码如下。

【例 4.8】 Matplotlib-柱状图。

```
import NumPy as np
import matplotlib. pyplot as plt
def Histogram():
    x = np. arange(20)  #设定 x 轴取值
    y = range(1, 21)  #设定 y 轴取值
    #绘制多特征柱状图
plt. bar(x, y, alpha=0.5, width=0.3,
color='red', edgecolor='yellow', label='The First Bar', lw=2)
plt. bar(x + 0.4, y, alpha=0.2, width=0.3,
color='blue', edgecolor='green', label='The Second Bar', lw=2)
plt. legend(loc='upper left')  #将图例位置固定在左上方
plt. show()
```

这里预构建一个多特征并列柱状图，设定好 x 轴与 y 轴的取值后，利用 bar()进行柱状图的绘制。同之前的 scatter()和 plot()，参数 alpha 表示绘制图形的透明度，color 表示颜色，label 为图例，对于新增的 edgecolor 和 lw 参数分别表示柱形边框的颜色及其宽度，同时为了让柱形之间不那么紧密，设定了柱形宽度 width 为 0.3。值得注意的是，由于绘制的是多特征柱状图，所以必须对第二及以后的所有特征的位置进行水平位移一定距离，否则会出现柱形叠加的现象，所以在第二个 bar()中，将其 x 轴坐标均加 0.4，使得与第一个柱形区分开来；由于一些图形形状问题，默认的图例位置可能会存在遮挡图形的情况，所以这里手动固定了图例位置在图片的左上方，及指定 loc 参数为“upper left”。最后生成的图形如图 4-18 所示。

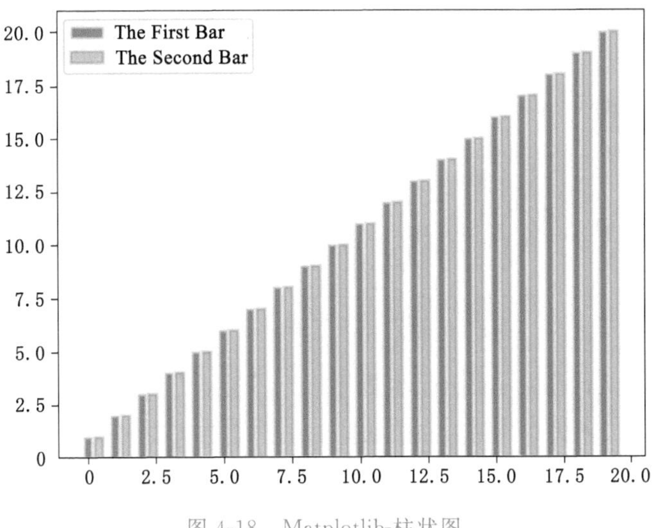

图 4-18 Matplotlib-柱状图

(2) Seaborn

介绍完以上 Matplotlib 的基本绘图方法后，再来是基于 Matplotlib 的 Seaborn 绘图。

对于散点图，可用如下代码进行绘制。生成的图形如图 4-19 所示。

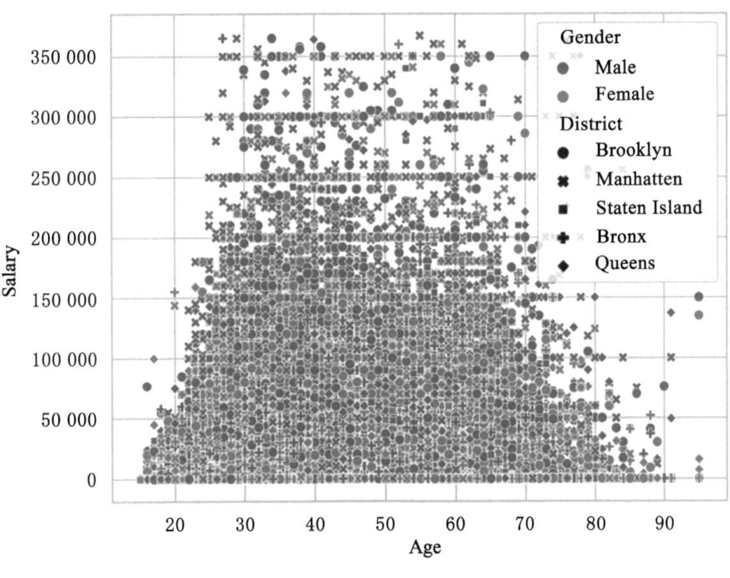

图 4-19 Seaborn-散点图

【例 4.9】 Seaborn-散点图。

```
import pandas as pd
import matplotlib.pyplot as plt
```

```
import seaborn as sns
def Scatter_Seabron():
    sns.set(style='whitegrid')  #设置图片风格为白色网格
    data = pd.read_csv('salary.csv')  #读取薪资统计数据
#绘制散点图
# x轴数据设定为年龄,y轴数据为薪资,并通过性别分类,不同地区的分布点形状不同
    sns.scatterplot(x=data['Age'], y=data['Salary'], hue=data['Gender'], style=data['District'])
    plt.show()
```

执行上面的示例代码后,输出结果如图 4-19 所示。

从图 4-19 可知,相较于 Matplotlib,Seaborn 用了更精炼的代码生成了更为细致的散点图。在使用 Seaborn 之前,需要用 set()创建图片实例,可不传入参数,使用默认的图片风格和字体,这里传入 style='whitegrid'参数,设定图片背景为白色网格,除此之外 style 还提供了 4 种风格的图片背景,分别是:darkgrid,dark,white,ticks,分别表示深色网格、深色背景、白色背景和全边框。然后利用 pandas 读取 csv 种的薪资数据,通过 scatterplot()进行散点图的绘制,分别指定 x 轴与 y 轴数据为年龄和薪资;hue 是根据设置的类别,产生颜色不同的点的散点图,比如上面设定是用性别进行分类,所以图中就会形成两类不同颜色的散点;然后设置 style,使其生成不同的标记的点,比如上面设定地区为分类点,图中就形成了 5 类不同的分类点形状。

在接下来的折线图绘制中,依然使用上述的薪资统计例子,用折线图的形式绘制出不同性别、不同地区随着年龄的变化在薪资上的变化情况,代码如下,所绘制的折线图如图 4-20 所示。

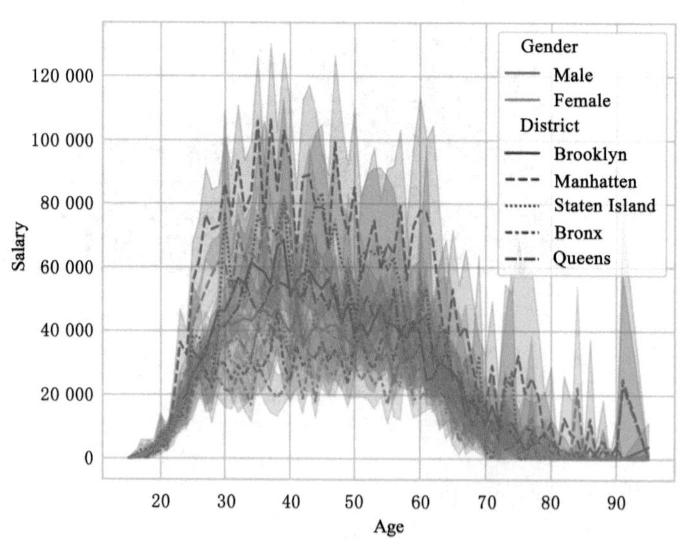

图 4-20 Seabron-折线图

【例 4.10】 Seabron-折线图。

```
import pandas as pd
import matplotlib.pyplot as plt
import seaborn as sns
def Linechart_Seabron():
    sns.set(style='whitegrid')  #设置图片风格为白色网格
    data = pd.read_csv('salary.csv')  #读取薪资统计数据
    #绘制折线图
    # x轴数据设定为年龄,y轴数据为薪资,并通过性别分类,不同地区的分布点形状不同
    sns.lineplot(x=data['Age'], y=data['Salary'], hue=data['Gender'], style=data['District'])
    plt.show()
```

执行上面的示例代码后,输出结果如图 4-20 所示。

相较于 Matplotlib 所绘制的折线图,Seabron 在其特有的渲染上更能体现曲线的变化趋势。其中 lineplot()中参数的使用同之前散点图的绘制,这里就不再赘述。

这里仍然使用上述数据,利用 Seabron 绘制直方图,具体代码如下,所绘制的直方图如图 4-21 所示。

【例 4.11】 Seabron-柱状图。

```
import pandas as pd
import matplotlib.pyplot as plt
import seaborn as sns
def Bar_Seabron():
    sns.set(style='whitegrid')  #设置图片风格为白色网格
    data = pd.read_csv('salary.csv')  #读取薪资统计数据
    #绘制折线图
    # x轴数据设定为年龄,y轴数据为薪资,并通过性别分类,不同地区的分布点形状不同
    sns.barplot(x=data['District'], y=data['Salary'], hue=data['Gender'])
    plt.show()
```

执行上面的示例代码后,输出结果如图 4-21 所示。

为了方便图形效果的展示,这里更换了数据研究的对象,以地区为 x 轴,薪资为 y 轴进行柱状图的统计,依然是针对性别进行多特征分类,这样相较于 Matplotlib 绘制的直方图在感官上有一定的提升。由于柱状图没有形状的分类,所以 barplot()中就没有 style 这一参数,其余的参数使用同之前散点图和折线图的绘制,这里就不再赘述。

(3) Pyecharts

利用 pyecharts 绘制散点图和柱状图已经在 4.2.3 中进行了讲解就不再赘述,这里

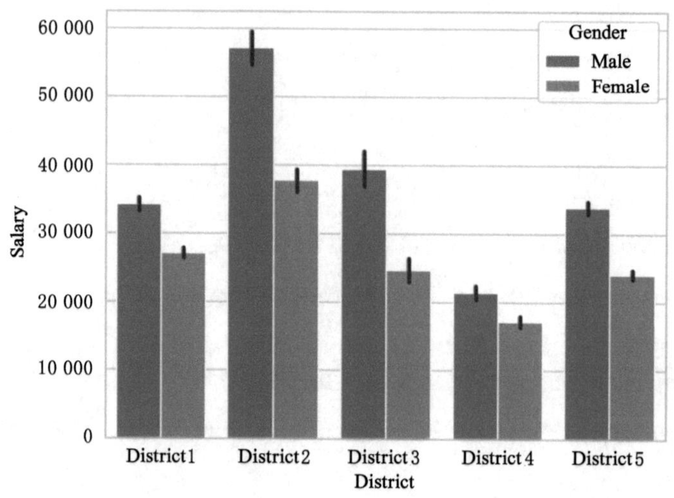

图 4-21 Seabron-柱状图

展示如何用 Pyecharts 绘制折线图并对其功能进行详细说明。详细代码如下，生成的折线图如图 4-22 所示。

【例 4.12】 Pyecharts-折线图。

```
from pyecharts.charts import Line
from pyecharts import options as opts
from pyecharts.faker import Faker
def LineCharts_echarts():
    Linecharts = Line()  #使用折线图实例
Linecharts.add_xaxis(Faker.choose())  # x 轴数据从 Faker 中随机选取
#第一条 y 轴数据从 Faker 中随机选取，并将图例命名为数据 1
    Linecharts.add_yaxis('数据 1', Faker.values(),
                 markline_opts=opts.MarkLineOpts(data=[opts.MarkLineItem(type_="aver-
age", name="平均值"),]),
             markpoint_opts=opts.MarkPointOpts(
                 data=[
                     opts.MarkPointItem(name='最大值', type_='max'),
                     opts.MarkPointItem(name='最小值', type_='min'),]))
  # 第二条 y 轴数据从 Faker 中随机选取，并将图例命名为数据 2
Linecharts.add_yaxis('数据 2', Faker.values(),
             markline_opts=opts.MarkLineOpts(data=[opts.MarkLineItem(type_="average",
name="平均值"),]),
             markpoint_opts=opts.MarkPointOpts(
```

```
            data=[
                opts.MarkPointItem(name='最大值', type_='max'),
                opts.MarkPointItem(name='最小值', type_='min'),]),
is_smooth=True    # 设置此条曲线为平滑模式)
Linecharts.set_global_opts(title_opts=opts.TitleOpts(title='折线图',
subtitle='Facker 随机数据生成折线图'),
            toolbox_opts=opts.ToolboxOpts(is_show=True))
#设置全局的标题和副标题,并加入工具栏
Linecharts.render('Linecharts_base.html')   # 以 html 格式保存
```

执行上面的示例代码后,输出结果如图 4-22 所示。

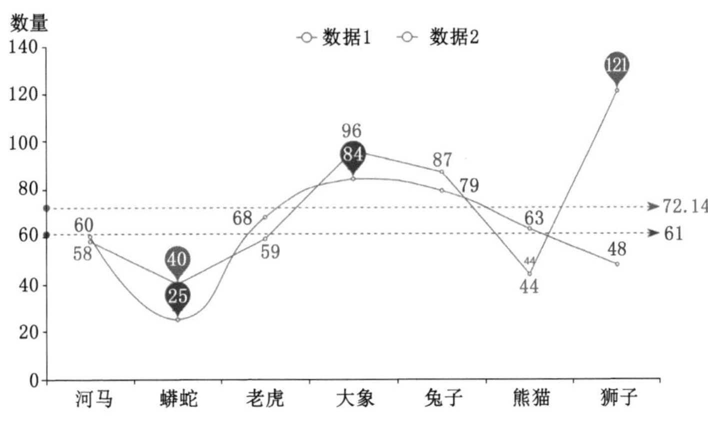

图 4-22　Pyecharts-折线图

这里 Pyecharts 的使用利用基本函数调用的方法,也可用链式调用的方法,其形式可见 4.2.3 节中所示。调用的方法也同 4.2.3 节中所展示的示例代码,不同点在于此处调用的是 Line(),其余使用方法均相同,这里也不再赘述。

4.4.2　饼图、箱图的绘制

饼图用于分析数据的简单占比,可以通过饼图很直观地看到每一个部分在整体中所占的比例;箱图又称为盒须图、盒式图或箱线图,是一种用作显示一组数据分散情况资料的统计图,其形如箱状而得此名,被广泛应用于各种领域,品质管理中尤为常见,它主要用于反映原始数据分布的特征,还可以比较多组数据分布特征。

下面同样从 Matplotlib、Seabron 和 echarts 的角度对其进行绘制讲解。

(1) Matplotlib

Matplotlib 可绘制最基本形式的饼图,其代码如下。生成的饼图如图 4-23 所示。

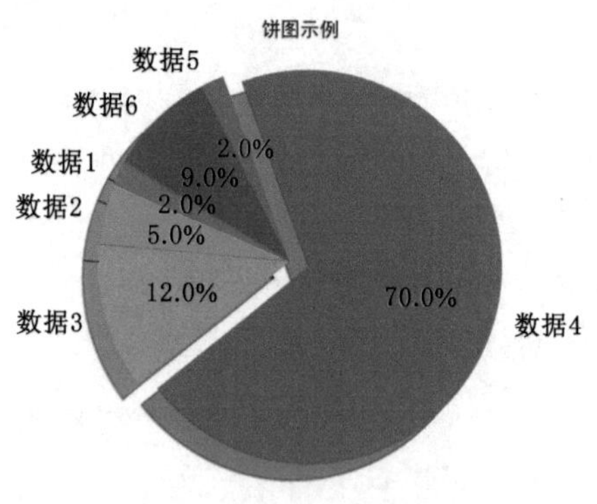

图 4-23　Matplotlib-饼图

【例 4.13】 Matplotlib－饼图。

```
import matplotlib.pyplot as plt
def Piecharts():
    plt.rcParams['font.sans-serif'] = ['SimHei']  #用来正常显示中文标签
    labels = ['数据 1','数据 2','数据 3','数据 4','数据 5','数据 6']  # 设置标签数据
    sizes = [2, 5, 12, 70, 2, 9]  #每个部分的占比
    explode = (0, 0, 0, 0.1, 0, 0)  #每个部分离开中心距离
    plt.pie(sizes, explode=explode, labels=labels, autopct='%1.1f%%',
    shadow=True, startangle=150)
    plt.axis('equal')  #该行代码使饼图长宽相等
    plt.title("饼图示例")
    plt.show()
```

执行上面的示例代码后，输出结果如图 4-23 所示。

这里设定了一组数据用于饼图的数据分布，其中 labels 表示数据标签，sizes 表示各个数据所占比例，以百分比为准，列表中所有数据之和需为 100；explode 表示每一个分块里圆心的距离，以凸显某一数据占比的特殊性，比如这里仅将数据 4 设置为距离圆心为 0.1，其余为 0，就起到了凸显数据 4 的作用。这里需要注意的是，sizes 和 explode 的列表长度需与 labels 保持一致。

然后用 pie()进行饼图的绘制，在传入 labels、sizes 以及 explode 后，形成基本的饼图，但这里多设置了几个参数：autopct 表示控制饼图内百分比显示设置，可以使用 format 字符串或者 format function，"%1.1f"指小数点前后位数，上述代码设置即表示精确到小数点后一位；shadow 传入的是一个布尔值，表示是否绘制阴影，绘制阴影的好处是在一定程度上能增加饼图的立体感；startangle 表示起始绘制角度，默认图是从 x 轴正方向逆时针画起，如设定等于 90 则从 y 轴正方向画起。最后使用 axis('equal')使得饼

图长宽相等，不然可能出现压扁的状态。

接下来利用 Matplotlib 绘制箱图。具体代码如下，生成的箱图如图 4-24 所示。

【例 4.14】 Matplotlib—箱图。

```
import NumPy as np
import matplotlib. pyplot as plt
def Boxplot()：
    plt. rcParams['font. sans－serif'] = ['SimHei']  ＃用来正常显示中文标签
        y1 = np. random. randn(100)  ＃返回一组大小 100 的样本，具有标准正态分布
    y2 = np. random. random(100)  ＃返回一组大小 100 的随机浮点数
    y3 = np. random. randint(1, 5, 100)  ＃返回一组大小 100 的随机整数
    plt. boxplot((y1, y2, y3), labels=['a', 'b', 'c'])  ＃ 对 3 组数据绘制箱图
    plt. title('箱形图')
    plt. show()
```

执行上面的示例代码后，输出结果如图 4-24 所示。

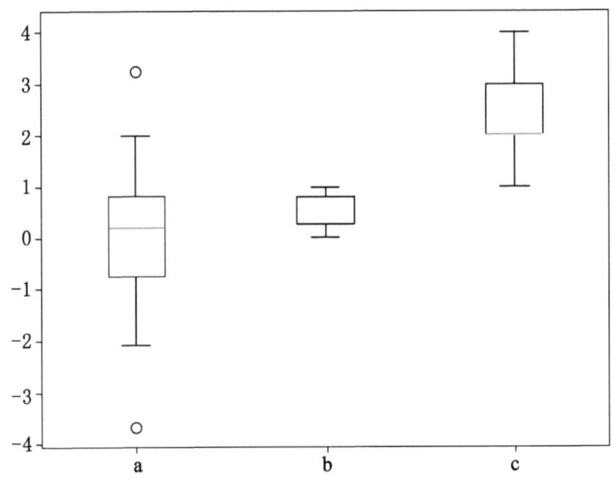

图 4-24　Matplotlib-箱图

由于箱图是一种用作显示一组数据分散情况资料的统计图，所以 x 轴仅代表数据标签，其数据分布情况更多的是从箱体上得知。用 NumPy 分布生成 3 种不同类型的随机数据，分别是服从标准正态分布、随机浮点数和随机整数来判断他们的数据分布情况，利用 boxplot()进行箱图的绘制。

(2) Seabron

Seabron 所封装的函数功能中没有针对饼图的专门绘制，所以对于饼图多还是利用 Matplotlib 进行绘制。具体的绘制代码可见之前 Matplotlib 中关于饼图的部分。这里演示如何用 Seabron 绘制箱图，具体的代码如下，生成的箱图如图 4-25 所示。

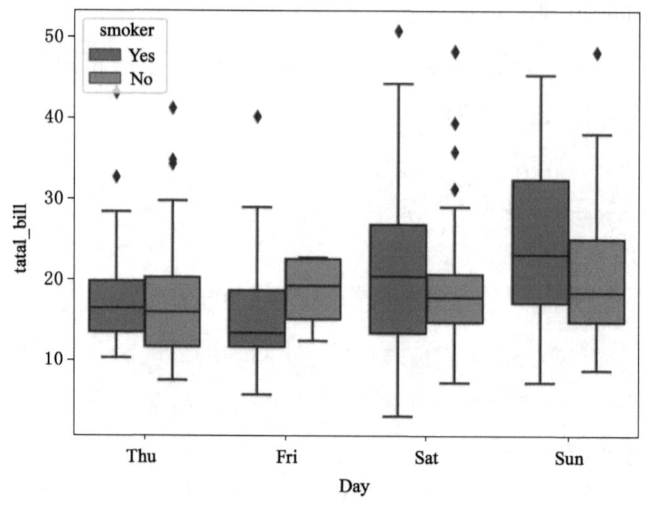

图 4-25　Matplotlib-箱图

【例 4.15】 Matplotlib-箱图。

```
import matplotlib. pyplot as plt
import seaborn as sns
def Boxplot_Seabron():
    tips = sns. load_dataset("tips")  #加载 Seabron 自带数据集
sns. boxplot(x="day", y="total_bill", hue="smoker", data=tips)
#设置日期为 x 轴，总帐为 y 轴并以是否吸烟分类
plt. show()
```

执行上面的示例代码后，输出结果如图 4-25 所示。

从上述代码和箱图的效果来看，Seabron 相比 Matplotlib 对各个分类的箱形进行了颜色区分，在视觉上更直观；同时由于 Seabron 所具有的特性，所有数据均无须自行进行分类筛选等预处理，只需在绘图时设定好需要进行区分的参数，就可直接得到想要的结果，故其代码在一定程度上比 Matplotlib 更简洁。

(3) ECharts

这里用 Pyecharts 绘制一个饼图的子类——环状饼图，具体的代码如下，生成的饼图如图 4-26 所示。

【例 4.16】 Pyecharts-饼图。

```
from pyecharts. charts import Pie
from pyecharts import options as opts
def Piechart_echarts():
num = [110, 136, 108, 48, 111, 112, 103]  #具体数据
```

```
    lab = ['哈士奇', '萨摩耶', '泰迪', '金毛', '牧羊犬', '吉娃娃', '柯基']  # 数据标签
pie = Pie(init_opts=opts.InitOpts()).add(series_name='',
#开始绘制,环状形式需自行设定,这里设置内半径占40%,外半径75%
radius=['40%', '75%'], data_pair=[(j, i) for i, j in zip(num, lab)])  # 传入数据
pie.set_global_opts(title_opts=opts.TitleOpts(title='饼图', subtitle='环状饼图'),
#设置标题、副标题和工具栏
toolbox_opts=opts.ToolboxOpts(is_show=True))
    pie.render('pie_base.html')
```

执行上面的示例代码后,输出结果如图 4-26 所示。

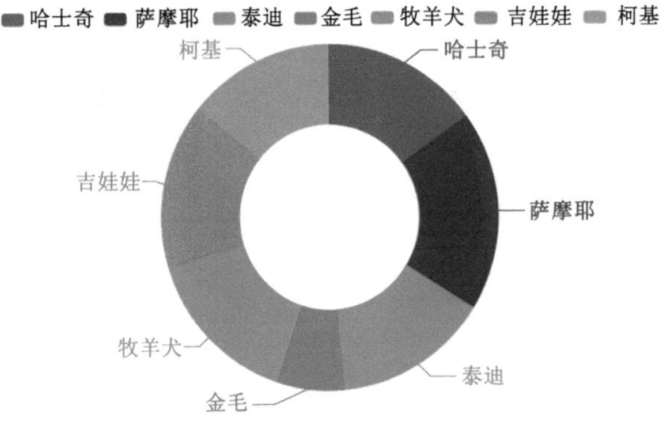

图 4-26　Pyecharts-饼图

设定好数据和标签后,Pie 能根据数据的占比自动绘制出相应比例的饼图而不需要自行设定。其中 seriesname 用于指定标题,但会在后面的 setglobalopts()全局设定中设置标题和副标题,所以这里可以留空不写;radius 用于设定圆环内外半径占比,也可直接写入百分比数字;datapair 则表示所利用的数据,这里用 zip 进行两列数据的合并,最后循环写入列表,实现传入的数据就是含二元组的列表形式。

除此之外,还可以用 Pyecharts 绘制玫瑰形的饼图,也称南丁格尔图,具体代码如下,生成的玫瑰饼图如图 4-27 所示。

```
from pyecharts.charts import Pie
from pyecharts import options as opts
def Piechart_echarts():
    num = [110, 136, 108, 48, 111, 112, 103]
    lab = ['哈士奇', '萨摩耶', '泰迪', '金毛', '牧羊犬', '吉娃娃', '柯基']
pie = Pie(init_opts=opts.InitOpts()).add(series_name='', rosetype='radius',
#扇区圆心角展现数据的百分比,半径展现数据的大小
radius=['40%', '75%'], data_pair=[(j, i) for i, j in zip(num, lab)])
```

```
pie.set_global_opts(title_opts=opts.TitleOpts(title='饼图',
subtitle='玫瑰饼图(南丁格尔图)'),
                    toolbox_opts=opts.ToolboxOpts(is_show=True))
  pie.render('pie_base.html')
```

执行上面的示例代码后,输出结果如图 4-27 所示:

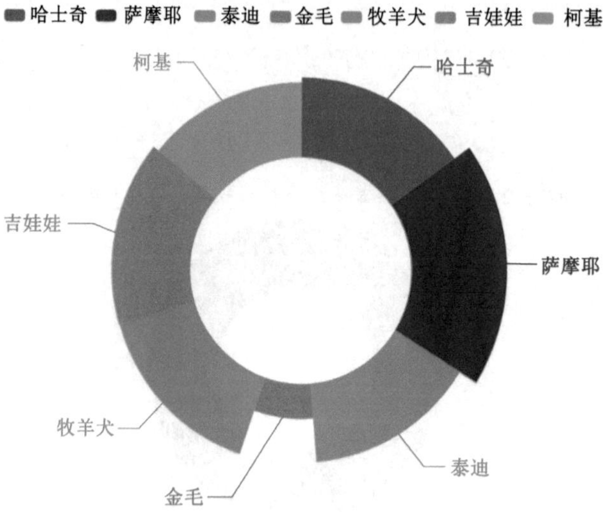

图 4-27　玫瑰饼图

同环状饼图相比,玫瑰饼图多添加了一项 rosetype 参数,这里传入“radius”,表示以扇区圆心角展现数据的百分比,半径展现数据的大小,除此之外还有“area”,表示以所有扇区圆心角相同,仅通过半径展现数据大小。

接下来展示如何用 pyecharts 绘制箱形图,详细代码如下,生成的箱形图如图 4-28 所示。

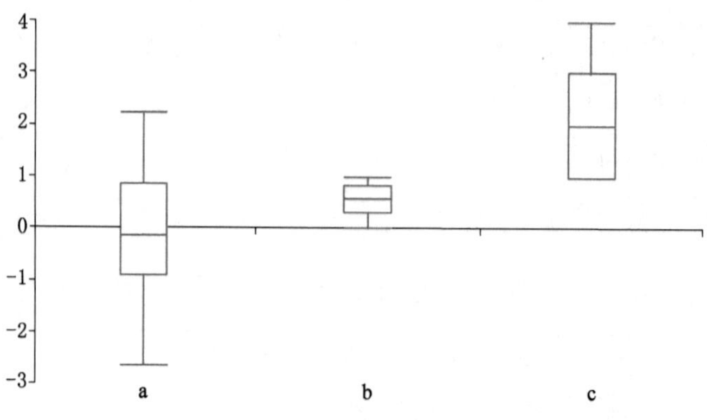

图 4-28　Pyecharts-箱形图

【例 4.17】 Pyecharts-箱形图。

```
import NumPy as np
from pyecharts.charts import Boxplot
def Boxplot_echarts():
    y1 = np.random.randn(100)
#返回一组大小 100 的样本,具有标准正态分布
    y2 = np.random.random(100)
#返回一组大小 100 的随机浮点数
    y3 = np.random.randint(1, 5, 100)
#返回一组大小 100 的随机整数
    x_label = ['a', 'b', 'c']
# x 轴标签
    boxplot = Boxplot()
    boxplot.add_xaxis(x_label)
#添加 x 轴标签
    #调用自带的函数,计算箱形图需要的数据
    y = boxplot.prepare_data([y1.tolist(), y2.tolist(), y3.tolist()])
    boxplot.add_yaxis('', y)  # 添加 y 轴数据
    boxplot.set_global_opts(title_opts=opts.TitleOpts(title='箱形图', subtitle='箱形图示例'),
                            toolbox_opts=opts.ToolboxOpts(is_show=True))
    boxplot.render('boxplot_base.html')
```

依然利用 Seabron 中所用的三组随机数据进行箱图绘制。需要注意的是在绘制之前需要用 prepare_data()生成对箱图需要的数据,且传入的必须为一个列表,最后再将生成的新数据用作 y 轴进行添加绘制。

与 Pyecharts 相比,Seabron 有着更完善的样式设计接口,但同时也越复杂,这里只根据数据做基本的图形生成,更多更详细的接口使用可参考 Pyecharts 的开发文档。

4.4.3 堆叠柱状图的绘制

如果说柱状图可以帮助观察"总量",那么堆叠柱状图则可以同时反映"总量"与"结构",进而还可以探究哪一部分比例最大,以及每一部分的变动情况等。接下来会用之前所介绍的 3 种绘图工具绘制堆叠柱状图。

(1) Matplotlib

【例 4.18】 Matplotlib-堆叠柱状图。

```
import pandas as pd
import matplotlib.pyplot as plt
def Stacked_BarChart():
    plt.rcParams['font.sans-serif'] = ['SimHei']
#用来正常显示中文标签
    #给出绘图数据
    data = pd.DataFrame({'A': [1, 2, 3],
                         'B': [4, 5, 6],
                         'C': [7, 8, 9]})
fig, ax = plt.subplots(1, 2) # 创建子图
#第一个子图用蓝色柱形,启用堆叠
data.plot(kind='bar', colormap='Blues_r', stacked=True, ax=ax[0])
#第二个子图用红色柱形,不启用堆叠
data.plot(kind='bar', colormap='Reds_r', stacked=False, ax=ax[1])
    plt.show()
```

执行上面的示例代码后,输出结果如图 4-29 所示。

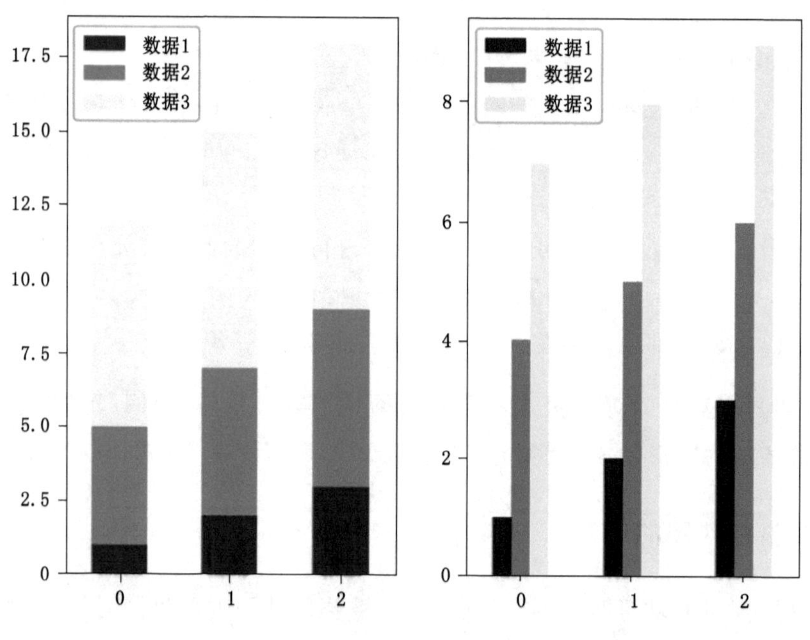

图 4-29 Matplotlib-堆叠柱状图

为了直观比较,用子图的形式在一张图内绘制了堆叠柱状图和多特征柱状图,如图 4-29 所示。代码中用 subplots()来创建子图,fig, ax = plt.subplots(1, 2)表示一次性在 figure 上创建成 1×2 的网格,返回的 ax 即可用于在指定位置绘制子图,之后用

plot()绘制柱状图,colormap 指定颜色系列,stacked 用于是否启用堆叠。

(2) Seaborn

【例 4.19】 Seaborn-堆叠柱状图。

```
import pandas as pd
import matplotlib. pyplot as plt
import seaborn as sns
def StackedBar_Seabron():
    sns. set(style='whitegrid')
#设置图片风格为白色网格
    data = pd. read_csv('salary. csv')
#读取薪资统计数据
    #绘制折线图
    # x 轴数据设定为年龄,y 轴数据为薪资,并通过性别分类,不同地区的分布点形状不同
    sns. barplot(x=data['District'], y=data['Salary'], hue=data['Gender'], dodge=False)
```

执行上面的示例代码后,输出结果如图 4-30 所示。

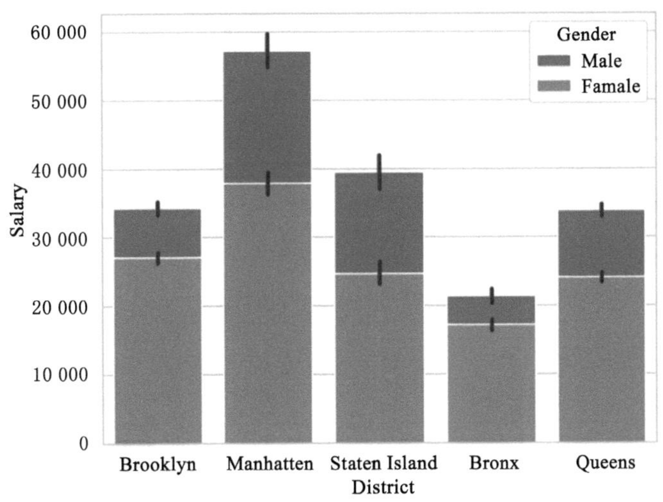

图 4-30　Seaborn-堆叠柱状图

这里依然使用 4.3.2 中使用过的薪资数据进行堆叠柱状图的绘制,基本形式同 4.3.2 节中代码所示,可以通过 dodge 参数来设置是将不同的类用多个 bar 表示,还是在一个 bar 上通过不同颜色表示不同的类,dodge 参数默认为 True,设定为 False 时表示启用堆叠。相比较之前的方法,这里绘制堆叠柱状图已经精减很多。

(3)Pyecharts

【例 4.20】 Pyecharts-堆叠柱状图。

```
from pyecharts. charts import Bar
from pyecharts import options as opts
def StackedBar_echarts():
    StackedBar =(
        Bar(). add_xaxis(['1 月', '2 月', '3 月', '4 月', '5 月', '6 月',
'7 月', '8 月', '9 月', '10 月', '11 月', '12 月'])
. add_yaxis('数据 1',   # 数据标签
[1000, 2000, 3000, 4000, 5000, 3700, 5800, 7100, 12000, 10000, 8600, 8900], # 具体数值
            stack='stack1')  # 两个 bar 设置相同的 stack 即可堆叠在一起
            . add_yaxis('数据 2',   # 数据标签
[800, 1000, 700, 5630, 6000, 5700, 3000, 5600, 3100, 6600, 7100, 9300],  # 具体数值
            stack='stack1')  # 两个 bar 设置相同的 stack 即可堆叠在一起
            . set_global_opts(title_opts=opts. TitleOpts(title='柱状图',
subtitle='堆叠柱状图', pos_left='45%'),
            toolbox_opts=opts. ToolboxOpts(is_show=True),
            legend_opts=opts. LegendOpts(type_=None,
# 'plain':普通图例(默认);'scroll':可滚动翻页的图例,当图例数量较多时可以使用
pos_left='right',  # 图例横向的位置
            pos_top='middle',  # 图例纵向的位置
            orient='vertical')))  # 图例方式的方式
    StackedBar. render('StackedBar_base. html')  #以 html 格式保存
```

执行上面的示例代码后,输出结果如图 4-31 所示。

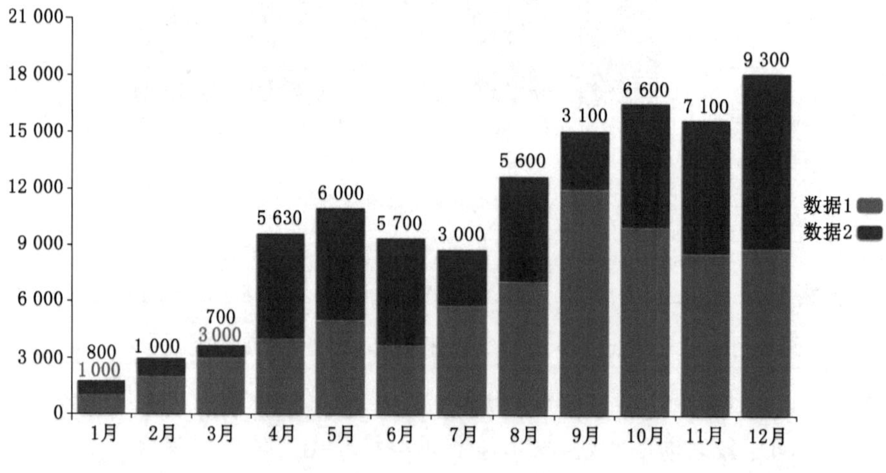

图 4-31 Pyecharts-堆叠柱状图

这里依然用 Pyecharts 的链式调用来绘制堆叠柱状图。代码整个参数设定同之前 Pyecharts 的使用,需要注意的是利用 Bar()绘制柱状图时需要在各个特征的 addyaxis()中添加相同的 stack 参数,使其能堆叠在一起;同时为了标题和图例的位置不影响图形的显示,这里在 TitleOpts()中添加了 posleft 参数为 45%,表示基本居中的位置,在 LegendOpts 中也设置了图例的形式和位置,使其位于右侧上下居中的位置。

4.4.4 热力图和词云图绘制

热力图是非常流行的一种数据展示方法,利用不同的色块把对象分成不同的等级区间,分区展示数据,其流行的原因是数据展示直观明了,除此之外还可以结合地图进行展示,具有很大的扩展空间。

词云最早始于 2006 年,是由美国西北大学里奇·戈登(Rich Gordon)使用,其一直很关注网络内容发布的最新形式。通常,这些最新的、最适合网络的传播方式,也是最先进最好的传播方式。因此,"词云"就是通过形成"关键词云层"或"关键词渲染",对网络文本中出现频率较高的"关键词"在视觉上做出突出。

接下来将展示如何用不同的方式绘制这两类图形。

(1) Matplotlib

【例 4.21】 Matplotlib-热力图。

```
import NumPy as np
import matplotlib. pyplot as plt
def Heatmap():
#返回一个或一组服从"0～1"均匀分布的随机样本值
x = np. random. rand(100). reshape(10, 10)
#绘制热力图,cmap 将标量数据映射到色彩图,vmin,vmax 以标准化亮度数据
    plt. imshow(x, cmap=plt. cm. hot, vmin=0, vmax=1)
    plt. colorbar()  #添加颜色渐变条
    plt. show()
```

执行上面的示例代码后,输出结果如图 4-32 所示。

用一组均匀分布的随机数据生成热力图,利用 imshow()函数进行绘制,这里需要注意的是,热力图需要传入的是一个矩阵,故用 reshape(10, 10)将 100 个随机数据转换成 10×10 的矩阵。除传入数据外,还可用 cmap 指定颜色列表,vmin,vmax 标量颜色亮度,最后用 colorbar()在一旁添加用于参考的渐变色条。

(2) Seaborn

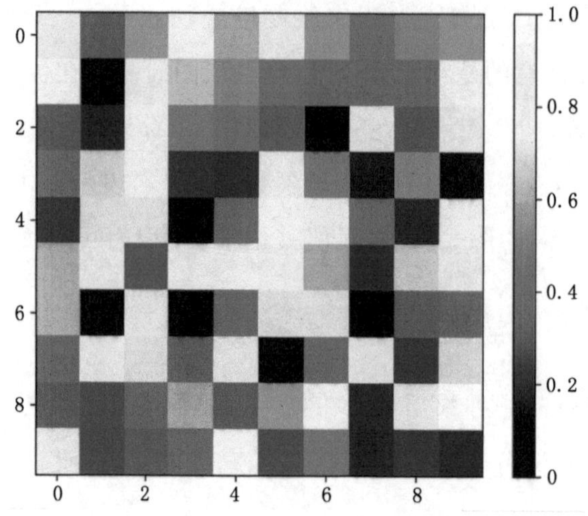

图 4-32　Matplotlib-热力图

Seaborn 绘制热力图除了函数调用上的不同外，其余和 Matplotlib 都是大同小异，所以这里将代码和效果图展示如下，就不做赘述。

【例 4.22】　Seaborn-热力图。

```
import NumPy as np
import seaborn as sns
def Heatmap_Seaborn():
    x = np.random.rand(10, 10)
    sns.heatmap(x, vmin=0, vmax=1, center=0)
    plt.show()
```

执行上面的示例代码后，输出结果如图 4-33 所示。

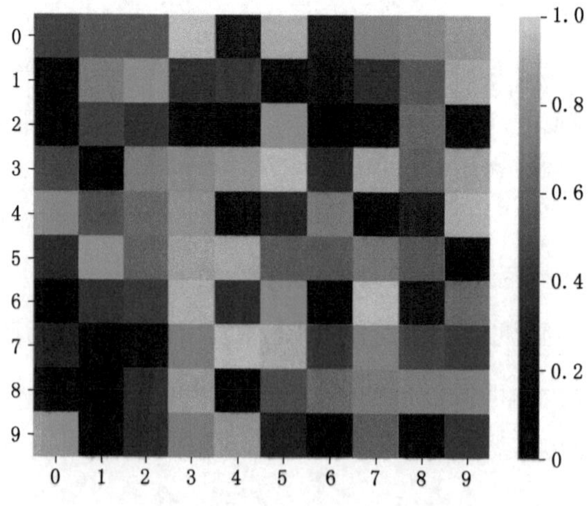

图 4-33　Seaborn-热力图

(3) ECharts

【例 4.23】 Pyecharts-热力图。

```
from pyecharts. charts import HeatMap
from pyecharts import options as opts
from pyecharts. faker import Faker
def Heatmap_echarts():
    #随机生成[0,50)中 24 * 7 的整数矩阵
    value = [[i, j, np. random. randint(0, 50)] for i in range(24) for j in range(7)]
    heatmap =(
        HeatMap()
            . add_xaxis(Faker. clock)   # x 轴用 Faker 中的 24 小时数据标签
            . add_yaxis(
            "",
            Faker. week,   # y 轴用 Faker 中的星期数据标签
            value,
           # 设置显示 label
            label_opts=opts. LabelOpts(is_show=True, position="inside"),)
            . set_global_opts(
            title_opts=opts. TitleOpts(title="热力图", subtitle='一周中每小时内数据'),
            toolbox_opts=opts. ToolboxOpts(is_show=True),  #显示工具栏
            visualmap_opts=opts. VisualMapOpts(),  #设置显示视觉映射,即渐变条
)
)
    heatmap. render('Heatmap_base. html')
```

执行上面的示例代码后,输出结果如图 4-34 所示。

由于词云是对网络文本中出现频率较高的关键词的视觉上突出,对于 Matplotlib 和 Seaborn 可以借助 Wordcloud 第三方库进行绘制,而 Pyecharts 中已经内置了 WordCloud 方法,所以词云的展示就以 Pycharts 为例进行简要讲解。

【例 4.24】 词云。

```
from pyecharts. charts import WordCloud
from pyecharts import options as opts
def Wordscloud():
    words =[  # 拟定一个词频列表
        ("Sam S Club", 10000),
        ("Macys", 6181),
```

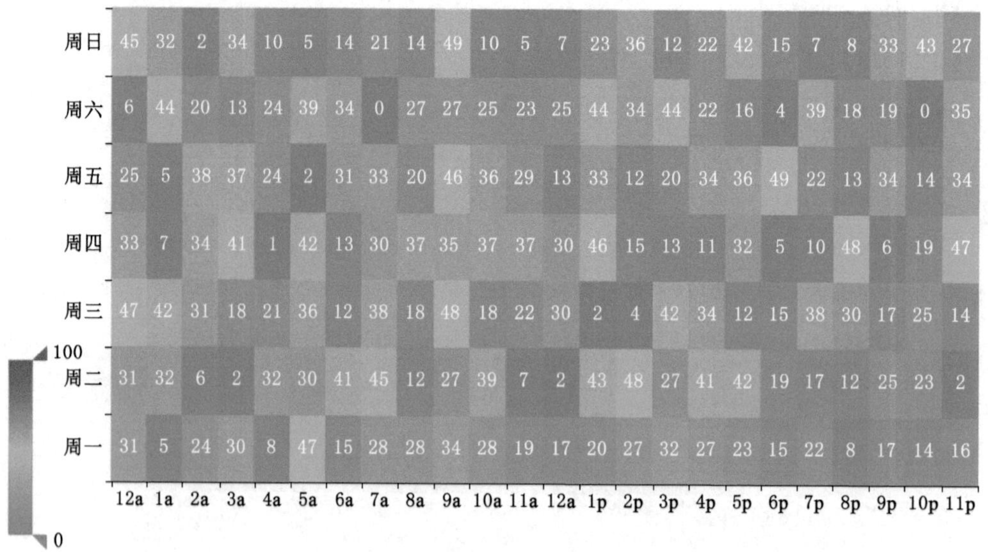

图 4-34　Pyecharts-热力图

```
    ("Amy Schumer", 4386),
    ("Jurassic World", 4055),
    ("Charter Communications", 2467),
    ("Chick Fil A", 2244),
    ("Planet Fitness", 1868),
    ("Pitch Perfect", 1484),
    ("Express", 1112),
    ("Home", 865),
    ("Johnny Depp", 847),
    ("Lena Dunham", 582),
    ("Lewis Hamilton", 555),
    ("KXAN", 550),
    ("Mary Ellen Mark", 462),
    ("Farrah Abraham", 366),
    ("Rita Ora", 360),
    ("Serena Williams", 282),
    ("NCAA baseball tournament", 273),
    ("Point Break", 265),]
cloud =(WordCloud()
#设置单词字体大小范围,默认为[12, 60]
.add("", words, word_size_range=[20, 100])
```

```
.set_global_opts(title_opts=opts.TitleOpts(title="词云", subtitle="词频统计可视化"),
                 toolbox_opts=opts.ToolboxOpts(is_show=True),))
cloud.render("wordscloud.html")
```

执行上面的示例代码后，输出结果如图 4-35 所示。

图 4-35 词云

默认的词云形状为圆形，背景为白色，除此之外也可通过 background_color 设定背景颜色，mask 设定词云形状，mask 可以传入一个经过二维数组转换的图片，实现指定形状样式的词云。

4.5 本章小结

本章对 Python 数据的可视化构图方法进行了简要介绍：首先将可视化图的类别分为 4 类进行介绍并给出简单示例；然后讲解了 Python 中常用的 3 种数据可视化第三方库并对各个库在绘图上的异同进行了简单说明；最后利用介绍的三种库函数就 8 种常见的图表进行分别绘制，详解体现各自在数据可视化上的优势。

通过本章的学习，读者可熟练使用 Python 中的数据可视化工具从而实现对大数据分析中的可视化工作，为之后章节中各类数据分析做好铺垫。

本章习题

1. 可视化图形的分类有哪些？
2. 请简要阐述柱状图与直方图的区别。
3. 如何避免图片中出现中文乱码的情况？

4. 如何用最简单的方式同时在一张图表上呈现多种类型图?

5. 请绘制一张能反映分别趋势的散点图,方法不限。

6. 请绘制一张折线图,要求一共3条折线用不同颜色区分,并同时包含折线、点线2种形式,数据自拟,方法不限。

7. 请进行恰当的数据分析后生成以图片形式直观展现的混淆矩阵(数据可自拟)。

8. 请用两种方法生成堆叠柱状图(不同库的调用算一种方法)。

5　数据的假设检验

作为统计推断的另一项重要内容，假设检验的一般步骤是首先对总体参数或分布形式提出一个假设值，随后在这一假设的前提下，利用样本信息判断原假设是否成立。本章首先介绍假设检验的模型，然后介绍单个总体参数和两个总体参数的检验方法。

5.1　假设检验统计学模型

在进行假设检验的时候，首先要进行假设检验定义，在假设检验中通常会提出两个命题，一个是希望被我们推翻的命题 H_0，另一个是希望被我们证实的命题 H_1。其次是确定适当的统计量，当样本数量大于 30，用 Z 检验；当样本数量小于 30，近似服从正态分布且总体方差已知，用 Z 检验；同样当样本量小于 30，近似服从正态分布且总体方差未知，用 T 检验；但如果样本量小于 30，不服从近似正态分布，则不能用 Z 检验或者 T 检验。随后是显著性水平，它是指 H_0 命题为真，拒绝 H_0 的概率。最后是计算检验统计量，带公式计算出 P 值，P 值是指在 H_0 为真时，当前观测样本发生更加极端的概率。

5.1.1　假设检验定义

假设检验就是先对总体参数提出某种假设的基础上，利用样本信息来判断假设是否成立的过程。比如说假设某学校学生平均睡眠时间是 7 小时，然后从全校学生中抽取一个样本，根据样本信息检验平均睡眠时间是不是 7 小时，这就是假设检验方法。

在假设检验中，首先需要提出两种假设，即原假设和备择假设。原假设也称零假设，通常是指研究者想收集证据予以反对的假设，用 H_0 表示。备择假设通常是指研究者想收集证据予以支持的假设，用 H_1 表示。以总体均值的检验为例，设参数的假设值为 μ_0，则原假设写为 $H_0:\mu=\mu_0$，$H_0:\mu\geqslant\mu_0$ 或 $H_0:\mu\leqslant\mu_0$，备择假设写为：$H_1:\mu\neq\mu_0$，$H_1:\mu=\mu_0$。

在假设检验时，研究者感兴趣的备择假设内容，可以是原假设 H_0 在某一特定方向的变化，也可以是一种没有特定方向的变化。如果备择假设具有特定的方向性，并含有符号"＞"或"＜"的假设检验，称为单侧检验或单尾检验；如果备择假设没有特定的方向性，并含有"≠"的假设检验，称为双侧检验或双尾检验。

设 μ 为总体参数（这里代表总体均值），μ_0 为假设的参数的具体值，可将假设检验的基本形式总结如表 5-1 所示。

表 5-1　假设检验的基本形式

假设	双侧检验	单侧检验	
		左侧检验	右侧检验
原假设	$H_0:\mu=\mu_0$	$H_0:\mu\geqslant\mu_0$	$H_0:\mu\leqslant\mu_0$
备择假设	$H_1:\mu\neq\mu_0$	$H_1:\mu<\mu_0$	$H_1:\mu>\mu_0$

5.1.2　两类错误与显著性水平

假设检验的目的是决定是否拒绝原假设而选择备择假设。如上所述，原假设和备择假设不可能同时成立，要么拒绝原假设，要么拒绝备择假设。在做决定时，我们总是希望当原假设正确时不拒绝它，当原假设不正确时拒绝它，然而人们无法保证不犯错误，错误主要有以下两种类型。

① 原假设是正确的却拒绝了原假设，这种错误称为第Ⅰ类错误，也称为弃真错误，犯第Ⅰ类错误的概率通常记为 α。

② 原假设是错误的却没有拒绝原假设，这种错误称为第Ⅱ类错误，也称为取伪错误，犯第Ⅱ类错误的概率通常记为 β。

在假设检验中，只要做出拒绝原假设的决策，就有可能犯第Ⅰ类错误，而只要做出不拒绝原假设的决策，就有可能犯第Ⅱ类错误。因此，很难确保每个决策不会犯两种错误。直觉上，这两种错误的概率有这样一种关系：当 α 增大时，β 减小；当 β 增大时，α 减小。通常研究者希望犯两类错误的概率都尽可能低，但实际上很难做到这一点，唯一的办法是增加样本容量。但样本容量的增加将受到许多因素的限制，因此人们只能在两类错误的发生概率之间进行平衡，使 α 和 β 控制在可接受的范围内。一般来说，在假设检验中，发生哪一类错误的后果更严重，就应该首要控制哪类错误发生的概率。但由于犯第Ⅰ类错误的概率可以预先手动控制，而犯第Ⅱ类错误的可能性难以计算，因此研究者经常首先控制第Ⅰ类错误发生的概率。

假设检验中出现第Ⅰ类错误的概率 α 也称为显著性水平。这里的显著性意味着，如果样本提供的证据否定了原假设，则表明检验的结果是显著的；如果原假设未被拒绝，则表明检验的结果不显著。显著性水平是研究人员预先指定的犯第Ⅰ类错误概率的最大允许值。显著性水平 α 越小，发生第Ⅰ类错误的可能性自然就越小，但发生第Ⅱ类错误的可能性则随之增大。在实际应用中，什么程度的显著性水平值是合适的？一般情况下，人们认为犯第Ⅰ类错误的后果更严重一些，因此通常会取一个较小的 α 值（一般要求 $\alpha \leqslant 0.1$）。著名英国统计学家 Ronald Fisher 在他的研究中将小概率的标准定为 0.05，因此研究人员通常选择显著性水平为 0.05 或比 0.05 更低的概率。

5.1.3 检验统计量与拒绝域

在提出具体的假设之后，研究者必须提供可靠的证据来支持他所提出的备择假设。在现代检验中，人们通常使用样本信息作出决策。首先要根据样本观测结果计算出对原假设作出决策的检验统计量。检验统计量实际上是总体参数的点估计量，但点估计量不能直接用作检验的统计量。只有在标准化后，才能使用它来测量它与原假设的参数值之间的差异程度。对于总体均值和总体比例的检验，如果原假设 H_0 为真，则可以从点估计量的抽样分布中得到标准化检验统计量：

标准化检验统计量=（点估计量－假设值）/点估计量的标准误差

实际中使用的检验统计量均为标准化检验统计量，它反映了点估计量与假设的总体参数之间的标准差的距离。尽管检验统计量是随样本观测结果而变化的随机变量，但只要已知某一组特定的样本观察结果，检验统计量的值也就唯一确定了。

基于检验统计量，可以定义一个决策准则。根据预先指定的显著性水平 α，可以在统计量的分布上找到相应的临界值，被显著性水平和相应的临界值包围的区域称为拒绝域。如果统计量的值落在拒绝域内，则拒绝原假设，否则原假设不会被拒绝。当样本容量大小被固定时，拒绝域的面积随着 α 的减小而减小。α 值越小，为拒绝原假设所需要的检验统计量的临界值与原假设的参数值就越远。拒绝域的位置则取决于检验是单侧检验还是双侧检验。双侧检验的拒绝域在抽样分布的两侧，而在单侧检验中，如果备择假设具有符号"＜"，则拒绝域位于抽样分布的左侧，故称为左侧检验；如果备择假设具有符号"＞"，则拒绝域位于抽样分布的右侧，故称为右侧检验。在给定显著性水平 α 条件下，双侧检验的拒绝域和临界值可用图 5-1 来表示。

左侧检验如图 5-2 所示，当统计量的值＜－临界值，拒绝原假设。

右侧检验如图 5-3 所示，当统计量的值＞临界值，拒绝原假设。

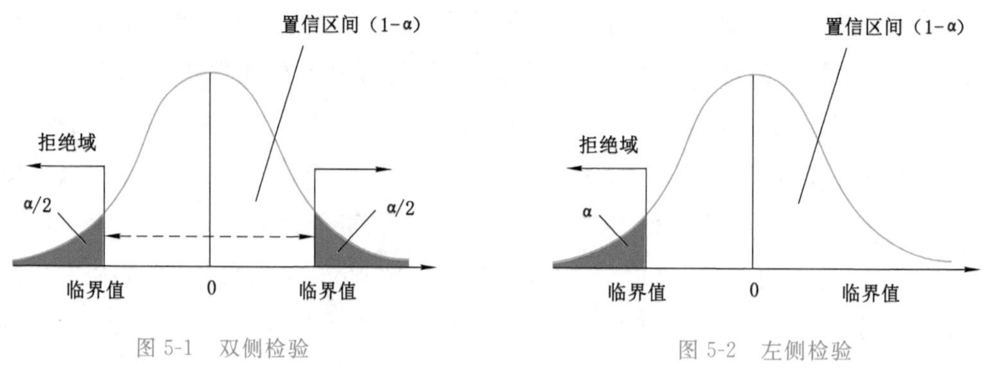

图 5-1　双侧检验　　　　图 5-2　左侧检验

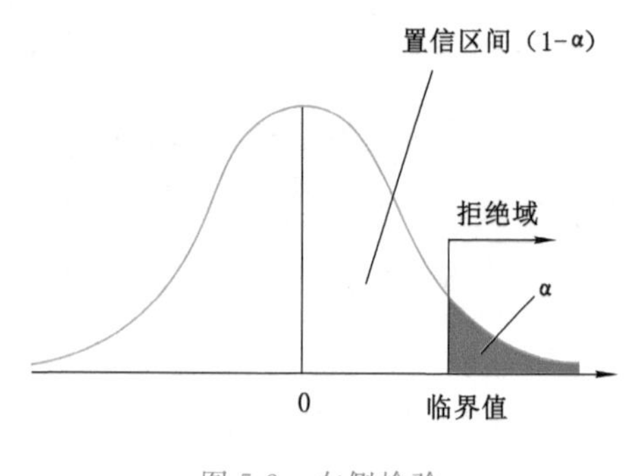

图 5-3　右侧检验

5.1.4　P 值的解释

统计量检验旨在根据给定显著性水平 α 围成的拒绝域作出决策，无论检验统计量的值大小如何，只要它的值落在拒绝域内，原假设就会被拒绝，否则原假设不会被拒绝。这样，无论统计量落在拒绝域的哪个位置，都可以确定犯第Ⅰ类错误的概率 α。如果能够计算犯第Ⅰ类错误的概率，就可以直接使用这个概率来作出决策，而不需要预先给定的显著性水平 α，这个犯第Ⅰ类错误的真实概率就是 P 值。

如果原假设是正确的，那么得到的样本结果会像实际观测结果那么极端或更极端的概率就是 P 值。P 值是当原假设正确时，得到所观测数据的概率。如果原假设是正确的，那么这个值告诉我们得到这样的观测数据是多么的不可能。不可能得到的数据，就是原假设错误的合理证据。P 值越小，说明实际观察得到的数据与 H_0 之间不一致的程度就越大，检验的结果也就越显著。用 P 值进行决策的规则如下：如果 $P<\alpha$，拒绝 H_0；如果 $P>\alpha$，不拒绝 H_0。图 5-4 给出了双侧检验时原假设被拒绝时的 P 值与给定 α 的比较示意图。

利用 P 值进行左侧检验如图 5-5 所示。

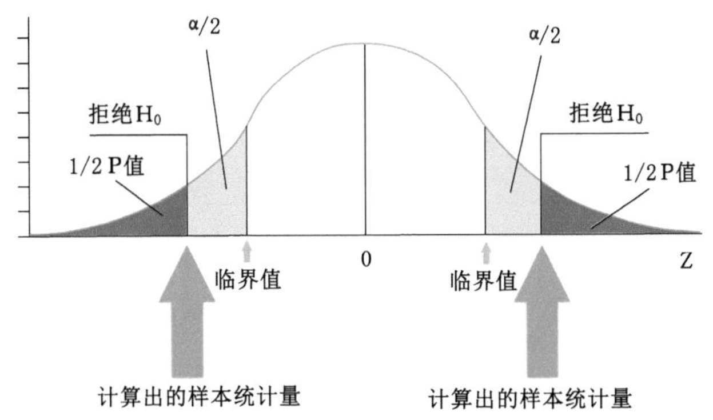

图 5-4　双侧检验

利用 P 值进行右侧检验如图 5-6 所示。

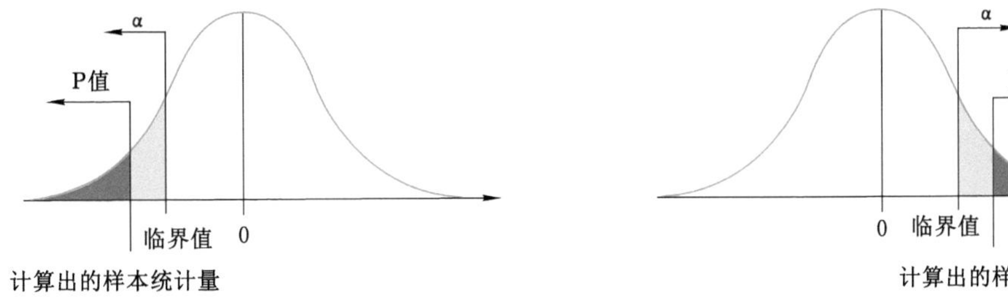

图 5-5　左侧检验

图 5-6　右侧检验

5.2　单个总体参数的假设检验

理解了假设检验的原理，本节将在上一节的基础上介绍假设检验的具体应用。当研究一个总体时，要检验的参数主要是总体均值 μ、总体比例 π 和总体方差 σ^2。

使用 NumPy 计算极差、方差、标准差和变异系数：

```
from NumPy import mean, ptp, var, std
data = [5, 6, 19, 8, 4, 12]
mean(data)  #均值
ptp(data)  #极差
var(data)  #总体方差
var(data, ddof=1)  #样本方差
std(data)  #标准差
mean(data) / std(data)  #变异系数
```

执行上面的示例代码后，输出结果如下：

```
均值：9.0
极差：15
总体方差：26.666666666666668
样本：32.0
标准差： 5.163977794943222
变异系数：1.7428425057933377
```

5.2.1 总体均值的检验

在对单个总体均值进行假设检验时，采用什么检验步骤和检验统计量取决于所抽取的样本是大样本还是小样本，此外还要考虑总体是否服从正态分布、总体方差是否已知等等。

大样本的检验方法：在大样本（n＞30）情况下，样本均值的抽样分布近似服从正态分布，其抽样标准差为 $\sigma/\sqrt{n}$。将样本均值 x 经过标准化后即可得到检验统计量。样本的均值经标准化后服从标准正态分布，因而采用正态分布的检验统计量。设假设的总体均值为 μ_0，当总体方差 σ^2 已知时，总体均值检验的统计量为：

$$z=\frac{x-u_0}{\sigma/\sqrt{n}} \tag{5-1}$$

当总体方差 σ^2 未知时，可以用样本方差 s^2 来代替，此时总体均值检验的统计量为：

$$z=\frac{x-u_0}{s/\sqrt{n}} \tag{5-2}$$

双侧检验：假设：$H_0:\mu_1=\mu_2$，$H_1:\mu_1\neq\mu_2$；α 与拒绝域：$|z|>z_{\alpha/2}$；p 值决策：$p<\alpha$，拒绝 H_0；

左侧检验：假设：$H_0:\mu_1\geqslant\mu_2$，$H_1:\mu_1<\mu_2$；α 与拒绝域：$z<-z_\alpha$；p 值决策：$p<\alpha$，拒绝 H_0；

右侧检验：假设：$H_0:\mu_1\leqslant\mu_2$，$H_1:\mu_1>\mu_2$；α 与拒绝域：$z>z_\alpha$；p 值决策：$p<\alpha$，拒绝 H_0；

【例 5.1】 某机床厂加工一种零件，根据经验知道，该厂加工零件的椭圆度渐近服从正态分布，其总体均值为 0.081 mm，今另换一种新机床进行加工，取 200 个零件进行检验，得到椭圆度均值为 0.076 mm，样本标准差为 0.025 mm，问新机床加工零件的椭圆度总体均值与以前有无差别？

假设：$H_0:\mu=0.081$，$H_1:\mu\neq0.081$

```
import NumPy as np
from scipy import stats
n = 200  #样本数
mu_0 = 0.081  #总体均值
x_bar = 0.076  #样本均值
sigma = 0.025  #标准差
a = 0.05  #显著性水平
z_a2 = stats.norm.isf(a / 2)
z = (x_bar - mu_0) / (sigma / np.sqrt(n))  #计算检验统计量
if abs(z) > abs(z_a2):
    print('z 为{:.3f},z_a2 为{:.3f},|z|>z_a2'.format(z, z_a2))
    print('拒绝 H0,接受 H1')else:
    print('z 为{:.3f},z_a2 为{:.3f}'.format(z, z_a2))
    print('不能拒绝 H0,差异不显著')
#使用 P 值决策准则
p_value = stats.norm.cdf(z) * 2
if p_value > a:
    print('p 值为{:0.3f},p>a'.format(p_value))
    print('不能拒绝 H0,差异不显著')
if p_value < a:
    print('p 值为{:0.3f},p<a'.format(p_value))
    print('拒绝 H0,接受 H1')
```

执行上面的示例代码后,输出结果如下:

```
z 为-2.828,z_a2 为 1.960,|z|>z_a2
拒绝 H0,接受 H1
p 值为 0.005,p<a
拒绝 H0,接受 H1
```

检验结果拒绝了原假设,表明新机床加工零件的椭圆度总体均值与以前有显著差别。

小样本的检验:在小样本($n<30$)情况下,检验统计量的选择与总体是否服从正态分布、总体方差是否已知有密切关系。

当总体方差 σ^2 已知时,即使是在小样本情况下,样本均值经标准化后仍然服从标准正态分布,此时可按式(5-2)对总体均值进行检验。

当总体方差 σ^2 未知时,需要用样本方差 s^2 代替 σ^2,此时式(5-2)给出的检验统计量不再服从标准正态分布,而是服从自由度为 $n-1$ 的 t 分布。因此需要采用 t 分布进行检验。通常称之为“t 检验”。检验的统计量为：

$$t=\frac{\bar{x}-u_0}{s/\sqrt{n}} \tag{5-3}$$

双侧检验：假设：$H_0:\mu_1=\mu_2$，$H_1:\mu_1\neq\mu_2$；α 与拒绝域：$|t|>t_{\alpha/2}(n-1)$；p 值决策：$p<\alpha$，拒绝 H_0；

左侧检验：假设：$H_0:\mu_1\geqslant\mu_2$，$H_1:\mu_1<\mu_2$；α 与拒绝域：$t<-t_\alpha(n-1)$；p 值决策：$p<\alpha$，拒绝 H_0；

右侧检验：假设：$H_0:\mu_1\leqslant\mu_2$，$H_1:\mu_1>\mu_2$；α 与拒绝域：$t>t_\alpha(n-1)$；p 值决策：$p<\alpha$，拒绝 H_0。

【例 5.2】 某机器制造出的模具厚度为 5 cm，今欲了解机器性能是否良好，随机抽取 10 块肥皂作为样本，测得平均厚度为 5.3 cm，标准差为 0.3 cm，试以 0.05 的显著性水平检验机器性能良好的假设。

假设：$H_0:\mu=5$，$H_1:\mu\neq5$

```
import NumPy as np
from scipy import stats
mu_0 = 5
x_bar = 5.3
sigma = 0.3
n = 10
a = 0.05
df = n - 1  #自由度
t_a2 = stats.t.isf(a / 2, df)
t = (x_bar - mu_0) / (sigma / np.sqrt(n))
if abs(t) > abs(t_a2):
    print('t 为{:.3f},t_a2 为{:.3f},|t|>t_a2'.format(t, t_a2))
    print('拒绝 H0,接受 H1')
else:
    print('不能拒绝 H0,差异不显著')
#使用 P 值决策准则
p_value = stats.t.sf(t, df) * 2
if p_value > a:
    print('p 值为{:0.3f},p>a'.format(p_value))
    print('不能拒绝 H0,差异不显著')
if p_value < a:
    print('p 值为{:0.3f},p<a'.format(p_value))
    print('拒绝 H0,接受 H1')
```

执行上面的示例代码后，输出结果如下：

```
t为3.162,t_a2为2.262,|t|>t_a2
拒绝H0,接受H1
p值为0.012,p<a
拒绝H0,接受H1
```

实验结果拒绝了原假设，说明该机器性能不好。

5.2.2 总体成数的检验

总体成数的检验程序与总体均值的检验类似，区别在于参数和检验统计量的形式不同。在构造检验统计量时，仍然利用样本比例 p 与总比例 π 之间的距离等于多少个标准差 σ_p 来衡量。这里只考虑大样本情形下的总体成数检验，因为在大样本情形下统计量 p 近似服从正态分布，而统计量 Z 则近似服从标准正态分布。

$$z=\frac{p-\pi_0}{\sqrt{\frac{\pi_0(1-\pi_0)}{n}}} \tag{5-4}$$

对于给定的显著性水平 α，下面总结大样本情况下，总体成数检验的一般方法：

双侧检验：假设：$H_0:\pi=\pi_0$，$H_1:\pi\neq\pi_0$；α 与拒绝域：$|z|>z_{\alpha/2}$；p 值决策：$p<\alpha$，拒绝 H_0；

左侧检验：假设：$H_0:\pi\geqslant\pi_0$，$H_1:\pi<\pi_0$；α 与拒绝域：$z<-z_\alpha$；p 值决策：$p<\alpha$，拒绝 H_0；

右侧检验：假设：$H_0:\pi\leqslant\pi_0$，$H_1:\pi>\pi_0$；α 与拒绝域：$|z|>z_\alpha$ p 值决策：$p<\alpha$，拒绝 H_0；

【例 5.3】 一份以休闲和娱乐为主题的杂志，称其读者群中有 80%为女性。为验证这一说法是否属实，某研究单位抽取了 500 人组成的一个随机样本，发现有 365 个女性经常阅读该杂志，显著性水平 $\alpha=0.05$，检验该杂志读者群中女性的比例是否为 80%。

假设：$H_0:\pi=80\%$，$H_1:\pi\neq80\%$。

```
import NumPy as np
from scipy import stats
p = 365/500
pi = 0.8
n = 500
a = 0.05
z_a2 = stats.norm.isf(a/2)
```

```
z = (p-pi)/np.sqrt(pi * (1-pi)/n)
if abs(z)>abs(z_a2):
    print('z 为{:.3f},z_a2 为{:.3f},|z|>z_a2'.format(z, z_a2))
    print('拒绝 H0,接受 H1')
else:
    print('不能拒绝 H0,差异不显著')
p_value = stats.norm.sf(-z) * 2
if p_value > a:
    print('P 值:{:.3f},a:{:.3f},p>a'.format(p_value, a))
    print('不能拒绝 H0,差异不显著')
if p_value < a:
    print('P 值:{:.5f},a:{:.3f},p<a'.format(p_value, a))
    print('拒绝 H0,接受 H1')
```

执行上面的示例代码后,输出结果如下:

```
z 为-3.913,z_a2 为 1.960,|z|>z_a2
拒绝 H0,接受 H1
P 值:0.00009,a:0.050,p<a
拒绝 H0,接受 H1
```

检验结果拒绝了原假设,表明该杂志的说法不属实。

5.2.3 总体方差的检验

在生产和生活的许多领域中,仅仅保证所观测到的样本均值维持在特定水平范围之内并不意味着整个过程都是正常的,方差的大小是否适度则是需要考虑的另一个重要因素,一个方差大的产品自然意味着其质量或性能不稳定。因此,总体方差检验也是假设检验的重要内容。总体方差的检验,不论样本量 n 的大小,都要求总体服从正态分布。检验的统计量为:

$$z=\frac{p-\pi_0}{\sqrt{\frac{\pi_0(1-\pi_0)}{n}}} \tag{5-5}$$

双侧检验:假设:$H_0:\sigma^2=\sigma_0^2$,$H_1:\sigma^2\neq\sigma_0^2$;α 与拒绝域:$\chi^2>\chi^2_{\alpha/2}(n-1)$ 或 $\chi^2<\chi^2_{1-\alpha/2}(n-1)$。

左侧检验:假设:$H_0:\sigma^2\geqslant\sigma_0^2$,$H_1:\sigma^2i<\sigma_0^2$;α 与拒绝域:$\chi^2<\chi^2_{1-\alpha}(n-1)$。

右侧检验:假设:$H_0:\sigma^2\leqslant\sigma_0^2$,$H_1:\sigma^2>\sigma_0^2$;α 与拒绝域:$\chi^2>\chi^2_{\alpha}(n-1)$。

对于给定的显著性水平 α,双侧检验的拒绝域图 5-7 所示,对于单侧检验,拒绝域在分布一侧的尾部。

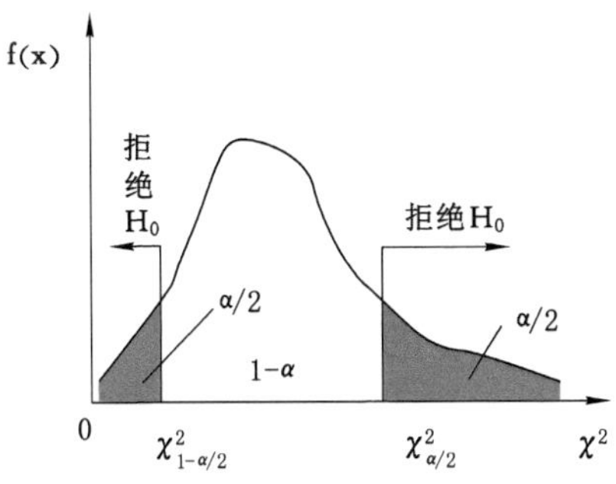

图 5-7 双侧检验的拒绝域

【例 5.4】 某厂商生产出一种啤酒自动装瓶机器,按设计要求,每瓶的装填量为 640 mL,每瓶装填量的标准差不应超过 4 mL。质检部门抽取了 10 瓶啤酒进行检验,得到的样本标准差 s=3.8 mL。试以 0.05 的显著性水平检验装填量的标准差是否符合要求。

假设:$H_0:\sigma^2 \leqslant 4^2$;$H_1:\sigma^2 > 4^2$。

```
import NumPy as np
from scipy import stats
n = 10
samp_var = 3.8 * 3.8
sigma = 4 * 4
a = 0.1
X = ((n - 1) * samp_var) / sigma
print('检验统计量:{0:0.1f}'.format(X))
f_a1 = stats.chi2.isf(a / 2, n - 1)  #方差分布表
f_a2 = stats.chi2.isf(1 - a / 2, n - 1)  #方差分布表
print('f_a1:{:.3f}'.format(f_a1))
print('f_a2:{:.3f}'.format(f_a2))
```

执行上面的示例代码后,输出结果如下:

```
检验统计量:8.1
f_a1:16.919
f_a2:3.325
```

由实验结果知:$\chi^2 = 8.1$,$\chi^2_{\alpha/2}(n-1) = 16.919$,$\chi^2_{1-\alpha/2}(n-1) = 3.325$,则有:$\chi^2_{1-\alpha/2}(n-1) < \chi^2 < \chi^2_{\alpha/2}(n-1)$,所以不拒绝原假设。因此在显著性 0.1 的水平下,该啤酒的装填符合要求。

实际应用中，右侧检验是最为常见的总体方差检验形式，因为一般来说，在设计时间、含量、尺寸等测度的场合，人们总是希望其变化幅度很小，也就是有小的方差。因此，通常将“总体方差大于某一最大容许值”作为备择假设，其对立面为原假设，再利用右侧检验的检验程序作出决策。

5.3 两个总体参数的假设检验

两个总体参数的核验包括两个总体均值之差($\mu_1-\mu_2$)的检验、两个总体成数之差($\pi_1-\pi_2$)的检验和两个总体方差比 σ_1^2/σ_2^2 的检验等。检验的程序可仿照一个总体参数的检验进行，只是统计量的计算要复杂一些。

5.3.1 两个总体均值之差的检验

独立大样本的检验：在大样本情况下，两个样本均值之差($\bar{x}_1-\bar{x}_2$)的抽样分布近似服从正态分布，而($\bar{x}_1-\bar{x}_2$)经过标准化后服从标准正态分布。

如果两个总体的方差 σ_1^2、σ_2^2 已知，采用下面的检验统计量：

$$z=\frac{(\bar{x}_1-\bar{x}_2)-(\mu_1-\mu_2)}{\sqrt{\frac{\sigma_1^2}{n_1}+\frac{\sigma_2^2}{n_2}}} \tag{5-6}$$

如果两个总体方差 σ_1^2、σ_2^2 未知，可分别用样本方差 s_1^2、s_2^2 替代，此时检验统计量为：

$$z=\frac{(\bar{x}_1-\bar{x}_2)-(\mu_1-\mu_2)}{\sqrt{\frac{s_1^2}{n_1}+\frac{s_2^2}{n_2}}} \tag{5-7}$$

双侧检验：假设：$H_0:\mu_1-\mu_2=0$，$H_1:\mu_1-\mu_2\neq 0$；α 与拒绝域：$|z|>z_{\alpha/2}$；p 值决策：$p<\alpha$，拒绝 H_0；

左侧检验：假设：$H_0:\mu_1-\mu_2\geqslant 0$，$H_1:\mu_1-\mu_2<0$；$\alpha$ 与拒绝域：$z<-z_\alpha$；p 值决策：$p<\alpha$，拒绝 H_0；

右侧检验：假设：$H_0:\mu_1-\mu_2\leqslant 0$，$H_1:\mu_1-\mu_2>0$；$\alpha$ 与拒绝域：$z>z_\alpha$；p 值决策：$p<\alpha$，拒绝 H_0；

独立小样本的检验：当两个小样本都为独立小样本时，需要假定两个总体都服从正态分布。检验时，有以下三种情况：

① 两个总体方差 σ_1^2、σ_2^2 已知时，无论样本量的大小如何，两个样本均值之差的抽样分布都服从正态分布，这时可用式(5-6)作为检验的统计量。

② 两个总体方差未知但相等时，即 $\sigma_1^2=\sigma_2^2$，则需要用两个样本的方差 s_1^2 和 s_2^2 进行估计，这时需要将两个样本的数据组合在一起，以给出总体方差的合并估计量，用 s_p^2 表示，计算公式为：

$$s_p^2=\frac{(n_1-1)s_1^2+(n_2-1)s_2^2}{n_1+n_2-2} \tag{5-8}$$

这时，两个样本均值之差经标准化后服从自由度为 (n_1+n_2-2) 的 t 分布，因而采用的检验统计量为：

$$t=\frac{(\bar{x}_1-\bar{x}_2)-(\mu_1-\mu_2)}{s_p\sqrt{\frac{1}{n_1}+\frac{1}{n_2}}} \tag{5-9}$$

③ 两个总体的方差未知且不相等时，即 $\sigma_1^2\neq\sigma_2^2$，两个样本均值之差经标准化后不再服从自由度为 (n_1+n_2-2) 的 t 分布，而是服从近似服从自由度为 v 的 t 分布。这时检验的统计量为：

$$t=\frac{(\bar{x}_1-\bar{x}_2)-(\mu_1-\mu_2)}{\sqrt{\frac{s_1^2}{n_1}+\frac{s_2^2}{n_2}}} \tag{5-10}$$

该统计量的自由度为 v，其计算公式为：

$$v=\frac{\left(\frac{s_1^2}{n_1}+\frac{s_2^2}{n_2}\right)^2}{\frac{\left(\frac{s_1^2}{n_1}\right)^2}{n_1-1}+\frac{\left(\frac{s_2^2}{n_2}\right)^2}{n_2-1}} \tag{5-11}$$

双侧检验：假设：$H_0:\mu_1-\mu_2=0$，$H_1:\mu_1-\mu_2\neq0$；α 与拒绝域：$|t|>t_{\alpha/2}$；p 值决策：$p<\alpha$，拒绝 H_0；

左侧检验：假设：$H_0:\mu_1-\mu_2\geqslant0$，$H_1:\mu_1-\mu_2<0$；α 与拒绝域：$t<-t_\alpha$；p 值决策：$p<\alpha$，拒绝 H_0；

右侧检验：假设：$H_0:\mu_1-\mu_2\leqslant0$，$H_1:\mu_1-\mu_2>0$；α 与拒绝域：$t>t_\alpha$；p 值决策：$p<\alpha$，拒绝 H_0；

【例 5.5】 有两种方法可用于制造某种以抗拉强度为重要特征的产品。根据以往的资料得知，第一种方法生产出的产品抗拉强度的标准差为 8 kg，第二种方法的标准差为 10 kg。从采用两种方法生产的产品中各抽一个随机样本，样本量分别为 $n_1=32$，$n_2=40$，测得 $\bar{x}_1=50$ kg，$\bar{x}_2=40$ kg。问采用这两种方法生产出来的产品平均抗拉强度是否有显著差别($a=0.05$)？

假设：$H_0:\mu_1-\mu_0=0$，$H_1:\mu_1-\mu_0\neq0$。

```
import NumPy as np
from scipy import stats
x1_bar = 50
x2_bar = 44
sigma1_2 = 8 * * 2
sigma2_2 = 10 * * 2
n1 = 32
n2 = 40
a = 0.05
z_a2 = stats.norm.isf(a / 2)
z = (x1_bar - x2_bar) / np.sqrt(sigma1_2 / n1 + sigma2_2 / n2)
if abs(z) > abs(z_a2):
    print('z 为{:.3f},z_a2 为{:.3f},|z|>z_a2'.format(z, z_a2))
    print('拒绝 H0,接受 H1')
else:
  print('不能拒绝 H0,差异不显著')
p_value = stats.norm.sf(z) * 2
if p_value > a:
    print('P 值:{:.3f},a:{:.3f},p>a'.format(p_value, a))
    print('不能拒绝 H0,差异不显著')
if p_value < a:
    print('P 值:{:.5f},a:{:.3f},p<a'.format(p_value, a))
    print('拒绝 H0,接受 H1')
```

执行上面的示例代码后,输出结果如下:

```
z 为 2.828,z_a2 为 1.960,|z|>z_a2
拒绝 H0,接受 H1
P 值:0.00468,a:0.050,p<a
拒绝 H0,接受 H1
```

实验结果拒绝了原假设,表明采用这两种方法生产出来的产品平均抗拉强度有显著差别。

【例 5.6】 装配一个部件可以采用不同的方法,所关心的问题是哪一个方法的效率更高。劳动效率可以用平均装配时间来反映。现从不同的装配方法中各抽取 12 件产品,记录各自的装配时间,两总体为正态总体,且方差相同,问这两种方法的装配时间有无显著差别($a=0.05$)?

表 5-2 12 件产品装配时间表

A	31,34,29,32,35,38,34,30,29,32,31,26
B	26,24,28,29,30,29,32,26,31,29,32,28

假设：$H_0: \mu_1 - \mu_2 = 0$，$H_1: \mu_1 - \mu_2 \neq 0$。此题两个独立样本的容量都小于 30，两个总体方差未知但相等。

```
import pandas as pd
import NumPy as np
from scipy import stats
A = pd.Series([31,34,29,32,35,38,34,30,29,32,31,26])
B = pd.Series([26,24,28,29,30,29,32,26,31,29,32,28])
n1 = len(A)
n2 = len(B)
x1_bar = A.mean()
x2_bar = B.mean()
s1_2 = A.var()
s2_2 = B.var()
a = 0.05
#计算自由度 f
f = np.power((s1_2 / n1 + s2_2 / n2), 2) / (np.power(s1_2 / n1, 2) / (n1 - 1) + np.power(s2
_2 / n2, 2) / (n2 - 1))
f = round(f)t_a = stats.t.isf(a, f)
t = (x1_bar - x2_bar) / np.sqrt(s1_2 / n1 + s2_2 / n2)
if abs(t) > abs(t_a):
    print('t 为{:.3f},t_a2 为{:.3f},|t|>t_a2'.format(t, t_a))
    print('拒绝 H0,接受 H1')
else:
    print('不能拒绝 H0,差异不显著')
#使用 P 值决策准则
p_value = stats.t.sf(abs(t), f)
if p_value > a:
    print('p 值为{:0.3f},p>a'.format(p_value))
    print('不能拒绝 H0,差异不显著')
if p_value < a:
    print('p 值为{:0.3f},p<a'.format(p_value))
    print('拒绝 H0,接受 H1')
```

执行上面的示例代码后，输出结果如下：

```
t为2.648,t_a2为1.721,|t|>t_a2
拒绝 H0,接受 H1
p值为0.008,p<a
拒绝 H0,接受 H1
```

试验结果拒绝了原假设，表明这两种方法的装配时间有显著差别。

5.3.2 两个总体成数之差的检验

两个总体比例之差($\pi_1-\pi_2$)的检验思路与一个总体比例的检验类似，两个样本都要求是大样本。当 n_1p_1，$n_1(1-p_1)$，n_2p_2，$n_2(1-p_2)$都大于或等于10时，就可以认为是大样本。根据两个样本成数之差的抽样分布，可以得到用于检验两个总体成数之差检验的统计量为：

$$z=\frac{(p_1-p_2)-(\pi_1-\pi_2)}{\sigma_{p_1-p_2}} \tag{5-12}$$

式中，$\sigma_{p_1-p_2}$ 是两个样本成数之差抽样分布的标准差。

由于两个总体的成数 π_1、π_2 是未知的，需要利用两个样本比例 p_1、p_2 来估计 $\sigma_{p_1-p_2}$，这时有以下两种情况：

第一种情况是，$H_0:\pi_1-\pi_2=0$ 或 $H_0:\pi_1=\pi_2$，此时最佳估计量是将两个样本合并后得到的合并成数 p。设 x_1 表示样本1中具有某种属性的个体数，x_2 表示样本2中具有某种属性的个体数，则合成后的成数为：

$$p=\frac{x_1+x_2}{n_1+n_2}=\frac{p_1n_1+p_2n_2}{n_1+n_2} \tag{5-13}$$

这时 $\sigma_{p_1-p_2}$ 的最佳估计量为：

$$\sigma_{p_1-p_2}=\sqrt{p(1-p)(\frac{1}{n_1}+\frac{1}{n_1})} \tag{5-14}$$

将式(5-14)代入式(5-12)中，得到两个总体成数之差检验的统计量为：

$$z=\frac{(p_1-p_2)}{\sqrt{p(1-p)(\frac{1}{n_1}+\frac{1}{n_1})}} \tag{5-15}$$

第二种情况是，检验两个总体成数之差等于某个常数，即 $H_0:\pi_1-\pi_2=d_0$，$d_0\neq0$，这时可直接用两个样本的比例 p_1、p_2 作为相应两个总体比例 π_1、π_2 的估计量，从而得到两个样本成数之差检验的统计量为：

$$z=\frac{(p_1-p_2)-d_0}{\sqrt{\frac{p_1(1-p_1)}{n_1}+\frac{p_2(1-p_2)}{n_2}}} \tag{5-16}$$

双侧检验：假设：$H_0:\pi=\pi_0$，$H_1:\pi\neq\pi_0$；α 与拒绝域：$|z|>z_{\alpha/2}$；p 值决策：$p<\alpha$，拒绝 H_0；

左侧检验：假设：$H_0:\pi\geqslant\pi_0$，$H_1:\pi<\pi_0$；α 与拒绝域：$z<-z_\alpha$；p 值决策：$p<\alpha$，拒绝 H_0；

右侧检验：假设：$H_0:\pi\leqslant\pi_0$，$H_1:\pi>\pi_0$；α 与拒绝域：$z>z_\alpha$；p 值决策：$p<\alpha$，拒绝 H_0；

【例 5.7】 某所大学准备采取一项学生在宿舍上网收费的措施，为了解男女生对这一措施的看法是否存在差异，分别抽取了 200 名男生和 200 名女生进行调查，其中的一个问题是："你是否赞成采取上网收费的措施"男生表示赞成的比率为 27%，女生表示赞成的比率为 35%。调查者认为，男生中表示赞成的比率显著低于女生。取显著性水平 $\alpha=0.05$，样本提供的证据是否支持调查者的看法？

设 π_1＝男生中表示赞成的成数，π_2＝女生中表示赞成的成数，假设为：$H_0:\pi_1\geqslant\pi_2$，$H_1:\pi_1<\pi_2$。

```
import NumPy as np
from scipy import stats
n1=200
n2=200
p1=0.27
p2=0.35
a=0.05
p=(p1 * n1+p2 * n2)/(n1+n2)
z=(p1-p2)/np.sqrt(p * (1-p) * (1/n1+1/n2))
z_a2 = stats.norm.isf(a)
if z<-z_a2:
    print('z 为{:.3f},z_a2 为{:.3f},z<-z_a2'.format(z, z_a2))
    print('拒绝 H0,接受 H1')
else:
    print('不能拒绝 H0,差异不显著')
p_value = stats.norm.sf(-z)
if p_value > a:
    print('P 值:{:.3f},a:{:.3f},p>a'.format(p_value, a))
    print('不能拒绝 H0,差异不显著')
if p_value < a:
    print('P 值:{:.3f},a:{:.3f},p<a'.format(p_value, a))
    print('拒绝 H0,接受 H1')
```

执行上面的示例代码后，输出结果如下：

```
z为－1.730，z_a2为1.645，z＜－z_a2
拒绝H0，接受H1
P值：0.042，a：0.050，p＜a
拒绝H0，接受H1
```

由于$z<-z_{0.05}$，所以拒绝原假设，样本提供的证据支持调查者的看法。且P值为0.042＜0.05，同样拒绝原假设。

【例5.8】 有两种方法生产同一种产品，方法1的生产成本高而次品率较低，方法2的生产成本较低而次品率较高。管理人员在选择生产方法时，决定对两种方法的次品率进行比较，如方法1比方法2的次品率低8%以上，则决定采用方法1，否则就采用方法2。管理人员从方法1生产的产品中随机抽取300个，发现有33个次品，从方法2生产的产品中也随机抽取300个，发现有84个次品。用显著性水平$\alpha=0.01$进行检验，说明管理人员应决定采用哪种方法进行生产。

设π_1＝方法1的次品率，π_2＝方法2的次品率。

假设：$H_0:\pi_1-\pi_2\geqslant-8\%$，$H_1:\pi_1-\pi_2<-8\%$，由于要检验"方法1的次品率是否比方法2低8%"，因此选择公式(5-16)作为检验统计量。

```
import NumPy as np
from scipy import stats
n1=300
n2=300
p1=33/300
p2=84/300
a=0.01
d=-0.08
z=((p1-p2)-d)/np.sqrt((p1*(1-p1))/n1+(p2*(1-p2))/n2)
z_a2 = -stats.norm.isf(a)
if z<-z_a2:
    print('z为{:.3f},z_a2为{:.3f},z<-z_a2'.format(z, z_a2))
    print('拒绝H0,接受H1')
else:
    print('不拒绝原假设')
p_value = stats.norm.sf(-z)
if p_value > a:
    print('P值:{:.3f},a:{:.3f},p>a'.format(p_value, a))
    print('不能拒绝H0,差异不显著')
```

```
else:
    print('P值:{:.3f},a:{:.3f},p<a'.format(p_value, a))
    print('拒绝 H0,接受 H1')
```

执行上面的示例代码后,输出结果如下:

```
z为-2.848,z_a2为-2.326,z<-z_a2
拒绝 H0,接受 H1
P值:0.002,a:0.010,p<a
拒绝 H0,接受 H1
```

由实验结果可知拒绝原假设,方法1的次品率显著低于方法2达8%以上,所以采用方法1进行生产。

5.3.3 两个总体方差比的检验

在对两个总体方差进行比较时,通常将假设的基本形式表示成两个总体方差比值与数值1之间的比较关系。由于两个样本方差比 s_1^2/s_2^2 是两个总体方差比值 σ_1^2/σ_2^2 的理想估计量,当样本量为 n_1 和 n_2 的两个样本分别独立地取自两个正态总体时,检验统计量为:

$$F=\frac{s_1^2}{s_2^2} \quad \text{or} \quad F=\frac{s_2^2}{s_1^2} \tag{5-17}$$

双侧检验:假设:$H_0:\sigma_1^2/\sigma_2^2=1$,$H_1:\sigma_1^2/\sigma_2^2\neq 1$;$\alpha$ 与拒绝域:$F>F_{\alpha/2}(n_1-1,n_2-1)$。

左侧检验:假设:$H_0:\sigma_1^2/\sigma_2^2\geqslant 1$,$H_1:\sigma_1^2/\sigma_2^2<1$;$\alpha$ 与拒绝域:$F>F_{\alpha}(n_1-1,n_2-1)$。

右侧检验:假设:$H_0:\sigma_1^2/\sigma_2^2\leqslant 1$,$H_1:\sigma_1^2/\sigma_2^2>1$;$\alpha$ 与拒绝域:$F>F_{\alpha}(n_1-1,n_2-1)$。

可以得出在双侧检验时,通常使用较大的样本方差除以较小的样本方差,这样做的目的是能保证拒绝域总发生在F分布的右侧,所以只需将检验统计量与右侧的 $\alpha/2$ 分位数进行比较即可做出判断。在单侧检验时,也可以将任何一个单侧检验问题安排为右侧检验。如果想检验 σ_1 是否大于 σ_2,备择假设设为 $H_1:\sigma_1^2/\sigma_2^2>1$;如果想检验 σ_1 是否小于 σ_2,备择假设设为 $H_1:\sigma_1^2/\sigma_2^2>1$。

【例5.9】 一家公司准备购进一批灯泡,公司打算在两个供货商A、B之间选择一家购买,两家供货商生产的灯泡平均使用寿命差别不大,价格也很相近,考虑的主要因素就是灯泡使用寿命的方差大小。公司管理人员对两家供货商提供的样品进行检测,得到了相关数据(单位:小时)。检验两家供货商灯泡使用寿命的方差是否有显著差异($\alpha=0.05$)。

```
import NumPy as np
from scipy import stats
a=0.05
```

```
sample1=np.array([568,496,589,681,540,646,636,539,596,607,529,617,555,562,584])
sample2=np.array([650,637,563,723,569,628,580,651,622,706,711,569,630,617,480,709,596,624,688,632])
samp_var1 = np.var(sample1,ddof = 1)
samp_var2 = np.var(sample2,ddof = 1)
fval = samp_var1/samp_var2
Pval = stats.f(len(sample1)-1,len(sample2)-1).cdf(fval)
print('F={0:0.3f}'.format(fval)) #F
f_a2 = stats.f.isf(a/2,len(sample1)-1,len(sample2)-1)
f_1_a2 = stats.f.isf(1-a/2,len(sample1)-1,len(sample2)-1)
print('f_a2={0:0.3f}'.format(f_a2))
print('f_1_a2={0:0.3f}'.format(f_1_a2))
```

执行上面的示例代码后，输出结果如下：

```
F=0.662
f_a2=2.647
f_1_a2=0.350
```

实验结果表明 $F=0.662<F_{\alpha/2}(n_1-1,n_2-1)=2.647$，不拒绝原假设，因此不能认为这两个总体的方差有显著性差异。

5.4 本章小结

本章主要介绍了假设检验的相关知识，首先介绍了假设检验的统计学模型，然后介绍了单个总体参数和两个总体参数的假设检验，并使用 Python 语言实现了每种检验的实际案例。

本章习题

1. 怎样理解显著性水平？

2. 什么是P值？

3. 一项包括了200个家庭的调查显示，每个家庭每人每天看手机的平均时间为7.25小时，标准差为2.5小时。据报道，10年前每人每天看手机的平均时间是6.7小时。取显著性水平 $\alpha=0.01$，这个调查能否证明"如今每个家庭每天看手机的平均时间增加了"？

4. 某种金属产品的平均重量为25 kg。对某厂房生产的20块金属进行测量，假设金属产品的重量服从正态分布，在 $\alpha=0.05$ 的显著性水平下，检验该产品是否符合要求。20 块金属重量(单位：kg)数据如下：

22.6	26.6	23.1	23.5
27.0	25.3	28.6	24.5
26.2	30.4	27.4	24.9
25.8	23.2	26.9	26.1
22.2	28.1	24.2	23.6

5. 某产品制造厂宣称某款产品的合格率为 95%，为了验证这一说法是否属实，质检部门抽取了 200 个随机样本进行检查，发现有 188 个产品合格，取显著性水平 $\alpha=0.01$ 检验该产品合格率是否为 95%。

6. 某种饮料的设计要求为每瓶的装填量为 550 mL，且每瓶装填量的标准差不应超过 5 mL。质检部门抽取了 20 瓶进行检验，得到的样本标准差 $s=4.7$ mL，试以 0.05 的显著性水平检验该饮料的装填是否符合要求。

7. 某公司对男女职工的平均小时工资进行了调查，独立抽取了具有同类工作经验的男女职员的两个随机样本，并记录了两个样本的均值、方差等资料如下表所示：在显著性水平为 0.05 的条件下，能否认为男性职员与女性职员平均小时工资存在显著差异？

	样本量	均值	方差
男性职员	44	75	64
女性职员	32	70	42.25

8. 某工厂两台机器生产的产品重量(单位：g)的数据如下，检验这两部机器生产的产品重量的方差是否存在显著差异($\alpha=0.05$)。

机器 1	5.4, 5.66, 4.68, 5.87, 5.29, 6.47, 4.84, 6.53, 6.65, 4.99, 6.34, 7.38, 5.72, 4.58, 6.22, 5.95, 5.78, 7.34, 5.72, 4.08, 5.5, 5.07, 5.35, 5.74, 5.65
机器 2	7.31, 5.82, 6.12, 4.25, 2.93, 4.27, 5.74, 6.3, 5.1, 7.01, 6.44, 5.49, 7.85, 4.0, 5.45, 5.79, 3.04, 6.77, 4.51, 5.07

6 数据的均值检验方法

均值检验是数据分析的重要部分，一般是对单因素多水平、多因素多水平的均值差异显著性检验，而对于各组之间的差异检验则使用方差分析。本章首先介绍均值检验的原理和实例，然后介绍方差分析的基本原理和案例实现。

6.1 均值检验的统计学模型

单个总体的假设检验是利用某些检验统计量对样本的均值、方差以及分位数进行检验，其中最经常使用的是均值检验和方差检验。单个总体检验又分为简单假设检验和分组齐性检验，其中分组齐性检验是对由分组变量划分得到的序列各子集进行检验。这些假设检验最关键的问题是如何构建检验统计量。在简单假设检验中，对单个总体进行均值检验的统计量有 Z 统计量和 t 统计量。若单个总体方差未知，则采用 t 统计量检验，若单个总体方差已知，则用 Z 统计量检验。

6.1.1 单样本均值的 t 检验

单样本 t 检验用于检测一个正态分布的数据的均值 μ 是否等于某个特定值。通常该总体均值 μ 是未知不易测量的，我们通过抽样得到样本均数 $\bar{X}$ 来代表总体均数 μ。通常抽样存在一定误差，不太可能等于总体均数 μ，所以我们需要关注样本均数 $\bar{X}$ 与特定值之间的差异是否存在统计学意义。

【例 6.1】 实验数据为均值为 5，方差为 10 的正态分布随机数据，并检验均值是否为 5。

假设：

H_0：样本均值与总体均值相等；

H_1：样本均值与总体均值不等。

```
from scipy import stats
from matplotlib import pyplot as plt
import seaborn as sns
sns.set_palette("hls")  #设置所有图的颜色,使用 hls 色彩空间
data = stats.norm.rvs(loc=5, scale=10, size=(10000, 1))  # 生成随机数据
sns.distplot(data, color="r", bins=1000, kde=True)  #绘制直方图
plt.show()  #使用直方图显示正态分布
```

执行上面的示例代码后,输出结果如图 6-1 所示。

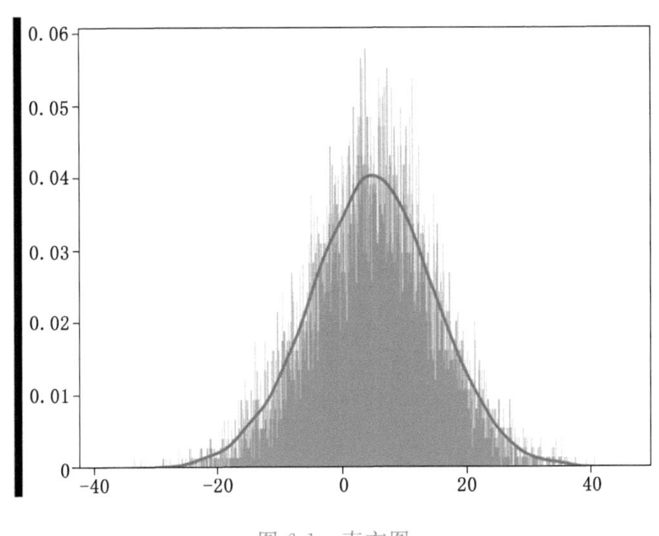

图 6-1　直方图

使用 stats.ttset_1samp 计算单样本 t 检验的 p 值:

```
stats_value = stats.ttest_1samp(data, 5) #检验均值为 5
print('p 值=',stats_value.pvalue) # 得出 p 值
```

执行上面的示例代码后,输出结果如下:

```
p 值= [0.87289752]
```

结果显示 p 值 0.87>0.05,接收原假设,均值为 5。

6.1.2 均值的非参数检验方法

然而对于非正态分布的数据中,我们不能使用单样本 t 检验;相反我们必须使用均值的非参数检验方法。常见的检验方法是 Wilcoxon 符号秩检验。

在 Wilcoxon 符号秩检验中,它把观测值和零假设的中心位置之差的绝对值的秩分别按照不同的符号相加作为其检验统计量。它适用于 T 检验中的成对比较,但并不要求成对数据之差服从正态分布,只要求对称分布即可,该检验假定样本数据是来自连续

对称分布的总体。

该方法有3个步骤：

① 提出假设。

双侧检验：$H_0: M=M_0$；$H_1: M \neq M_0$

左侧检验：$H_0: M=M_0$；$H_1: M \leqslant M_0$

右侧检验：$H_0: M=M_0$；$H_1: M \geqslant M_0$

② 计算检验统计量。

③ 根据p值做出决策。若$p<\alpha$，拒绝H_0。

【例6.2】 为了解垃圾信息对公司工作效率的影响程度，某部门收集了公司各个部门每天收到的垃圾信息数，得到如下数据（单位：条）：

x=[314,350,374,377,389,400,455,425,440,235,325,296,250,365,298,365,375,360,385]

从平均意义上来看，垃圾信息数量的中心位置是否超过330封（显著性水平为0.05）？

```
import scipy.stats as stats
x=[314,350,374,377,389,400,455,425,440,235,
325,296,250,365,298,365,375,360,385]
y=[330] * len(x)
w=stats.wilcoxon(x,y,correction=True,alternative='greater')
print(w)
```

执行上面的示例代码后，输出结果如下：

```
WilcoxonResult(statistic=144.5, pvalue=0.02428961332186742)
```

p值0.024<0.05，可以认为垃圾信息的中心位置超过了330条。

对于stats.wilcoxon(x,y,correction=True,alternative='greater')解析说明：

① x, y：arraylike_样本数据数组。

② correction：如果为True，则是在小样本情况下，在计算Z统计量时用0.5来连续性校正。默认值为False。

③ alternative：等于"two－sided"或"greater"或"less"。"two-sided"为双边检验，"greater"为备择假设是大于的单边检验，"less"为备择假设是小于的单边检验。

6.2 两组之间的比较

对于两组样本的均值检验方法，如果已知两组样本的分布或者有相关假设，则使用参数检验方法，比如两组样本都服从正态分布可以使用 t 检验；如果没有分布假设，建议使用非参数检验方法，例如 Mann-Whitney 检验。

6.2.1 配对 t 检验

在进行两组之间的比较时，有两种情况，一种是同一对象在不同时间的两个记录值进行比较。例如用学生们进入初中时的身高和他们第一年后的身高，来验证他们是否长高了；同一个人在服用某种药物后是否比未服用之前不易感冒？这就是成对数据的比较检验，这种检验被叫作配对 t 检验。

【例 6.3】 在针织品漂白工艺过程中，要考虑温度对针织品断裂强力（主要质量指标）的影响。为了比较 70 ℃与 80 ℃的影响有无差别，在这两个温度下，分别重复做了 8 次试验，根据经验，温度对针织品断裂强度的波动没有影响。问在 70 ℃时的平均断裂强力与 80 ℃时的平均断裂强力间是否有显著差别？假定断裂强力服从正态分布（$\alpha=0.05$），数据如表 6-1 所示。

表 6-1 不同温度针织品强度表

70℃时的强力	20.5，18.8，19.8，20.9，21.5，19.5，21.0，21.2
80℃时的强力	17.7，20.3，20.0，18.8，19.0，20.1，20.0，19.1

使用 ttest_rel 函数，对样本数据进行配对 t 检验：

```
from scipy.stats import ttest_rel
x = [20.5, 18.8, 19.8, 20.9, 21.5, 19.5, 21.0, 21.2]
y = [17.7, 20.3, 20.0, 18.8, 19.0, 20.1, 20.0, 19.1]
print(ttest_rel(x, y))  # 配对样本 t 检验
```

执行上面的示例代码后，输出结果如下：

```
Ttest_relResult(statistic=1.8001958337730648, pvalue=0.1148515300576627)
```

因为 p 值$=0.1149>0.05$，故接受原假设，认为在 70 ℃时的平均断裂强力与 80 ℃时的平均断裂强力间无显著差别。

6.2.2 独立组别之间的检验

对于成对数据，是指两个样本的样本容量相等，且两个样本之间除均值之外没有另外的差异。基本的思想和单样本 t 检验是一样的。但我们需要两组之间均值差异的方差，而不是均值的方差。

【例 6.4】 有两种识别手写字体的软件，识别两组不同手写字体内容，每组有相同

字数的手写字体 25 条，记录软件在规定时间内识别错误的字的数量。

A、B 两组中两个软件识别错误的字数如表 6-2 所示：

表 6-2　识别错误的字数表

A	6, 6, 2, 7, 8, 8, 2, 3, 5, 7, 10, 5, 4, 7, 5, 7, 4, 5, 2, 5, 3, 4, 4, 4, 4
B	6, 11, 8, 5, 11, 8, 10, 7, 4, 3, 7, 6, 10, 10, 6, 5, 10, 11, 13, 8, 5, 11, 7, 8, 5

先使用 sns 模块，画出 A、B 数据集的核密度估计图。

```
from matplotlib import pyplot as plt
import seaborn as sns
A = [6, 6, 2, 7, 8, 8, 2, 3, 5, 7, 10, 5, 4, 7, 5, 7, 4, 5, 2, 5, 3, 4, 4, 4, 4]
B = [6, 11, 8, 5, 11, 8, 10, 7, 4, 3, 7, 6, 10, 10, 6, 5, 10, 11, 13, 8, 5, 11, 7, 8, 5]
fig, axes = plt.subplots(ncols=2)
fig.set_size_inches(10, 6)
sns.kdeplot(A, legend=False, ax=axes[0])
sns.kdeplot(B, legend=False, ax=axes[1])
axes[0].set(title='DataA')
axes[1].set(title='DataB')
plt.subplots_adjust(wspace=0.2)
plt.show()
```

执行上面的示例代码后，输出结果如图 6-2 所示。

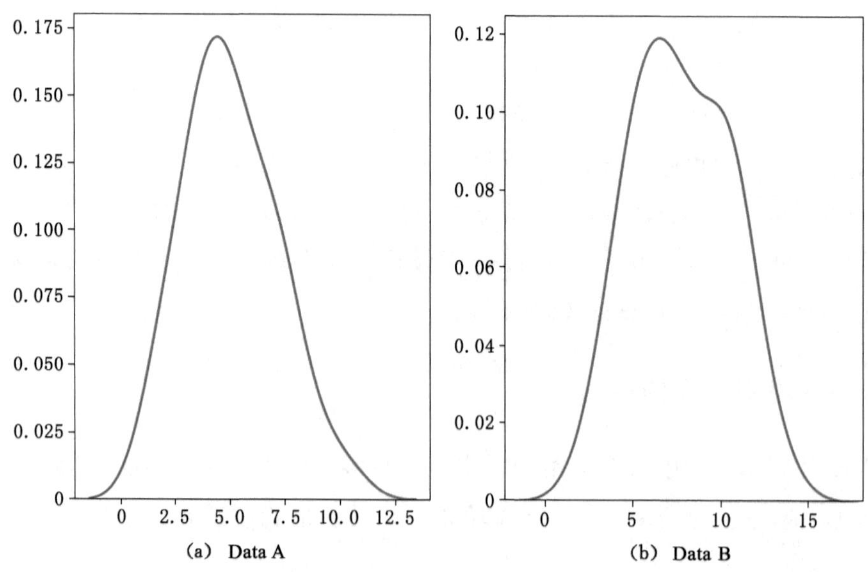

(a) Data A　　(b) Data B

图 6-2　核密度估计图

由核密度估计图可看出，两个样本总体均近似服从正态分布，可以使用两独立样本 t 检验。

使用 stats. ttest_ind 函数进行独立样本组别之间的检验：

```
import scipy. stats as stats
print(stats. ttest_ind(A, B))
```

执行上面的示例代码后，输出结果如下：

```
Ttest_indResult(statistic=-4.055938536857321,
pvalue=0.00018256061720148224)
```

结果表明 p 值 0.00018<0.05，拒绝原假设，A 软件和 B 软件识别两组不同手写字体内容的错误数有明显差异。

6.2.3 非参数比较

如果两组数据不是正态分布，这时需要使用非参数检验。最常用的两组非参数检验是 Mann-Whitney 检验，也称 Wilcoxon 秩和检验（注意与 Wilcoxon 符号秩和检验不同）。该检验是用于确定两个独立总体间是否存在差异的一种非参数检验方法，且不需要注入总体服从正态分布且方差相等之类的假设。

【例 6.5】 研究不同药物对老鼠体重增加是否有差异，数据表如表 6-3 所示（显著性水平为 0.05）：

表 6-3 老鼠体重差异表

药物	鼠数	每只老鼠增加的体重/g
A 药物	15	135,126,104,110,124,61,147,853,113,129,97,123,157,111,98
B 药物	7	76,88,118,105,89,154,99

使用 stats 中的 mannwhitneyu()函数进行非参数检验：

```
import scipy. stats as stats
dataA=[135,126,104,110,124,61,147,853,113,129,97,123,157,111,98]
dataB=[76,88,118,105,89,154,99]
mw=stats. mannwhitneyu(dataA,dataB,alternative='two-sided')
print(mw)
```

执行上面的示例代码后，输出结果如下：

```
MannwhitneyuResult(statistic=75.0, pvalue=0.1209505245948936)
```

p 值 0.12 大于 0.05，表示不同药物对老鼠体重增加没有显著差异。

6.3 多组之间的比较

一般来说，t 检验是两组均值比较的假设检验，P＜0.05 则表示两组均值存在显著差异。而 F 检验(一般更常称为方差分析 analysis of variance)就是多组均值是否相同的假设检验，P＜0.05，则表示多组间均值存在显著差异。

6.3.1 方差分析

方差分析是一种统计方法，用于分析不同自变量对数值因变量的影响。实验中要考察的指标称为实验指标，影响实验指标的条件称为因素，因素所处的状态称为水平，如果实验中只有一个因素发生改变，则称为单因素实验；当两个因素发生改变时，则称为双因素实验；当有多个因素改变，则被称为多因素实验。因此，方差分析应使用数据误差分析来检验这种影响是否显著。根据影响实验指标条件的数量，可以分为单因素方差分析、双因素方差分析和多因素方差分析。

基本假定：

① 正态性。每个总体均服从正态分布，即对于每种处理，其观测值是来自正态分布总体的简单随机样本。

② 方差齐性。每个总体方差相同。

③ 独立性。每个样本数据都来自不同处理的独立样本。

方差分析使用了传统的术语。DF 表示自由度，总和叫作平方和(SS)，二者之间的比率叫作均方(MS)，并且平方的项都偏离了样本均值。总的来说，样本方差被定义为：

$$s^2 = \frac{1}{DF}\sum (y_i - \bar{y})^2 = \frac{SS}{DF} \tag{6-1}$$

最基本的技术就是将总的平方和 SS 分割为在模型中使用的相关组分的效应。因此，方差分析估计 3 种样本方差：基于所有观测偏离总均值的总方差，一个处理方差，还有一个基于所有观测值偏离他们合适的处理均值的错误方差。处理方差是基于处理均值偏离总均值，结果被乘以了每个处理中的观测数，用于计算观测方差和均值方差之间的差距。这 3 个方差的关系如下：

总方差＝处理方差＋错误方差

6.3.2 单因素方差分析

单因素方差分析是指对单因素试验结果进行分析，检验因素对试验结果有无显著性影响的方法。单因素方差分析是两个样本平均数比较的引申，用来检验多个平均数之间的差异，从而确定因素对试验结果有无显著性影响。

一般地，设因素 A 有 R 个处理，单因素方差分析要检验的假设为：

1. 提出假设

$H_0: \alpha_r = 0 (r=1,2,\cdots,k)$（没有处理效应）

$H_1: \alpha_i$ 至少有一个不等于 0（有处理效应）

2. 计算有关均值

第 i 个总体的样本均值：

$$\bar{x}_i = \frac{\sum_{j=1}^{n_i} x_{ij}}{n_i} (i=1,2,\cdots,k) \tag{6-2}$$

其中，x_{ij} 表示第 i 个水平第 j 个观察值；n_i 为第 i 个总体的样本观察值个数。

总均值为：

$$\bar{\bar{x}} = \frac{\sum_{i=1}^{k}\sum_{j=1}^{n_i} x_{ij}}{n} = \frac{\sum_{i=1}^{k} n_i \bar{x}_i}{n} \tag{6-3}$$

3. 计算误差平方和

总误差平方和 SST：

$$SST = \sum_{i=1}^{r}\sum_{j=1}^{s} (x_{ij} - \bar{\bar{x}})^2 \tag{6-4}$$

水平项误差平方和 SSA：

$$SSA = \sum_{i=1}^{k}\sum_{j=1}^{n_j} (\bar{x}_i - \bar{\bar{x}})^2 \tag{6-5}$$

误差项平方和 SSE：

$$SSE = \sum_{i=1}^{k}\sum_{j=1}^{n_j} (x_{ij} - \bar{x}_i)^2 \tag{6-6}$$

4. 计算统计量

组间均方 MSA：

$$MSA = \frac{SSA}{k-1} \tag{6-7}$$

组间均方 MSE：

$$MSE = \frac{SSE}{n-k} \tag{6-8}$$

检验统计量 F：

$$F = \frac{MSA}{MSE} \sim F(k-1, n-k) \tag{6-9}$$

5. 做出统计决策

若 F>F(k－1,n－k),则拒绝原假设 H_0;若 F<F(k－1,n－k),则不拒绝原假设 H_0。

用方差分析检验 k 个总体均值是否相等时,拒绝 H_0 只能得出总体均值不全相等的结论。要进一步检验到底哪些均值之间有差异,还需要用多重比较,这里采用 Tukey's 检验,可使用 Python 中的 tukeyhsd()函数直接计算。

【例 6.6】 探究施肥是否会促进植株生成(植株生长以树高作为指标来衡量)。试验为:一对照组:清水一实验组:某肥料四个浓度梯度,分别是 A,B,C,D,施肥一段时间之后测量树高(要控制其他变量保持一致,比如施肥之前的树高要基本保持一致,生长势基本保持一致等等)。

做方差分析的时候数据需要满足正态分布、方差齐性等。正常拿到数据后需要对数据是否符合正态分布和组间方差是否一致做检验。如何来做以上两个检验先忽略掉,在默认拿到的数据符合条件后直接做单因素方差分析。

```
import NumPy as np
import pandas as pd
data = {'nor': list(np.random.normal(10, 5, 100)),
        't1': list(np.random.normal(15, 5, 100)),
        't2': list(np.random.normal(20, 5, 100)),
        't3': list(np.random.normal(30, 5, 100)),
        't4': list(np.random.normal(31, 5, 100))}
df = pd.DataFrame(data)  #组合成数据框
```

查看随机生成的数据(注:因为是随机数据,每次生成的数据是不同的):

```
print(df.head())
```

执行上面的示例代码后,输出结果如下:

	nor	t1	t2	t3	t4
0	16.69035	21.41413	23.81487	30.54292	25.26775
1	16.32122	24.99672	20.56146	26.23578	27.13082
2	8.582373	19.94801	23.2896	36.19995	35.36966
3	1.695732	16.96471	11.70179	27.50386	33.17342
4	12.78123	18.49986	14.81645	29.19763	32.98747

使用箱形图展示随机生成的数据:

```
df.boxplot(grid= False)
import matplotlib.pyplot as plt
plt.show()
```

执行上面的示例代码后，输出结果如图 6-3 所示。

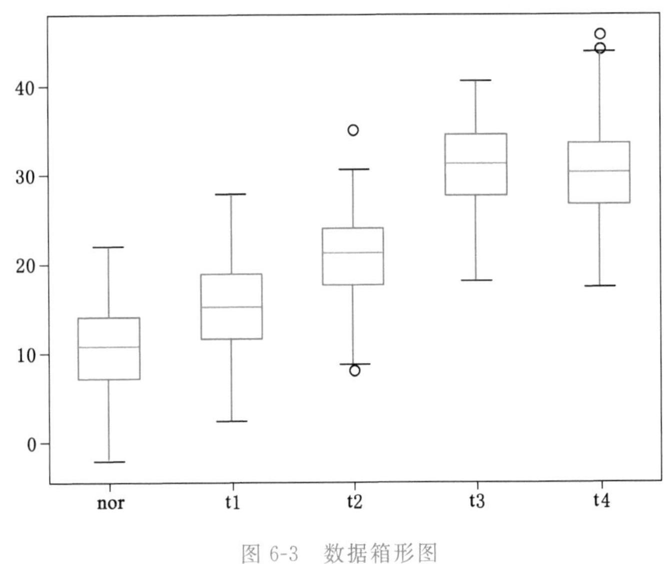

图 6-3 数据箱形图

使用 statasmodels 中的 ols 和 anova_lm 模块，进行方差分析：

```
df_melt = df.melt()  #转化数据格式为一列处理：
from statsmodels.formula.api import ols
from statsmodels.stats.anova import anova_lm
model = ols('Value~C(Treat)', data=df_melt).fit()
anova_table = anova_lm(model, typ=2)
print(anova_table)
```

执行上面的示例代码后，输出结果如下：

	sum_sq	df	F	PR(>F)
C(Treat)	33398.62	4	330.3188	3.35E−138
Residual	12512.4	495	NaN	NaN

本例中 P 值等于 3.350640e−138，小于 0.05，说明处理间存在显著差异，具体哪个处理间存在差异还需要通过多重检验来看。

```
from statsmodels.stats.multicomp import MultiComparison
mc= MultiComparison(df_melt['Value'],df_melt['Treat'])
tukey_result= mc.tukeyhsd(alpha = 0.5)
print(tukey_result)
```

执行上面的示例代码后，输出结果如下：

Multiple Comparison of Means - Tukey HSD, FWER=0.50

group1	group2	meandiff	p-adj	lower	upper	reject
nor	t1	4.9906	0.001	3.8556	6.1257	TRUE
nor	t2	9.758	0.001	8.623	10.893	TRUE
nor	t3	19.7062	0.001	18.5712	20.8412	TRUE
nor	t4	20.9786	0.001	19.8435	22.1136	TRUE
t1	t2	4.7673	0.001	3.6323	5.9024	TRUE
t1	t3	14.7155	0.001	13.5805	15.8505	TRUE
t1	t4	15.9879	0.001	14.8529	17.1229	TRUE
t2	t3	9.9482	0.001	8.8132	11.0832	TRUE
t2	t4	11.2206	0.001	10.0855	12.3556	TRUE
t3	t4	1.2724	0.3819	0.1374	2.4074	TRUE

结果 reject 这一列为 True 的，则说明该两个因素之间存在差异。

6.3.3 多因素方差分析

多因素方差分析用于研究两个及两个以上的控制变量是否对观测变量有着显著影响。这里称为多因素方差分析，因为它研究了多个因素对观测变量的影响。多因素方差分析不仅可以分析多个因素对观测变量的独立影响，还可以分析多个控制因素的相互作用是否可以对观测变量的分布产生显著影响，最终找到有利于观测变量的最优组合。

无交互作用的多因素方差分析(这里举例两个因素 A、B 的方差分析步骤)：

1. 提出假设

$H_{01}:\mu_{1.}=\mu_{2.}=\cdots=\mu_{r.}$ 因素 A 对因变量没有显著影响。

$H_{11}:\mu_{1.},\mu_{2.},\cdots,\mu_{r.}$ 不全相等，因素 A 对因变量有显著影响。

$H_{02}:\mu_{.1}=\mu_{.2}=\cdots=\mu_{.r}$ 因素 B 对因变量没有显著影响。

$H_{12}:\mu_{.1},\mu,\cdots,\mu_{.r}$ 不全相等，因素 B 对因变量有显著影响。

2. 计算有关均值

因素 A 第 i 个水平下各观察值的均值：

$$\bar{x}_{i.}=\frac{\sum_{j=1}^{n_i}x_{ij}}{n_i}(i=1,2,\cdots,k) \tag{6-10}$$

因素B第j个水平下的均值：

$$\bar{x}_{i.}=\frac{\sum_{j=1}^{n_i}x_{ij}}{n_i}(i=1,2,\cdots,k) \tag{6-11}$$

总体均值：

$$\bar{\bar{x}}=\frac{\sum_{i=1}^{k}\sum_{j=1}^{n_i}x_{ij}}{n}=\frac{\sum_{i=1}^{k}n_i\bar{x}_i}{n} \tag{6-12}$$

3. 计算误差平方和

总误差平方和：

$$SST=\sum_{i=1}^{r}\sum_{j=1}^{s}(x_{ij}-\bar{\bar{x}})^2 \tag{6-13}$$

因素A所产生的误差平方和SSA

$$SSA=s\sum_{i=1}^{r}(\bar{x}_i.-\bar{\bar{x}})^2 \tag{6-14}$$

因素B所产生的误差平方和SSB

$$SSB=r\sum_{i=1}^{s}(\bar{x}_.j-\bar{\bar{x}})^2 \tag{6-15}$$

误差项平方和：

$$SSE=\sum_{i=1}^{r}\sum_{j=1}^{s}(x_{ij}-\bar{x}_i.-\bar{x}_{.j}+\bar{\bar{x}})^2 \tag{6-16}$$

上述的平方和关系为：

$$SST=SSA+SSB+SSE \tag{6-17}$$

4. 计算统计量

因素A的均方MSA：

$$MSA=\frac{SSA}{r-1} \tag{6-18}$$

因素B的均方MSB：

$$MSB=\frac{SSB}{s-1} \tag{6-19}$$

随机误差项的均方MSE：

$$MSE=\frac{SSE}{(r-1)(s-1)} \tag{6-20}$$

检验统计量：

$$F_A=\frac{MSA}{MSE}\sim F[r-1,(r-1)(s-1)] \tag{6-21}$$

$$F_B=\frac{MSB}{MSE}\sim F[s-1,(r-1)(s-1)] \tag{6-22}$$

5. 做出统计决策

若 $F_A>F[r-1,(r-1)(s-1)]$，则拒绝原假设 H_{01}；

若 $F_B>F[s-1,(r-1)(s-1)]$，则拒绝原假设 H_{02}；

【例 6.7】 饮料的销量有可能受到销售地区或者饮料颜色的影响。若把饮料的颜色看作影响销量的因素 a，把销售地区看作影响因素 b。同时对因素 a 和因素 b 进行分析，就称为双(多)因素方差分析。

```
from statsmodels.stats.anova import anova_lm
from statsmodels.formula.api import ols
import pandas as pd
df= pd.DataFrame(
[
        [20, "a1", "b1"], [22, "a1", "b2"], [24, "a1", "b3"],
        [16, "a1", "b4"], [26, "a1", "b5"], [12, "a2", "b1"],
        [10, "a2", "b2"], [14, "a2", "b3"], [4, "a2", "b4"],
        [22, "a2", "b5"], [20, "a3", "b1"], [20, "a3", "b2"],
        [18, "a3", "b3"], [8, "a3", "b4"], [16, "a3", "b5"],
        [10, "a4", "b1"], [12, "a4", "b2"], [18, "a4", "b3"],
        [6, "a4", "b4"], [20, "a4", "b5"], [14, "a5", "b1"],
        [6, "a5", "b2"], [10, "a5", "b3"], [18, "a5", "b4"],
        [10, "a5", "b5"]
    ],
    columns=["c", "a", "b"]
)
if __name__ == '__main__':
    model= ols("c ~a + b", data=df)
    data= model.fit()
print(anova_lm(data))
```

执行上面的示例代码后，输出结果如下：

```
df      sum_sq      mean_sq      F         PR(>F)
a          4        335.36       83.84     3.874307      0.021886
```

b	4	199.36	49.84	2.303142	0.103195
Residual	16	346.24	21.64	NaN	NaN

因素 a 的 P 值 0.021<0.05，拒绝原假设，说明饮料颜色对销量有显著影响；而因素 b 的 P 值 0.103>0.05，不能拒绝原假设，因此没有充分的理由说明销售地区对销量有显著影响。

但是，我们既然知道了颜色对销量有显著影响，那么如何判定是哪种颜色呢？这时则需要使用多重比较方法对颜色进行比较，这里用的是 tukey 方法，即是 pairwise_tukeyhsd。

```
from statsmodels.stats.multicomp import pairwise_tukeyhsd
print(pairwise_tukeyhsd(df['c'], df['a']))
```

执行上面的示例代码后，输出结果如下：

Multiple Comparison of Means — Tukey HSD, FWER=0.05

group1	group2	meandiff	p-adj	lower	upper	reject
a1	a2	−9.2	0.076	−19.0855	0.6855	FALSE
a1	a3	−5.2	0.5267	−15.0855	4.6855	FALSE
a1	a4	−8.4	0.1207	−18.2855	1.4855	FALSE
a1	a5	−10	0.0466	−19.8855	−0.1145	TRUE
a2	a3	4	0.7225	−5.8855	13.8855	FALSE
a2	a4	0.8	0.9	−9.0855	10.6855	FALSE
a2	a5	−0.8	0.9	−10.6855	9.0855	FALSE
a3	a4	−3.2	0.8531	−13.0855	6.6855	FALSE
a3	a5	−4.8	0.5919	−14.6855	5.0855	FALSE
a4	a5	−1.6	0.9	−11.4855	8.2855	FALSE

结果如 reject 列所示，a1 和 a5 的 reject=True，说明这两种颜色有显著性差异。

6.4 本章小结

本章主要介绍了数据的均值检验方法，首先介绍了两组之间的均值检验原理，然后介绍了使用方差分析进行多组之间的均值比较，并使用 Python 语言实现了每种检验的实际案例。

本章习题

1. 如何理解单样本均值 t 检验?

2. 什么是独立组别之间的检验?

3. 什么是方差分析?它有哪些类型?

4. 某研究机构推荐每个健康妇女的每日能量摄入为 7 725 kJ,现有 11 个健康妇女的每日能量摄入如下:[5260,5470,6180,5640,6390,6515,6805,7515,8230,8770]单位:kJ.这些值和推荐值有显著差别吗?

5. 10 个欧洲城镇每人每年平均消费的酒类相当于纯酒精数(单位:L)的数据:x=[4.12,5.81,7.63,9.74,10.39,11.92,12.32,12.89,13.54,14.45],人们普遍认为欧洲各国人均年消费酒量的中位数相当于纯酒精 8 L,试检验这种看法是否正确。

6. 某医院调查运动是否会影响病人体重,分别收集了 15 个运动和不运动的病人的体重如下:运动:[64,65,56,62,59,76,66,82,91,57,92,80,82,67,54],不运动:[76,101,66,72,88,82,79,73,76,85,75,64,76,81,86],单位:kg,问不运动的病人明显更重吗?

7. 探究施肥是否会促进植株生成(植株生长以树高作为指标来衡量)。试验为:施肥一对照组,清水一实验组。某肥料四个浓度梯度,分别是 A,B,C,D,施肥一段时间之后测量树高(要控制其他变量保持一致,比如施肥之前的树高要基本保持一致,生长势基本保持一致等等)。

8. 某厂商在 5 个地区:华东、华北、华南、华西和华中销售自己生产的产品,该产品有 3 种包装方式 A、B、C,销售部门想了解不同的外包装和地区对产品的销量是否有影响,销售部门从过去的销售数据中得到如下表的销售资料。

	A	B	C
华东	51	55	48
华北	46	54	51
华南	45	43	43
华西	34	41	39
华中	44	53	45

7 数据的随机化模拟与仿真

1777 年,法国数学家布丰(Georges Louis Leclere de Buffon,1707—1788)提出用投针实验的方法求圆周率 π,这被认为是蒙特卡罗方法的起源。蒙特卡洛原来是一个赌场的名称,数学家冯·诺伊曼以世界著名的赌城摩纳哥的 Monte Carlo 城市来命名一种方法,为它蒙上了一层神秘色彩。蒙特卡罗方法是一种随机模拟的方法,这很像赌场里扔骰子的过程。该方法的解题过程可以归结为三个主要步骤:构造或描述概率过程;实现从已知概率分布抽样;建立各种估计量。最早的蒙特卡罗方法都是为了求解一些不太好求解的求和或者积分问题。当所求解问题可以表示为某种随机事件出现的概率,或者是某个随机变量的期望值时,通过某种"实验"的方法,以这种事件出现的频率估计这一随机事件的概率,或者得到这个随机变量的某些数字特征,并将其作为问题的解。因此通过对数据进行随机化模拟与仿真可以实现一些问题的解决。

本章主要讲解随机化的模拟与仿真,主要学习内容包含重现性现象、真随机与伪随机、随机化过程模拟以及随机数据的性质分析,所有学习内容均提供了 Python 代码。

7.1 统计的重现性现象

在概率统计中大数定律很重要,因为它"说明"了一些随机事件的均值的长期稳定性。人们发现,在重复试验中,随着试验次数的增加,事件发生的频率趋于一个稳定值;人们同时也发现,在对物理量的测量实践中,测定值的算术平均也具有稳定性。比如,我们向上抛一枚硬币,硬币落下后哪一面朝上是偶然的,但当我们上抛硬币的次数足够多后,达到上万次甚至几十万、几百万次以后,我们就会发现,硬币每一面向上的次数约占总次数的二分之一,亦即偶然之中包含着必然。在统计中的重现性就是大数定理的体现,当统计样本足够多时,统计样本就能反映出总体的特征,"重现"符合总体特征的现象，即重现性。

7.2 真随机与伪随机

真随机，使用物理现象产生的：比如掷钱币、骰子、转轮、使用电子元件的噪声、核裂变等等。真正意义上的随机数（或者随机事件）在某次产生过程中是按照实验过程中表现的分布概率随机产生的，其结果是不可预测的，也是不可见的。

计算机中的随机函数是按照一定算法模拟产生的，其结果是确定的，是可见的。我们可以认为这个可预见的结果其出现的概率是100%。所以用计算机随机函数所产生的“随机数”并不随机，是伪随机数。

随机数亦有真随机数（True Random Number）和伪随机数（Pseudo Random Number）之分。真随机数很多情况下只能看老天的眼色，比如掷骰子、布朗运动、量子效应、放射性衰变等等。我们平时所使用的无论什么程序产生的随机数都是伪随机数，它是有“种子”的，种子决定了随机数的固定序列。

在Python中进行随机化一般使用Random库来进行。在Random库中有两种设定随机数种子的方法，一种是使用seed(n)函数，另一种是使用Random库中的getstate()和setstate()函数。Random库的具体使用在后续小结会详细说明，此处先使用这两种函数来解释假随机的含义。

7.2.1 使用种子生成随机数

首先，在Python程序中导入Random库。当不使用seed()函数时，用random()生成的随机数每次都会不一样，其实就是伪随机数。当使用seed()函数时，在seed()中使用相同种子号，用random()生成的随机数是一样的。注意：seed()是不能直接访问的，需要导入random模块，然后通过random静态对象调用该方法。

```
import random
# 1、当不指定种子seed时，每次生成的数不一样
print('Random Number with_out_seed 1=>',random.random())
print('Random Number with_out_seed 2=>',random.random())
# 2、当指定种子seed时，每次生成的数是一样的，所以称为伪随机数
random.seed(42)
print('Random Number 1=>',random.random())
random.seed(42)
print('Random Number 2=>',random.random())
```

当不使用 seed()函数时两次生成的随机数均不同，不仅在单次运行过程中不同，每次重新运行都会生成不同的随机数；而使用 seed()函数且参数一样时，两次生成的随机数相同，不仅在单次运行中相同，每次重新运行都会生成相同的随机数，运行结果是确定的。

执行上面的示例代码后，第一次运行输出结果：

```
Random Number with_out_seed 1=> 0.21008902332926982
Random Number with_out_seed 2=> 0.434434837731393
Random Number 1=> 0.6394267984578837
Random Number 2=> 0.6394267984578837
```

执行上面的示例代码后，第二次运行输出结果：

```
Random Number with_out_seed 1=> 0.6072151889000489
Random Number with_out_seed 2=> 0.3395991005417621
Random Number 1=> 0.6394267984578837
Random Number 2=> 0.6394267984578837
```

如上所示，第一次运行和第二次运行的结果中可知：未使用 seed()的 random()随机数每次执行都不一样；使用 seed()的 random()随机数不仅在一次运行中有相同的输出，且在任何一次运行中生成相同的数值(0.6394267984578837)。

7.2.2 获取并设置随机发生器的状态来生成随机数

Random 模块具有两个函数 getstate()和 setstate()，它们有助于我们捕获随机发生器的当前内部状态。使用此状态，我们可以生成相同的随机数或数据序列。

该 getstate()函数通过捕获随机生成器的当前内部状态来返回对象，我们可以将此状态传递给 setstate()方法，以将该状态恢复为当前状态。

注意：通过将状态更改为上一个状态，我们可以再次获得相同的随机数据。例如，如果您想再次获得相同的样本项目，则可以使用这些功能。

该 setstate()函数将生成器的内部状态恢复为状态对象。即它再次应用相同的状态，可以通过调用该 getstate()函数来获取此状态对象。

如果获得了先前的状态并将其还原，则可以一次又一次地再现相同的随机数据。请记住，不能使用其他随机函数，也不能更改参数值。否则，会更改状态。

【例 7.1】 在 Python 中获取和设置随机生成器。

```
import random
number_list = [3, 6, 9, 12, 15, 18, 21, 24, 27, 30] # 运行完随机数或数列的输出，state 将会
变更
print("First Sample is ", random.sample(number_list,k=5))
```

```
state = random.getstate() # 存储当前的随机数的state,此时不是第一次执行的state
print("Second Sample is ", random.sample(number_list,k=5))
random.setstate(state)# 将state重设为第二次执行的state
print("Third Sample is ", random.sample(number_list,k=5))
random.setstate(state)# 将state重设为第二次执行的state
print("Fourth Sample is ", random.sample(number_list,k=5))
```

执行上面的示例代码后,输出结果如下所示:

```
First Sample is  [6, 9, 21, 15, 24]
Second Sample is  [12, 9, 6, 30, 21]
Third Sample is  [12, 9, 6, 30, 21]
Fourth Sample is  [12, 9, 6, 30, 21]
```

由上述两组随机化的实验可知,在Python中的随机化是伪随机的,结果是可控的,不符合真随机的定义。但Random库中伪随机仍可以进行模拟随机化过程仿真。

7.3 随机化过程仿真

随机化过程的概念最早出现在20世纪初期,它是由多个学科发展需要而逐渐丰富的一门学科。目前随机化过程在自动控制、管理科学、天气预报、计算机科学等方面都有广泛的应用。随机化过程X(t)是一组在参数时间t下的随机变量,如在时间t_0到时间t_n下,某个游乐园接待的游客总数即为在时间t下的随机化过程。下面我们将在Python环境中实现常见的随机化过程仿真。

7.3.1 随机数据的生成

随机数据的生成可以使用Random中的随机函数random(),这是Random模块最基本功能。random()返回范围为[0.0,1.0)的下一个随机浮点数,如下所示将返回一个随机数。

```
import random
print("Printing random number using random.random()")
print(random.random())
```

执行上面的示例代码后,输出结果如下所示:

```
Printing random number using random.random()
0.445035991327692
```

7.3.2 生成随机整数

randint是random + integer拼接简写而成,代表随机一个整数。使用randint()函数,可生成范围[a, b]内的随机整数。注意:randint()是不能直接访问的,需要导入 random 模块,然后通过 random 静态对象调用该方法。

【例 7.2】 生成 0 到 9 之间的随机数的示例。

```
import random
print("Random integer is", random.randint(0, 9))
```

执行上面的示例代码后,输出结果如下所示:

```
Random integer is 8
```

7.3.3 生成范围内的随机整数,并规定数步长

randrange(start, stop, step),此函数从中返回随机选择的整数。其中 start 是指定范围内的初始值,stop 是指定范围内的结束值,step 是指定的步长。使用此函数可生成范围内的随机整数。注意:randrange()是不能直接访问的,需要导入 random 模块,然后通过 random 静态对象调用该方法。

【例 7.3】 randrange(2, 20, 2)将返回 2 到 20 之间的任意随机数,即从 2、4、6,…18 中返回一个任意值。

```
import random
print("Random integer is", random.randrange(2, 20, 2))
```

执行上面的示例代码后,输出结果如下所示

```
Random integer is 18
```

7.3.4 生成指定范围内的随机浮点数

uniform(a,b)返回 a,b 之间的随机浮点数,若 a<=b 则是范围[a,b],若 a>=b 则是范围[b,a],a 和 b 可以是实数。注意:uniform()是不能直接访问的,需要导入 random 模块,然后通过 random 静态对象调用该方法。

【例 7.4】 生成在 10.5 到 25.5 之间的随机浮点数。

```
import random
print("floating point within given range")
print(random.uniform(10.5, 25.5))
print(random.uniform(25.5,10.5))
```

执行上面的示例代码后,输出结果如下所示:

```
floating point within given range
22.960231165680078
15.235789655125324
```

7.3.5 生成符合三角分布的随机数

triangular(low, high, mode)函数返回一个三角形分布的随机浮点数 N,使得 low<=N<= high。其中 low 为随机数的下限,high 为随机数的上限,参数 mode 指明众数出现的位置。下限的默认值为零,上限为 1。此外,peak 参数默认为边界之间的中点,从而给出对称分布。使用 triangular()函数可以生成符合三角分布的随机数。注意:triangular ()是不能直接访问的,需要导入 random 模块,然后通过 random 静态对象调用该方法。

【例 7.5】 生成符合三角分布的随机数。

```
import random
print("floating point triangular")
print(random.triangular(10.5, 25.5, 15.5))
```

执行上面的示例代码后,输出结果如下所示:

```
floating point triangular
10.699161642657192
```

7.3.5.1 使用种子来生成指定随机数

seed 函数用于初始化 Python 中的伪随机数生成器。random 模块使用种子值作为基础来生成随机数。如果不存在种子值,则需要系统当前时间。如果在调用任何 random 模块函数之前使用相同的种子值,则每次都会获得相同的输出。注意:seed()是不能直接访问的,需要导入 random 模块,然后通过 random 静态对象调用该方法。

【例 7.6】 使用 seed()函数生成种子数为 6,且在范围 10 到 20 内的随机整数。

```
import random
random.seed(6)   # Random number with seed 6
print(random.randint(10, 20))
random.seed(6)
print(random.randint(10, 20))
```

执行上面的示例代码后,输出结果如下所示:

```
19
19
```

7.3.6 数据的随机抽取与随机排序

7.3.6.1 在列表或者序列中随机抽取子项

可以使用 choice(seq)函数来从列表或任何序列中随机选择一个子项。choice 是从非空序列 seq 中随机选取一个元素。如果 seq 为空,则弹出 IndexError 异常。random.

choice(seq)中 seq 可以是一个列表,元组或字符串。注意:choice()是不能直接访问的,需要导入 random 模块,然后通过 random 静态对象调用该方法。

【例 7.7】 使用 choice()在 city_list 内随机抽取一个子项。

```
import random
city_list = ['New York', 'Los Angeles', 'Chicago', 'Houston', 'Philadelphia']
print("Random element from list:", random.choice(city_list))
```

执行上面的示例代码后,输出结果如下:

```
Random element from list: Houston
```

7.3.6.2 在列表或者序列中随机抽取若干子项

要从列表或任何序列中随机选择多个元素时,要使用 sample(population, k)函数。sample 函数是从 population 样本或集合中随机抽取 k 个不重复的元素形成新的序列。常用于不重复的随机抽样。返回的是一个新的序列,不会破坏原有序列。要从一个整数区间随机抽取一定数量的整数,使用与 sample(range(1000000), k=60)类似的方法,这非常有效和节省空间。如果 k 大于 population 的长度,则弹出 ValueError 异常。

注意:sample()与 random.choices()的区别:一个是选取 k 次,一个是选取 k 个,选取 k 次的相当于选取后又放回,选取 k 个则选取后不放回。故 random.sample()的 k 值不能超出集群的元素个数。

【例 7.8】 使用 sample()函数在列表中抽取元素,不可重复抽取。

```
import random
city_list = ['New York', 'Los Angeles', 'Chicago', 'Houston', 'Philadelphia']
print("Pick 2 Random element from list:", random.sample(city_list, 2))
```

执行上面的示例代码后,输出结果如下:

```
Pick 2 Random element from list: ['New York', 'Philadelphia']
```

7.3.6.3 从序列中随机抽取多个元素,可重复抽取

为了实现从序列中随机抽取多个元素,我们可以使用 choices()函数,它是从集群中随机选取 k 次数据,其返回的是一个列表,可以设置权重。注意每次选取都不会影响原序列,每一次选取都是基于原序列。使用格式如下所示:其中 population 是集群,weights 是相对权重,cum_weights 代表累加权重,k 是选取的次数。

```
random.choices(population, weights=None, *, cum_weights=None, k=1)
```

如果要从序列中随机选择多个元素,请使用此方法。在 Python 3.6 版本中引入的 choices 方法可以重复选取元素,这是带有重复项的随机样本。

【例 7.9】 从序列中随机抽取多个元素。

```
import random
list = [20, 30, 40, 50 ,60, 70, 80, 90]
```

```
sampling = random.choices(list, k=5)  #从 list 中可重复随机抽取 5 个
print("sampling with choices method ", sampling)
```

执行上面的示例代码后，输出结果如下：

```
sampling with choices method [20, 50, 50, 80, 80]
```

choices()函数主要用于实现加权随机选择，因此我们可以选择不同的概率列表元素。注意：choices()是不能直接访问的，需要导入 random 模块，然后通过 random 静态对象调用该方法。

7.3.6.4 随机排列列表或者序列

shuffle()方法是将序列的所有元素随机排序。因此，使用此函数 shuffle(x [,random])可以随机排列或随机化列表或其他序列类型。该 shuffle 功能可就地随机播放列表。注意：shuffle()是不能直接访问的，需要导入 random 模块，然后通过 random 静态对象调用该方法。

【例 7.10】 最常见的例子是打乱排序，对序列[2,5,8,9,12]进行随机排序。

```
import random
list = [2,5,8,9,12]
random.shuffle(list)
print ("Printing shuffled list ", list)
```

执行上面的示例代码后，输出结果如下：

```
Printing shuffled list  [12, 8, 5, 9, 2]
```

7.4 随机化分组与抽样

随机分组是指将每个对象按照一定的方法（如抽签、掷骰子等）随机分配到每个组中。每个对象都有同样的机会被选入样本和进行分组。抽样又称为采样，目的是从全部对象中选出一部分对象进行研究，其要求是要保证所抽取的部分对象能充分代表所有对象的性质。下面我们将在 Python 的环境中介绍随机分组和几种具体的随机抽样方法。

7.4.1 随机化分组

随机化分组就是将参加研究的受试对象，按照随机化的原则，分配到不同处理组的过程。随机分组可以保证每一个受试者均有相同的机会被分配到试验组或对照组，使得一些可能影响试验结果的临床特征和干扰因素在组间分配均衡，具有较好的可比性。结果不受非处理因素的干扰和影响，从而有效避免了各种人为的客观因素和/或主观因

素对研究结果产生的偏倚,使结果更加真实可靠。

在 Python 中,我们可以直接使用 7.3 小节中所讲到的 shuffle()函数。将需要分组的数据先用 shuffle()函数来打乱,此处用案例个数自动生成的序号代替。再根据需要分组的个数添加到对应的组别中,最后得到随机化分组的结果。

```
import random
member_number = int(input('请输入案例个数:'))
group_number = int(input('请输入你想分成的组数:'))
members_per_group =member_number//group_number
remain_members= member_number-group_number * members_per_group
members = []
groups = []
for i in range(1,member_number+1): # 创建序号列表
    members.append(i)
random.shuffle(members) # 打乱序号列表顺序
for i in range(0,group_number * members_per_group,members_per_group): # 分组列表
    groups.append(members[i:i + members_per_group]) # 当无法整除时将剩余元素平均分配至
每一组中
if member_number%group_number! =0:
    for i in range(0,remain_members):
        groups[i].append(members[member_number-1-i])
for i in range(0,len(groups)):
    print(groups[i])
```

执行上面的示例代码后,输出结果如下:

```
请输入案例个数:30
请输入你想分成的组数:5
[14, 27, 10, 17, 1, 13]
[11, 8, 16, 24, 3, 6]
[30, 20, 29, 12, 25, 2]
[21, 4, 23, 22, 5, 18]
[26, 7, 15, 28, 9, 19]
```

在实际应用中,我们会使用到更加多样的随机分组方法。

7.4.2 随机抽样

随机抽样是最简单暴力的一种抽样,直接随机抽取,不考虑任何其他因素。并且在随机抽样下,总体中的每条样本被选中的概率相等。

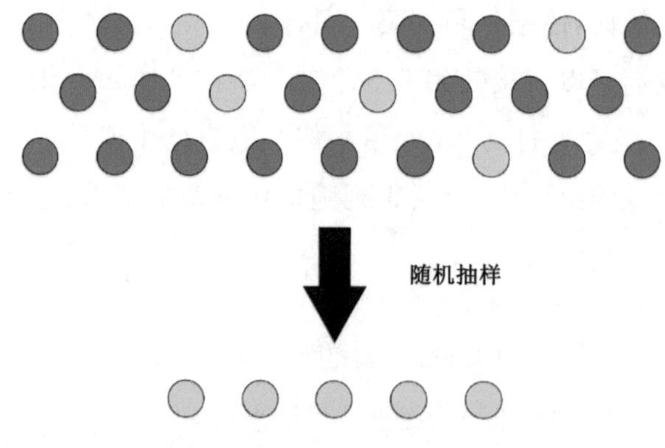

图 7-1 随机抽样示意图

【例 7.11】 现有 1 000 条样本，且每个样本都有序号对应，假如抽样数量为 30，那我们直接从 1～1 000 的数字中随机抽取 30 个，被选中序号所对应的样本就被选出来。

```
import random
pop_size = 1000
data = [i for i in range(1, pop_size)]
res =sorted(random.sample(data, 30))
print(res)
```

执行上面的示例代码后，输出结果如下：

```
[11, 43, 70, 110, 178, 241, 270, 354, 366, 424, 447, 455, 463, 480, 520, 560, 614, 624, 681, 720, 753, 825, 871, 872, 890, 892, 912, 966, 974, 984]
```

在上述代码中，由于 sample()函数生成的列表是无序的，为方便读出序号，可以使用 sorted()函数来使序列有序排序。

同时，由于随机抽样是最简单的概率抽取，对于每个样本的抽取概率相同，不能满足一些特定需求，而且在样本量较少时，有可能出现非均匀抽取的情况，此时应考虑使用其他抽样方法。

7.4.3 分层抽样

分层抽样又称为类型抽样。它是在随机抽样的基础上再加一个前提条件，即在一个分为不同层(按照属性或者性质等划分)的整体中，按照一定的比例从每层中随机抽样的方法。

因此，可以说分层抽样是更精细化的随机抽样，它要保持与总体群体中相同的比例。

【例 7.12】 机器学习分类标签中的类标签 0 和 1，比例为 3∶7，为保持原有比例，

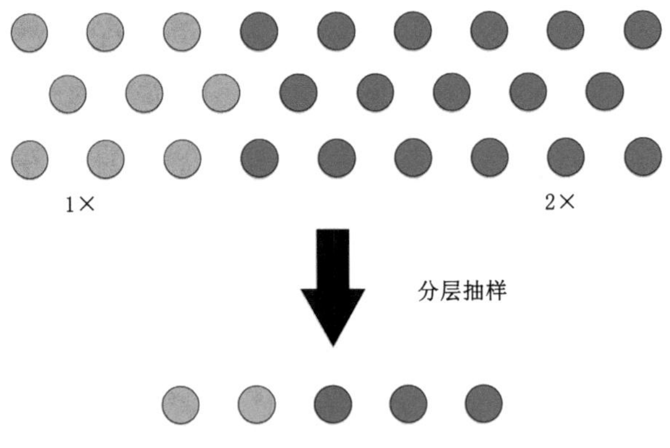

图 7-2 分层抽样示意图

那就可以分层抽样，按照每个分组单独随机抽样。

```
import random
sample_size = 10
pop_size = 100
rate=0.3
#已经假设类标签标记完成，前 0.3 的数据标签是 0，后 0.7 的数据标签是 1
ids = [i for i in range(1,pop_size+1)]
Marks0= [ i for i in range(1,int(pop_size * rate+1)) ]
straified_sampling_res = [random.sample(Marks0,int(sample_size * rate))]
Marks1=[i for i in range(int(pop_size * rate+1),pop_size)]
straified_sampling_res += [random.sample(Marks1,int(sample_size * (1-rate)))]
print("ids:",'\n',ids,'\n',"straified_sampling_res:",'\n',straified_sampling_res )
```

执行上面的示例代码后，输出结果如下：

```
ids:
[1, 2, 3, 4, 5, 6, 7, 8, 9, 10, 11, 12, 13, 14, 15, 16, 17, 18, 19, 20, 21, 22, 23, 24, 25, 26, 27, 28, 29, 30, 31, 32, 33, 34, 35, 36, 37, 38, 39, 40, 41, 42, 43, 44, 45, 46, 47, 48, 49, 50, 51, 52, 53, 54, 55, 56, 57, 58, 59, 60, 61, 62, 63, 64, 65, 66, 67, 68, 69, 70, 71, 72, 73, 74, 75, 76, 77, 78, 79, 80, 81, 82, 83, 84, 85, 86, 87, 88, 89, 90, 91, 92, 93, 94, 95, 96, 97, 98, 99, 100]
straified_sampling_res:
[[27, 28, 8], [81, 35, 52, 45, 77, 88, 41]]
```

我们可以看到在序号 1～100 中抽取 10 个样本，从序号为 1～30 的数据中随机抽取了 3 个，从序号 31～100 的数据中随机抽取了 7 个。抽样的比例和初始比例相同。

7.4.4 聚类抽样

聚类抽样,也叫整群抽样。它的意思是,先将总体划分为多个子群体,这些子群体都是独立的,每个子群体之间互不相交。但是这些子群体中的每一个都具有与总体相似的特征。即它不对个体进行抽样,而是随机选择整个子群体。需要与分层抽样区分的一点是,当子群体间的差异较大,而内部差异不大时,适合使用分层抽样;反之,子群体间差异不大,子群体内部差异较大时,适合使用聚类抽样。

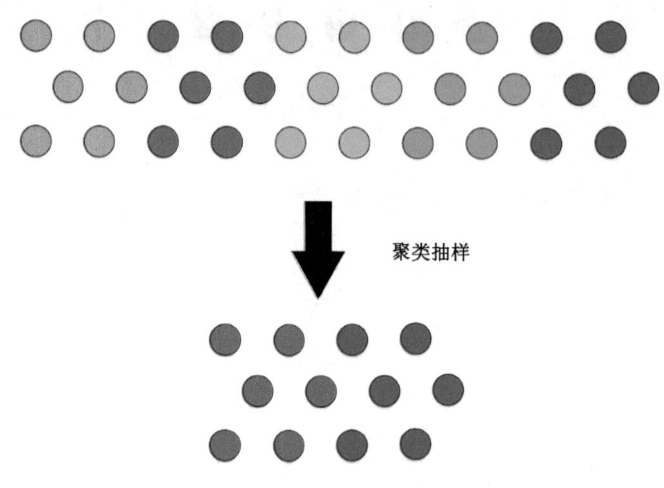

图 7-3 聚类抽样示意图

在实际操作中,用 Python 可以先给聚类的群体分配聚类 ID,然后随机抽取若干个子群体,再找到相对应的样本值即可。

【例 7.13】 在样本数为 100 的数据集中,均匀分为 5 类,抽取其中两个类别的数据。

```
import random
import NumPy as np
clusters = 5
pop_size = 100
sample_clusters = 2
#间隔为 20,从 1 到 5 依次分配集群 100 个样本的聚类 ID,这一步已经假设聚类完成
cluster_ids = np.repeat([range(1, clusters + 1)], pop_size / clusters)
#随机选出两个聚类的 ID
cluster_to_select = random.sample(sorted(set(cluster_ids)), sample_clusters)
print("cluster_to_select",cluster_to_select)
#提取聚类 ID 对应的样本
```

```
indexes = [i for i, x in enumerate(cluster_ids) if x in cluster_to_select]
#提取样本序号对应的样本值
cluster_associated_elements = [el for idx, el in enumerate(range(1, pop_size+1)) if idx in indexes]
print ("cluster_associated_elements",cluster_associated_elements)
```

执行上面的示例代码后，输出结果如下：

```
cluster_to_select [1, 4]
cluster_associated_elements [1, 2, 3, 4, 5, 6, 7, 8, 9, 10, 11, 12, 13, 14, 15, 16, 17, 18, 19, 20,
61, 62, 63, 64, 65, 66, 67, 68, 69, 70, 71, 72, 73, 74, 75, 76, 77, 78, 79, 80]
```

由上述代码输出结果可以看出，在运行中随机抽取了类别为 1,4 的样本并给出序号，每组样本为 20 个共计 40 个样本，符合预期设定。

7.4.5 系统抽样

系统抽样是以预定的规则间隔(基本上是固定的和周期性的间隔)从总体中抽样，比如，每间隔固定个元素抽取一次。因此又称之为等距抽样。一般来说，这种抽样方法往往比普通随机抽样方法更有效。

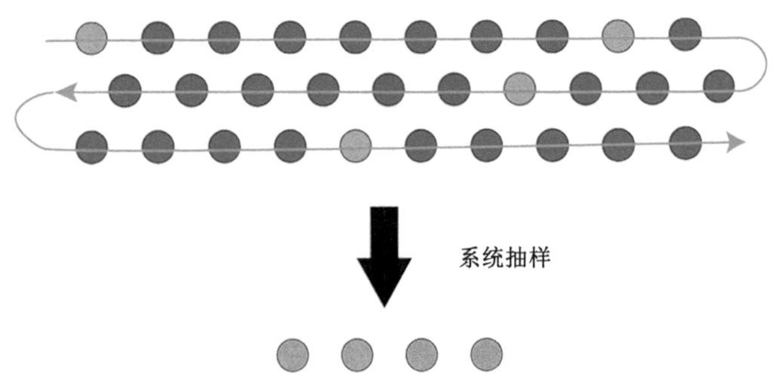

图 7-4 系统抽样示意图

【例 7.14】 按顺序对每 8 个元素进行一次抽样，然后重复下去。

```
pop_size = 100
step =8
samples = [element for element in range(1, pop_size, step)]
print (samples)
```

执行上面的示例代码后，输出结果如下：

```
[1, 6, 11, 16, 21, 26, 31, 36, 41, 46, 51, 56, 61, 66, 71, 76, 81, 86, 91, 96]
```

由于实际上的数据本来就有其分布特性，按照其顺序间隔固定元素抽取，可以缩小样本量也能保证抽取样本符合原来的分布。

7.4.6 多级抽样

多级抽样又称多阶段抽样。在多阶段抽样下，首先用不同的方法将抽样的整个过程分阶段进行，然后将多个抽样方法连接在一起。比如，在第一阶段，使用聚类抽样从总体中选择集群，然后在第二阶段进行随机抽样，从每个集群中选择元素以形成最终集合。

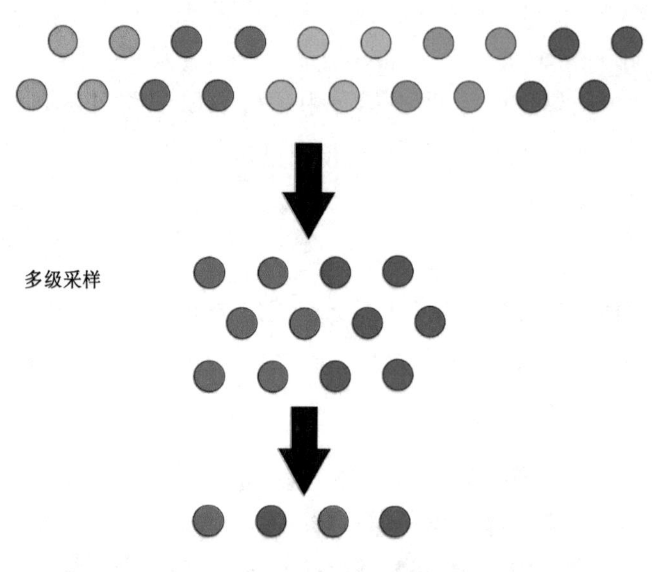

图 7-5 多级抽样示意图

【例 7.15】 在样本数为 100 的数据集中，均匀分为 5 类，完成抽取其中两个类别的数据中 5 个样本的多级抽样。

```
import NumPy as np
import random
clusters=5
pop_size = 100
sample_clusters=2
sample_size=5
#间隔为 20，从 1 到 5 依次分配集群 100 个样本的聚类 ID,这一步已经假设聚类完成
cluster_ids = np.repeat([range(1,clusters+1)], pop_size/clusters)
#随机选出两个聚类的 ID
cluster_to_select = random.sample(sorted(set(cluster_ids)), sample_clusters)
#提取聚类 ID 对应的样本
indexes = [i for i, x in enumerate(cluster_ids) if x in cluster_to_select]
#提取样本序号对应的样本值
```

```
cluster_associated_elements = [el for idx, el in enumerate(range(1, pop_size+1)) if idx in indexes]
#再从聚类样本里随机抽取样本
print("cluster_associated_elements",cluster_associated_elements)
print ("sampled",random. sample(cluster_associated_elements, sample_size))
```

执行上面的示例代码后，输出结果如下：

```
cluster_associated_elements [1, 2, 3, 4, 5, 6, 7, 8, 9, 10, 11, 12, 13, 14, 15, 16, 17, 18, 19, 20,
81, 82, 83, 84, 85, 86, 87, 88, 89, 90, 91, 92, 93, 94, 95, 96, 97, 98, 99, 100]
sampled [15, 9, 82, 1, 100]
```

由输出结果可知，在多级抽样中，先抽取类别，再进行随机抽取，得到我们需要的5个样本。

7.5 随机数据的性质分析与程序验证

随机数据的性质和生成随机数据的方法有关，不同的数据生成方法可以得到不同的数据分布的随机数据集。

利用 Random 库可以生成符合各种分布的随机数据。这些根据对应分布生成的随机数据，其分布是符合对应的统计学分布的，因此生成的数据具有其对应的分布的样式和性质。下面使用对应的生成方式生成直方图，方便我们直观地观察生成的随机数的分布性质。

这里我们会用 Random 库和 Matplotlib 库生成指定分布的随机数据和可视化，然后定义全局变量。

7.5.1 在范围[0,1)内的均匀分布

在概率论和统计学中，均匀分布也叫矩形分布，它是对称概率分布，在相同长度间隔的分布概率是等可能的。均匀分布由两个参数 a 和 b 定义，它们是数轴上的最小值和最大值，通常缩写为 U(a,b)。

【例 7.16】 生成的随机数据，使其满足在范围[0,1)内的均匀分布。

```
import random
import matplotlib. pyplot as plt
SAMPLE_SIZE = 1000
buckets = 100
fig = plt. figure()
ax = fig. add_subplot(1,1,1)
ax. set_xlabel("random. random")
```

```
res = [random.random()for _ in range(1, SAMPLE_SIZE)]
ax.hist(res, buckets)
plt.show()
```

执行上面的示例代码后，输出结果如图 7-6 所示。

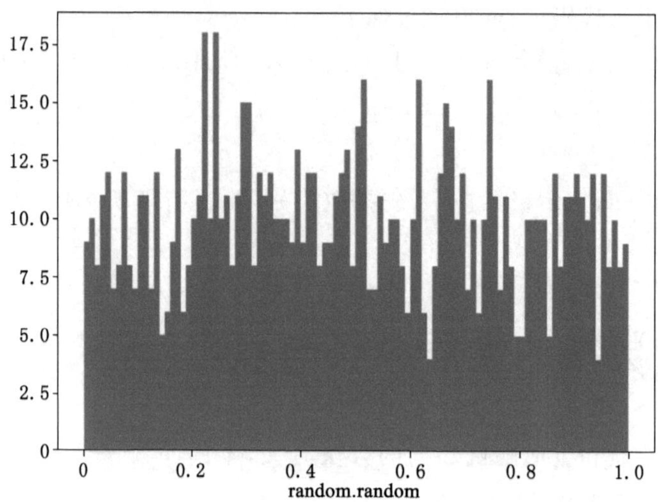

图 7-6　符合范围[0,1)内的均匀分布的随机数据直方图

7.5.2　在范围[a, b)内的均匀分布

生成一个均匀分布的随机变量(uniformly distributed random variable)。生成的随机数据满足在范围[a, b)内的均匀分布。

【例 7.17】　范围[a, b)内的均匀分布。

```
import random
import matplotlib.pyplot as plt
SAMPLE_SIZE = 1000
buckets = 100
fig = plt.figure()
ax_2 = fig.add_subplot(1,1,1)
ax_2.set_xlabel("random.uniform")
a = 1
b = SAMPLE_SIZE
res_2 = [random.uniform(a, b) for _ in range(1, SAMPLE_SIZE)]
ax_2.hist(res_2, buckets)
plt.show()
```

执行上面的示例代码后，输出结果下图 7-7 所示。

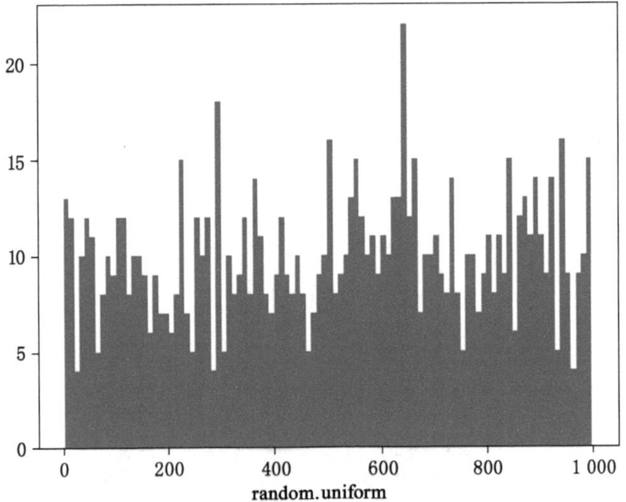

图 7-7 符合范围[a,b)内的均匀分布的随机数据直方图

7.5.3 三角形分布

三角形分布,也称三角分布,是概率论与统计学中,以上限为 a、众数为 c、上限为 b 的连续概率分布。在应用中,a,b,c 又分别称为最小值、最大值和最可能值。三角形分布通常用于表述只有优先采样数据的人口信息,尤其是已知变量之间的关系但是由于数据的收集成本太高而缺少采样数据的场合。三角形分布的公式如下:

$$f(x \mid a,b,c)=\begin{cases}\dfrac{2(x-a)}{(b-a)(c-a)} & \text{for } a\leqslant x\leqslant c \\ \dfrac{2(b-x)}{(b-a)(b-c)} & \text{for } c< x\leqslant b\end{cases} \tag{7-1}$$

【例 7.18】 生成符合三角形分布随机数据集。

```
import random
import matplotlib. pyplot as plt
SAMPLE_SIZE = 1000
buckets = 100
fig = plt. figure()
ax_3. set_xlabel("random. triangular")
low = 1
high = SAMPLE_SIZE
res_3 =[random. triangular(low, high,(low+high)/2)
for _ in range(1, SAMPLE_SIZE)]
ax_3. hist(res_3, buckets)
```

```
plt.show()
```

执行上面的示例代码后，输出结果如图 7-8 所示。

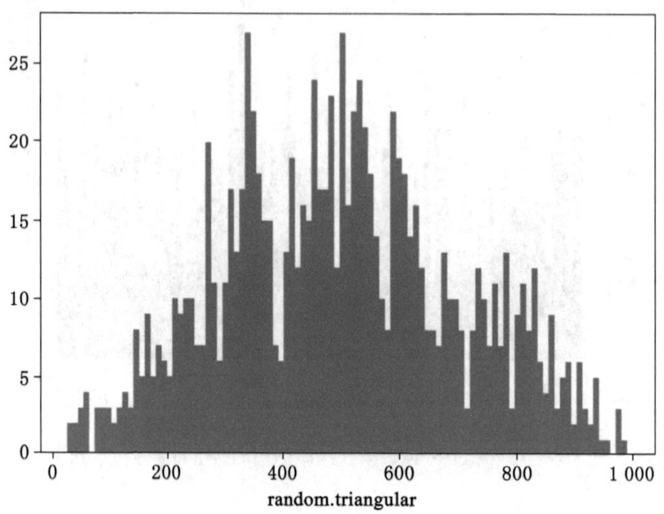

图 7-8 符合三角形分布的随机数据直方图

7.5.4 Beta 分布

Beta 分布是一个作为伯努利分布和二项式分布的共轭先验分布的密度函数，在机器学习和数理统计学中有重要应用；在概率论中，Beta 分布，也称 B 分布，是指一组定义在(0,1)区间的连续概率分布，有两个参数 $\alpha,\beta>0$。Beta 适合为某件事发生或者成功的概率建模。同时，当 $\alpha=1,\beta=1$ 的时候，它就是一个均匀分布。

【例 7.19】 生成一个 beta 分布，参数的条件是 α 和 β 都要大于 0，返回值在 0～1 之间。

```
import random
import matplotlib.pyplot as plt
SAMPLE_SIZE = 1000
buckets = 100
fig = plt.figure()
plt.xlabel("random.betavariate")
alpha = 1
beta = 10
res_4 = [random.betavariate(alpha, beta) for _ in range(1, SAMPLE_SIZE)]
plt.hist(res_4, buckets)
plt.show()
```

执行上面的示例代码后，输出结果如图 7-9 所示。

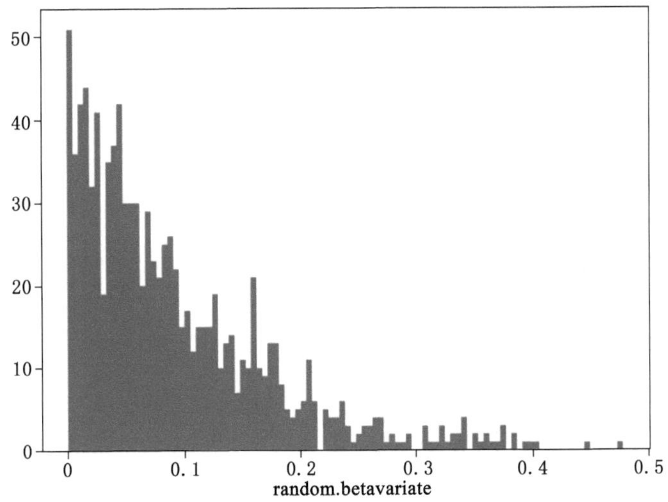

图 7-9　符合 Beta 分布的随机数据直方图

7.5.5　指数分布

在概率理论和统计学中，指数分布(也称为负指数分布)是描述泊松过程中的事件之间的时间的概率分布，即事件以恒定平均速率连续且独立地发生的过程。指数分布可以用来表示独立随机事件发生的时间间隔，比如旅客进机场的时间间隔、电子产品的寿命等。指数分布的参数为 λ，则指数分布的期望为$\frac{1}{\lambda}$，方差为$\left(\frac{1}{\lambda}\right)^2$。

【例 7.20】　生成一个指数分布(exponential distribution)，lambda 的值是 1.0 除以期望的中值，是一个不为零的数(参数应该叫作 lambda，但它是 Python 的一个保留字)，如果 lambda 是整数，返回值的范围是零到正无穷大；如果 lambda 为负，返回值的范围是负无穷大到零。

```
import random
import matplotlib.pyplot as plt
SAMPLE_SIZE = 1000
buckets = 100
fig = plt.figure()
plt.xlabel("random.expovariate")
lambda = 1.0/ ((SAMPLE_SIZE + 1) / 2.)
res_5 = [random.expovariate(lambda) for _ in range(1, SAMPLE_SIZE)]
plt.hist(res_5, buckets)
plt.show()
```

执行上面的示例代码后，输出结果如图 7-10 所示。

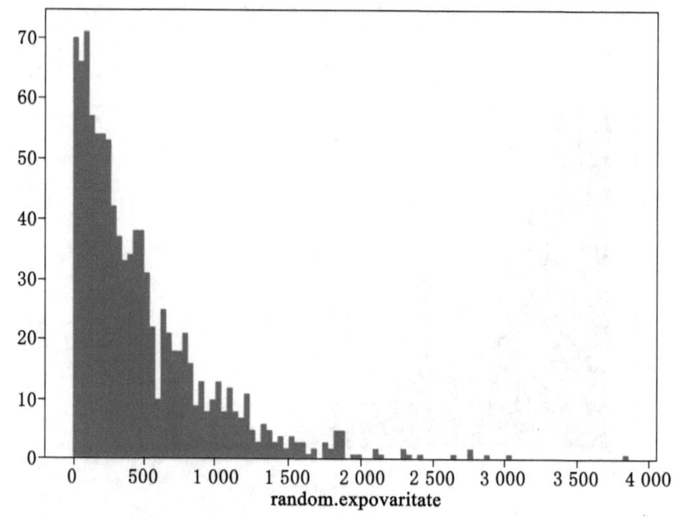

图 7-10　符合指数分布的随机数据直方图

7.5.6　Gamma 分布

Gamma Distribution 是统计学的一种连续概率函数，是概率统计中一种非常重要的分布。指数分布是伽马分布的一个特例。Gamma 分布中的参数 α 称为形状参数，β 称为逆尺度参数。假设随机变量 x 为等到第 α 件事发生所需的等待时间，则密度函数为：

$$f(x,\beta,\alpha)=\frac{\beta^{\alpha}}{\Gamma(\alpha)}x^{\alpha-1}e^{-\beta x},x>0 \tag{7-2}$$

$$EX=\frac{\alpha}{\beta} \tag{7-3}$$

$$Var(x)=\frac{\alpha}{\beta^{2}} \tag{7-4}$$

【例 7.21】 生成 Gamma 分布，要求参数 α 和 β 都大于零。

```
import random
import matplotlib. pyplot as plt
SAMPLE_SIZE = 1000
buckets = 100
fig = plt. figure()
plt. subplot(1,1,1)
plt. xlabel("random. gammavariate")
alpha = 1
```

```
beta = 10
res_6 = [random.gammavariate(alpha, beta) for _ in range(1, SAMPLE_SIZE)]
plt.hist(res_6, buckets)
plt.show()
```

执行上面的示例代码后,输出结果如图 7-11 所示。

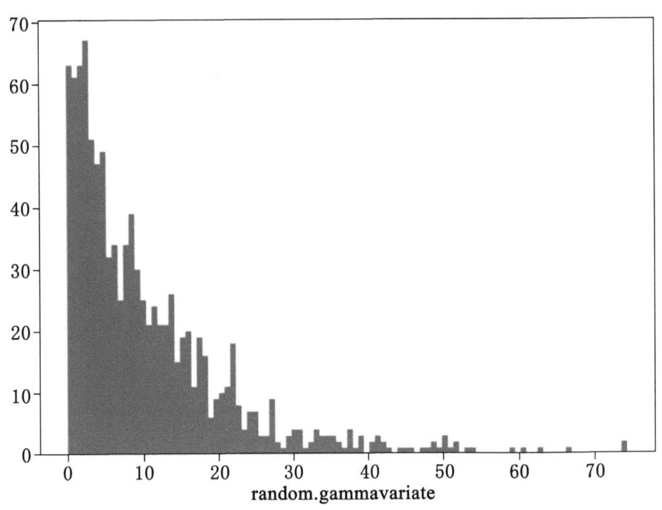

图 7-11 符合 Gamma 分布的随机数据直方图

7.5.7 对数正态分布

对数正态分布(logarithmic normal distribution)是指一个随机变量的对数服从正态分布,则该随机变量服从对数正态分布。对数正态分布从短期来看,与正态分布非常接近。

设 X 是取值为正数的连续随机变量,若 $\ln X \sim N(\mu,\sigma^2)$,X 的概率密度为:

$$f(x,\mu,\sigma)=\begin{cases}\dfrac{1}{x\sqrt{2\pi}\sigma}\exp\left[-\dfrac{1}{2\sigma^2}(\ln x-\mu)^2\right], & x>0\\ 0, & x\leqslant 0\end{cases} \tag{7-5}$$

称随机变量 X 服从对数正态分布,记为 $\ln X \sim N(\mu,\sigma^2)$。

【例 7.22】 生成对数正态分布,如果取这个分布的自然对数,会得到一个中值为 μ,标准差为 σ 的正态分布。μ 可以取任何值,σ 必须大于零。

```
import random
import matplotlib.pyplot as plt
SAMPLE_SIZE = 1000
buckets = 100
fig = plt.figure()
```

```
plt.subplot(1,1,1)
plt.xlabel("random.lognormalvariate")
mu = 1
sigma = 0.5
res_7 = [random.lognormvariate(mu, sigma) for _ in range(1, SAMPLE_SIZE)]
plt.hist(res_7, buckets)
plt.show()
```

执行上面的示例代码后，输出结果如图 7-12 所示。

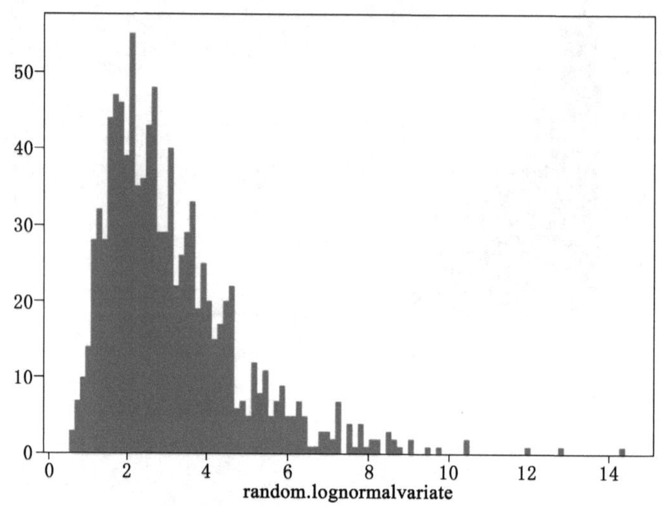

图 7-12　符合对数正态分布的随机数据直方图

7.5.8　正态分布

正态分布(normal distribution)又名高斯分布，也称"常态分布"，即在正常的状态下，一般的事物都会符合这样的分布规律，比如社会上人的身高是一个随机变量，特别高的人比较少，特别矮的人也很少，大部分人是中等身高。若一个随机变量 X 服从一个位置参数为 μ，尺度参数为 σ 的概率分布，且其概率密度函数为：

$$f(x)=\frac{1}{\sqrt{2\pi}\sigma}\exp\left(-\frac{(x-\mu)^2}{2\sigma^2}\right) \tag{7-6}$$

则这个随机变量就称为正态随机变量，正态随机变量服从的分布称为正态分布，记作 $X\sim N(\mu,\sigma^2)$。当 $\mu=0,\sigma=1$ 时，正态分布就成为标准正态分布：

$$f(x)=\frac{1}{\sqrt{2\pi}}e^{\left(-\frac{x^2}{2}\right)} \tag{7-7}$$

【例 7.23】　生成正态分布，此处参数为 $\mu=1,\sigma=0.5$；没有生成帕累托抽样(Pareto distribution),是形状参数。

```
import random
import matplotlib.pyplot as plt
SAMPLE_SIZE = 1000
buckets = 100
fig = plt.figure()
plt.xlabel("random.normalvariate")
mu = 1
sigma = 0.5
res_8 = [random.normalvariate(mu, sigma) for _ in range(1, SAMPLE_SIZE)]
plt.hist(res_8, buckets)
plt.show()
```

执行上面的示例代码后,输出结果如图 7-13 所示。

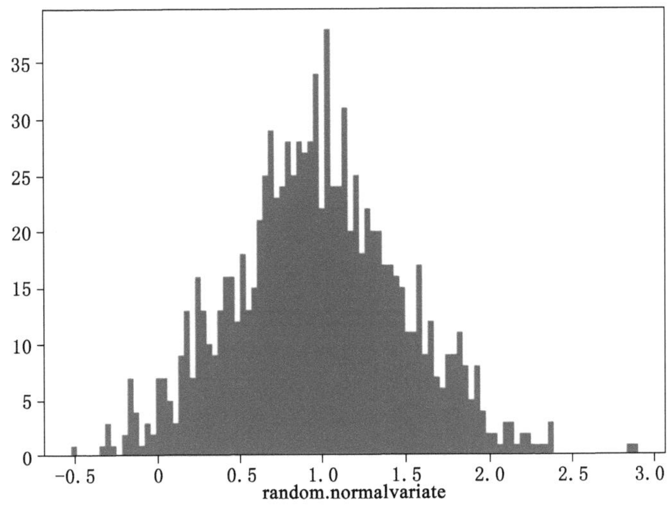

图 7-13　符合正态分布的随机数据直方图

由上述方法生成的随机数据的直方图可以很清楚地看出,按照对应方法生成的符合指定随机分布的随机数据符合要求的随机分布,也符合对应分布的形态与性质。

7.6 本章小结

本章主要介绍数据的随机化模拟与仿真的相关知识,首先介绍了重现性现象,然后详细介绍了真随机与伪随机的概念,然后给出了数据随机化过程的仿真工具 Random 库并提出需要注意的地方,最后介绍了如何生成含有随机分布的随机化数据,并验证其分布情况。下一章我们将介绍关于数据的时间序列预测。

本章习题

1. 真随机和伪随机这两个概念有什么区别,请举例说明。

2. 使用 seed()函数,生成种子为 6 的随机数两次。尝试写出代码并给出运行结果。

3. 使用随机化方法生成一个取值范围在[1,100]范围内,步长为 2 的元素个数为 10 的随机整数数组。尝试写出代码并给出运行结果。

4. 将数组[1,2,3,4,5]使用随机化方法打乱排序并输出。尝试写出代码并给出运行结果。

5. 从数组[1,2,3,4,5,6]中随机抽取出生成 50 个随机样本(可重复抽取)并输出。尝试写出代码并给出运行结果。

6. 生成符合范围 2 到 100 内的均匀分布的且从 2 开始步长为 3,样本数为 2 000 的整数随机数据,并给出 buckets=50 的条形图。

7. 生成样本量为 1 000 的随机数数据,应满足参数为 mu=1,sigma=0.7 的正态分布,并给出 buckets=200 的条形图,尝试写出代码并给出运行结果。

8. 某班级上的同学们学习大数据挖掘与分析技术,按照学习任务,现在需要将这些同学平均分配到 5 个学习小组里,进行分开讨论。学生名单已在下方给出。请尝试使用 Python 语言来进行随机化分组。尝试写出代码并给出运行结果。

(学生名单列表:list_stu=["石佳","唐志荣","倪思理","刘腾","刘小叶","周子涵","肖湘吉","丁庆玲","陈雨杭","陈浩拓","陈娅","高家纯"])

8 数据的时间序列预测

时间序列预测是将数据按照时间顺序排成序列，分析其变化方向和程度，从而对未来某时期内可能达到的值进行预测。它的基本思想是将时间序列作为一个随机变量的样本，用概率统计的方法，尽可能减少偶然因素的影响。

8.1 时间序列的成分和预测方法

时间序列是将数据按照时间顺序记录或者排序，其中观察的时间因素可以是年份、季度、月份、天数或其他任何时间形式。

8.1.1 时间序列的成分

时间序列通常受一种或者几种因素的影响，导致在不同时间上取值不同，这些影响因素就是时间序列的组成要素。时间序列由长期趋势、季节变动、循环变动、不规则变动四种要素构成。

趋势：趋势是指时间序列在较长一段时间内表现出来的持续向上或者持续向下的变动。比如某省市的 GDP 每年都在逐渐增长；一个工厂的制造成本是逐年下降的，这些都是一种趋势。趋势可能是线性变化，也有可能随着时间的推移出现非线性变化。

季节变动：季节变动是指时间序列在一年内重复出现的周期性波动，如气候条件、节假日和季节性温度变化，这些模式年复一年重复出现。比如铁路客运每年在节假日期间会迎来客流高峰，每年夏天居民用电量都会骤增，这些都是因为季节变动引起的。

循环波动：循环波动是指时间序列在较长时间内呈现出的波浪式的起伏变动。与趋势变动不同的是，循环波动不是朝着一个方向的持续运动，而是涨落间的交替变动，比如经济波动不断重复着上升、下滑的过程。

不规则变动：不规则变动是指时间序列的一种随机波动，由偶然发生的事件引起，如自然灾害、战争等，这种波动不可预测，但是在短时期内会产生影响。

一个时间序列可能含有一种成分或者多种成分，如图 8-1 观察时间序列的图像能大致判断时间序列所包含的成分。

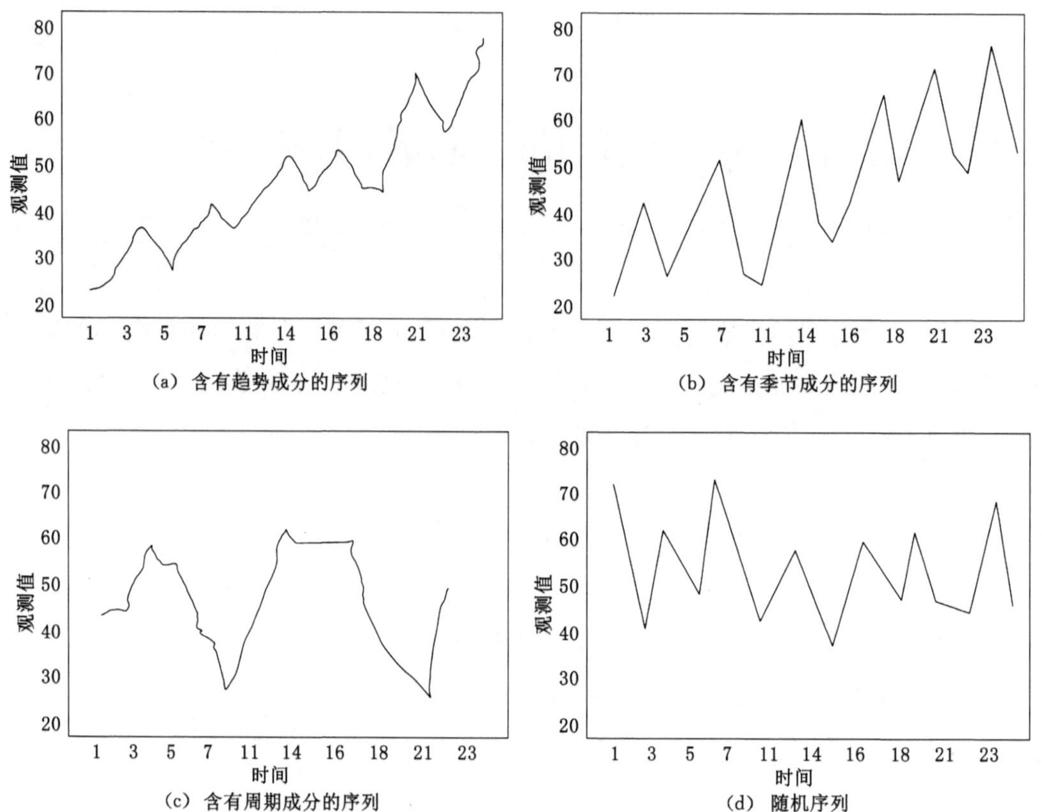

图 8-1 不同成分的时间序列

8.1.2 预测方法的选择与评估

选择什么方法进行预测，受以下因素影响：

- 时间序列所包含的成分。
- 历史数据的大小。
- 预测期长短的需求。

表 8-1 给出了时间序列的部分预测方法及其所适合的数据模型、对数据的要求和预测期长短等。

在选择出预测方法并利用该种方法进行预测后，还需要对所选择的方法进行评估，以确定所选择的方法是否正确。

表 8-1 预测方法的选择

预测方法	数据模式	数据大小	预测期
移动平均	平稳序列	数据个数与移动平均的步长相等	非常短
简单指数平滑	平稳序列	5 个以上	短期
Holt 指数平滑	线性趋势	5 个以上	短期至中期
一元线性回归	线性趋势	10 个以上	短期至中期
指数模型	非线性趋势	10 个以上	短期至中期
多项式函数	非线性趋势	10 个以上	短期至中期
Winter 指数平滑	趋势和季节成分	至少有 4 个周期的季度或月份	短期至中期
多元回归	趋势和季节成分	至少有 4 个周期的季度或月份	短期、中期、长期
分解预测	趋势、季节和循环成分	至少有 4 个周期的季度或月份	短期、中期、长期
ARIMA 模型	平稳或可平稳化的序列	至少有 50 个	短期、中期、长期

预测误差的大小体现了一种预测方法的好坏，误差值是实际值和预测值之间的差距，度量方法最常用的是均方误差，对于同一个时间序列有几种方法可供选择时，以误差的大小作为评判标准。

均方误差是误差平方和的平均数，用 MSE 表示，计算公式为：

$$MSE=\frac{\sum_{i=1}^{n}(Y_i-P_i)^2}{n} \tag{8-1}$$

其中，Y_i 是第 i 期的实际值；P_i 是第 i 期的预测值；n 为预测误差的个数。

8.2 平稳序列和趋势预测

平稳序列是指不含趋势、季节和循环波动的序列，其波动主要是随机成分所致。预测方法有简单平均法、移动平均法、简单指数平滑等；而当序列存在明显的线性趋势时，可使用线性趋势模型进行预测。本节针对平稳序列预测将使用移动平均法和简单指数平滑两种方法，对于趋势预测将使用一元线性回归预测和 Holt 指数平滑预测两种方法。

8.2.1 移动平均预测

移动平均预测是用一组最近的历史需求，来预测未来一期或者多期的需求。主要做法是选择固定长度的移动间隔，对时间序列逐期移动求得平均数作为下一期的预测值。设移动间隔长度为 $l(1<l<t)$，则 $t+1$ 期的移动平均预测值为：

$$P_{t+1}=\overline{Y_t}=\frac{Y_{t-l+1}+Y_{t-l+2}+\cdots+Y_{t-1}+Y_t}{l} \tag{8-2}$$

移动平均法只使用最近 l 期的数据，每次计算移动平均值时移动的间隔都为 l。而对于间隔大小的选择，在预测时可采用不同的移动步长进行预测，选择均方误差最小的那个作为移动步长。

【例 8.1】 如表 8-2 所示为一个月内某地区婴儿出生数量，使用移动平均法(l=3)进行预测，并将实际值和预测后的序列绘制成图形进行比较，并根据结果计算均方误差(数据储存在 testbirths.csv 中)。

使用 Python 将数据可视化：

```
import pandas as pd  #表格和数据操作
import matplotlib.pyplot as plt
import NumPy as np
from sklearn.metrics import mean_squared_error
birth = pd.read_csv(r'testbirths.csv', index_col=['Date'], parse_dates=['Date'])
def show():
    plt.figure(figsize=(15, 10))
    plt.plot(birth)
    plt.show()
if __name__ == '__main__':
    show()
```

表 8-2 某地区一个月内婴儿出生数量

Date	Births	Date	Births	Date	Births
1/1	35	1/11	38	1/21	34
1/2	32	1/12	33	1/22	53
1/3	30	1/13	55	1/23	39
1/4	31	1/14	47	1/24	32
1/5	44	1/15	45	1/25	37
1/6	29	1/16	37	1/26	43
1/7	45	1/17	50	1/27	39
1/8	43	1/18	43	1/28	35
1/9	38	1/19	41	1/29	44
1/10	27	1/20	52	1/30	38

执行上面的示例代码后，输出结果如图 8-2 所示。

从上图可以看出，这个数据集是研究移动平均方法的一个很好的例子，因为它没有显示任何明显的趋势或季节性。

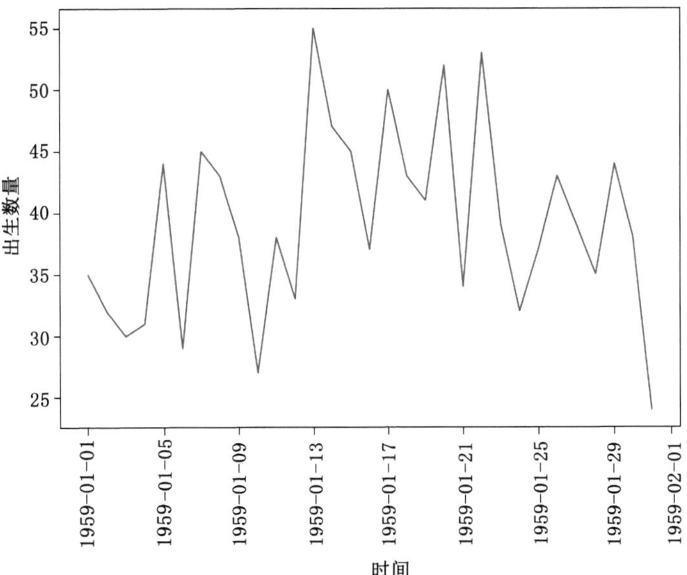

图 8-2　婴儿出生数量图

使用移动平均法进行预测：

```
def pre():
    l = 3#移动间隔长度为 3
    rolling = birth.rolling(window=l)
    rolling_mean = rolling.mean()
    X = birth.values
    history = [X[i] for i in range(l)]
    test = [X[i] for i in range(l, len(X))]
    predictions = []
    for t in range(len(test)):
        length = len(history)
        yhat = np.mean([history[i] for i in range(length - l, length)])
        predictions.append(yhat)
        history.append(test[t])
        error = mean_squared_error(test, predictions)
    print('Test MSE: %3f' % error)#计算均方误差
    plt.figure(figsize=(15, 10),dpi=300)
    plt.rcParams['font.family'] = 'SimHei'
    plt.plot(test,marker='o',label='出生数量')
    plt.plot(predictions,marker='*', mec='r',label='移动平均(l=3)')
```

```
    plt.legend(loc="upper right")
    plt.show()
pre()
```

执行上面的示例代码后，输出结果如下：

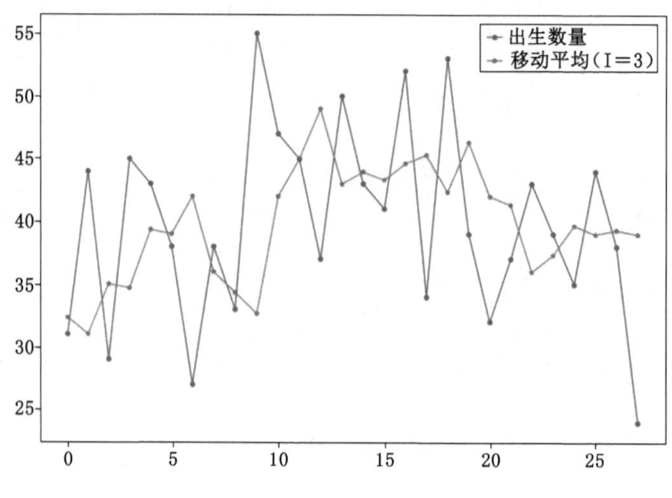

图 8-3　婴儿数量的移动平均法预测

结果显示均方误差为：74.13。

8.2.2　简单平滑预测

简单指数平滑预测是加权平均的一种特殊形式，它是把 t 期的实际值 Y_t 和 t 期的平滑值 S_t 加权平均作为 t+1 期的预测值。观察值的时间离现时期越远，其权数跟着呈现指数下降，因而称为指数平滑。

就一次指数平滑而言，t+1 期的预测值是 t 期实际值 Y_t 和 t 期平滑值 S_t 的线性组合，其预测模型为：

$$P_{t+1}=\alpha Y_t+(1-\alpha)S_t \tag{8-3}$$

其中，P_{t+1} 为 t+1 期的预测值；Y_t 为 t 期的实际值；S_t 为 t 期的平滑值；a 为平滑系数。

由于在开始计算时，第 1 个时期的平滑值 S_1 无法确定，一般设置 S_1 等于 1 期的实际值，即 $S_1=Y_1$。

由预测模型公式可知，简单平滑法预测的关键是平滑系数 α 的取值，不同的 α 对预测结果会产生不同影响。在实际应用中，需要考虑预测的误差，一般做法是选择几个 α 进行比较，以预测误差最小作为判定标准选取最合适的 α。α 的取值不大于 0.5，如果 α 大于 0.5 才能接近实际值，表明序列中有某种趋势或波动过大，一般不适合用简单指数平滑法进行预测。

简单指数平滑法的优势是只需要几个观测值就能进行预测，方法相对简单，缺点是预测值往往滞后于实际值，而且无法考虑趋势和季节成分。

【例 8.2】 某电子产品的价格如表 8-3 所示，使用简单平滑指数预测该产品 t=12 时的价格。

表 8-3 电子产品不同时期价格表

时期 t	1	2	3	4	5	6	7	8	9	10	11
价格 p	4.81	4.8	4.73	4.7	4.7	4.73	4.75	4.75	5.43	5.78	5.85

分别设置平滑系数为 0.3，0.5，0.8：

```
import NumPy as np
import pandas as pd
import matplotlib.pyplot as plt
y=np.array([4.81,4.8,4.73,4.7,4.7,4.73,4.75,4.75,5.43,5.78,5.85])
def ExpMove(y,a):
    n=len(y)
    M=np.zeros(n)
    M[0]=(y[0]+y[1])/2
    for i in range(1,len(y)):
        M[i]=a*y[i-1]+(1-a)*M[i-1]
    return M
pt1=ExpMove(y,0.2)
pt2=ExpMove(y,0.5)
pt3=ExpMove(y,0.8)
s1=np.sqrt(((y-pt1)**2).mean())
s2=np.sqrt(((y-pt2)**2).mean())
s3=np.sqrt(((y-pt3)**2).mean())
print(s1,s2,s3)
pre=0.8*y[-1]+0.2*pt3[-1]
plt.rcParams['font.family'] = 'SimHei'  #正常显示中文
plt.figure(figsize=(15, 10),dpi=300)
plt.plot(y,linewidth =2.0,marker='o',label='产品原始价格')
plt.plot(pt1,linewidth =2.0,color='r',marker='v',label='平滑系数 0.3')
plt.plot(pt2,linewidth =2.0,color='b',marker='+',label='平滑系数 0.5')
plt.plot(pt3,linewidth =2.0,color='g',marker='*',label='平滑系数 0.8')
plt.legend(loc="upper left")
```

```
plt.xlabel('时间 t',fontsize=14)
plt.ylabel('产品价格',fontsize=14)
plt.show()
print(pre)
```

执行上面的示例代码后,输出结果如下:

```
该产品 t=12 时的价格为 5.81。
```

不同平滑系数的预测值与实际值如图 8-4 所示,且表 8-4 给出了不同平滑系数下的均方误差,当平滑系数为 0.2 时,预测的均方误差最小。

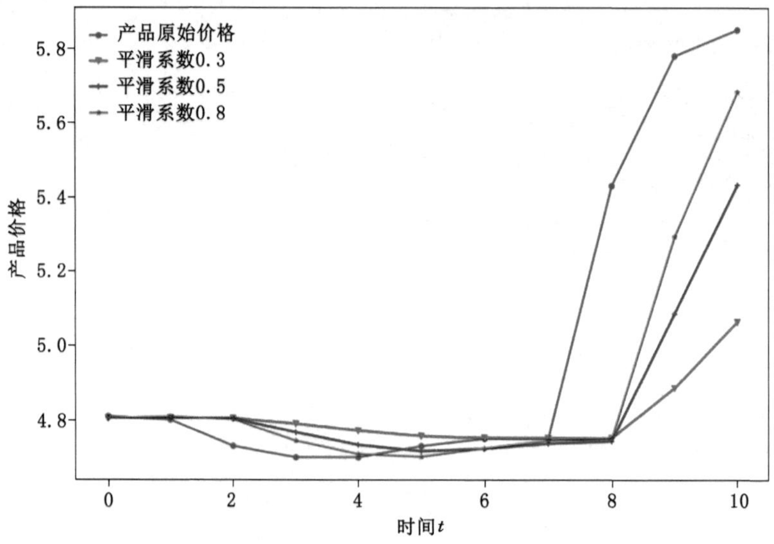

图 8-4 简单平滑系数预测

表 8-4 不同平滑系数下的均方误差

平滑系数	0.2	0.5	0.8
均方误差	0.41	0.32	0.25

8.2.3 线性趋势预测

线性趋势是指时间序列按照不变的斜率增长或者下降,预测方法一般使用一元线性回归模型或者 Holt 指数平滑模型进行预测。

一元线性回归预测用 $\hat{P}_t$ 表示 Y_t 的预测值,t 表示时间变量,一元线性回归预测的模型可以表示为:

$$\hat{P}_t = b_1 t + b_0 \tag{8-4}$$

其中,b_1 是斜率,b_0 和 b_1 由最小二乘法求得。趋势预测的误差可用线性回归中的估计标准误差来衡量。

【例 8.3】 创建随机数据,使用 Python 实现一元线性回归预测。

设置一个线性回归公式,根据公式创建数据,并将数据进行可视化展示,代码如下:

```
import NumPy as np
from sklearn. linear_model import LinearRegression
from sklearn. model_selection import train_test_split  #切分训练集和测试集的函数
import matplotlib
import matplotlib. pyplot as plt
matplotlib. rcParams['font. sans-serif'] = ['SimHei']  #用来正常显示中文标签
matplotlib. rcParams['axes. unicode_minus'] = False  #用来正常显示负号
matplotlib. style. use('ggplot')
#构造数据
np. random. seed(0)
x = np. linspace(-10, 10, 100)  #从-10 到 10 之间的 100 个等差数列
#设置一个线性回归公式
y = 0.85 * x - 0.72
#创建一组数量为 100,均值为 0,标准差为 0.5 的随机数组
a= np. random. normal(loc=0, scale=0.5, size=x. shape)
#将变量 y 加上这个变量 e
y += a
#显示原始数据
plt. scatter(x, y)
plt. show()
```

执行上面的示例代码后,输出结果如图 8-5 所示。

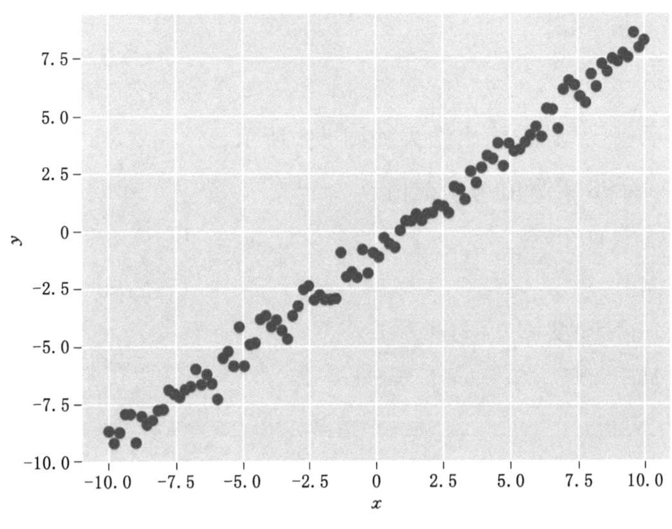

图 8-5 随机数据分布情况

将数据划分为训练集和测试集，使用训练集的数据进行函数拟合，得到拟合函数后对测试集的数据进行预测，并将拟合结果可视化。

```
#将 x 转换为二维数组,因为 fit 方法要求 x 为二维结构
x = x.reshape(-1, 1)
lr = LinearRegression()
#切分训练集和测试集
x_train, x_test, y_train, y_test = train_test_split(x, y, test_size=0.25, random_state=0)
#拟合函数
lr.fit(x_train, y_train)
#拟合后可利用 lr.coef_和 lr.intercept_来取出(w)权重和(b)截距
print('权重:', lr.coef_)
print('截距:', lr.intercept_)
#通过训练集得到了拟合函数,就可以进行预测
y_hat = lr.predict(x_test)
#可查看对比实际值和预测值
print('实际值:', y_test)
print('预测值:', y_hat)
#将数据可视化
plt.figure(dpi=300)
#训练集和测试集都以散点来表示,拟合线用折线表示
plt.scatter(x_train, y_train, s=10, label='训练集', c='b')
plt.scatter(x_test, y_test, s=10, label='测试集', c='g')
plt.plot(x, lr.predict(x), label='拟合线', c='r')
plt.legend()
plt.show()
```

执行上面的示例代码后，输出结果如图 8-6 所示。

用数据视图表示出实际值与预测值：

```
#用图表示出实际值和预测值
plt.figure(dpi=300)
plt.plot(y_test,label='真实值',c='r',marker='o')
plt.plot(y_hat,label='预测值',c='black',marker='x')
plt.legend()
plt.show(dpi=300)
```

执行上面的示例代码后，输出结果如图 8-7 所示。

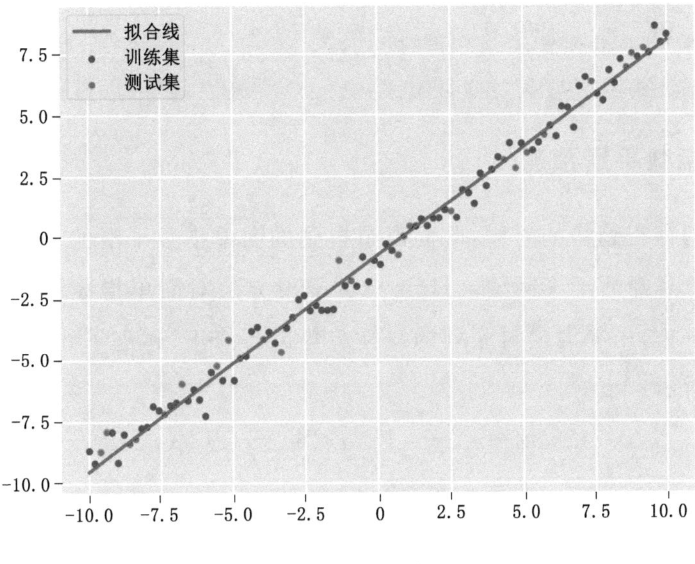

图 8-6 数据拟合线

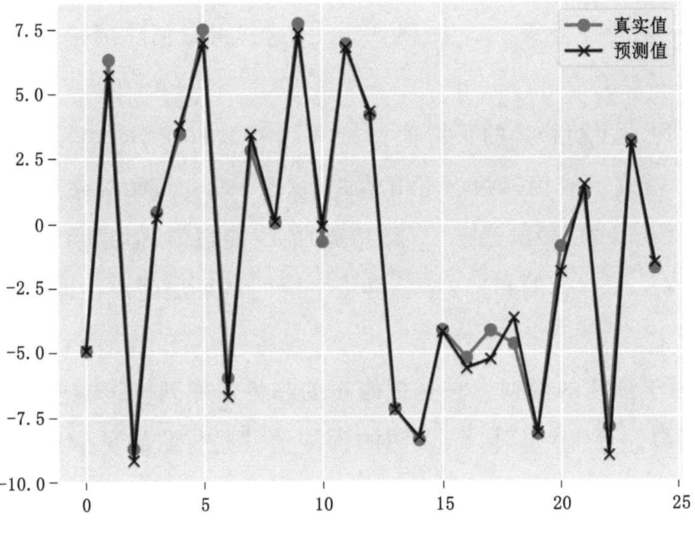

图 8-7 真实值与预测值对比

使用 MSE 和 RMSE 对模型的预测结果进行评估：

```
#模型评估
from sklearn.metrics import mean_squared_error, mean_absolute_error, r2_score
print("平均方误差(MSE):", mean_squared_error(y_test, y_hat))
print("根均方误差(RMSE):", mean_absolute_error(y_test, y_hat))
print("平均绝对值误差(MAE):", r2_score(y_test, y_hat))
```

执行上面的示例代码后，输出结果如下：

```
平均方误差(MSE)：0.2915373282812724
根均方误差(RMSE)：0.41340233736927123
平均绝对值误差(MAE)：0.9894500539629422
```

8.2.2 Holt 指数平滑预测

当时间序列存在趋势的时候，前面章节提到的简单指数平滑的方法不太适用，因为它的预测结果总是滞后于实际值。Holt 指数平滑方法对简单指数平滑做了改进，将趋势成分也考虑进去，用平滑值对序列的线性趋势进行修正，建立了线性平滑模型。Holt 模型方程如下所示：

$$S_t = \alpha Y_t + (1-\alpha)(S_{t-1} + T_{t-1}) \tag{8-5}$$

$$T_t = \gamma(S_t - S_{t-1}) + (1-\gamma)T_{t-1} \tag{8-6}$$

$$F_{t+k} = S_t + kT_t \tag{8-7}$$

式(8-5)中，S_t 是 t 期的指数平滑值；T_t 是 t 期的实际值；α 是平滑参数($0<\alpha<1$)；S_{t-1} 是 t−1 期的平滑值；T_{t-1} 是 t−1 期的趋势值。式(8-5)实际上是对 t 期平滑值 S_t 的修正，它把上一期的趋势值 T_{t-1} 加到 S_{t-1} 上，这样可以消除因趋势而产生的滞后，使其尽可能接近实际观测值 Y_t。

式(8-6)中，T_t 是 t 期趋势的平滑值；γ 是平滑参数($0<\gamma<1$)。该方程实际上是对趋势的修正。T_t 被表示成相邻两项平滑值之差($S_t - S_{t-1}$)，如果序列存在趋势，则新的观测值总是高于(上升趋势)或低于(下降趋势)前一期数值，但是由于随机波动的影响，需要用 γ 来平滑($S_t - S_{t-1}$)的趋势，然后再将平滑的结果加到前一期趋势的估计值 T_{t-1} 与($1-\gamma$)的乘积上。

式(8-7)是用于预测的模型。它是把修正的趋势值加到修正的平滑值 S 之上。k 是用于预测的时期数。当 k=1 时，t+1 期的预测值就是 t 期的平滑值 S_t，加上 t 期的修正趋势值 T_t。

【例 8.4】 下表是 1990—2005 年我国人均 GDP 表(单位:元)。

请分别使用一元线性回归和 Holt 指数平滑方法预测 2006 年的人均 GDP，将实际值和预测值绘图进行比较。

表 8-5 1990—2005 年我国人均 GDP

年份	人均 GDP	年份	人均 GDP
1990	1 644.47	1998	6 796.03
1991	1 892.76	1999	7 158.50
1992	2 311.09	2000	7 857.68
1993	2 998.36	2001	8 621.71

表8-5(续)

年份	人均 GDP	年份	人均 GDP
1994	4 044.00	2002	9 398.05
1995	5 045.73	2003	10 541.97
1996	5 845.89	2004	12 335.58
1997	6 420.18	2005	14 040.00

```
import matplotlib.pyplot as plt
import pandas as pd
from statsmodels.tsa.holtwinters import  Holt
data=[1644.47,1892.76,2311.09,2998.36,4044.00,5045.73,5845.89,
6420.18,6796.03,7158.50,7857.68,8621.71,9398.05,10541.97,12335.58,14040.00]
data_sr = pd.Series(data)
# Holt's Method
plt.rcParams['font.family'] = 'SimHei'
plt.figure(dpi=200)
fit1 = Holt(data_sr).fit(smoothing_level=0.8, smoothing_slope=0.2, optimized=False)
p1, = plt.plot(list(fit1.fittedvalues) + list(fit1.forecast(1)), marker='^')
d1, = plt.plot(data_sr, marker='.')
plt.legend(handles = [p1, d1], labels = ["Holt 指数平滑预测",'人均 GDP'],
loc = 'best', prop={'size': 7})
plt.ylabel('人均 GDP',fontsize=14)
```

执行上面的示例代码后,输出结果如图 8-8 所示。

2006 年的人均 GDP 预测值为:14909.708711。

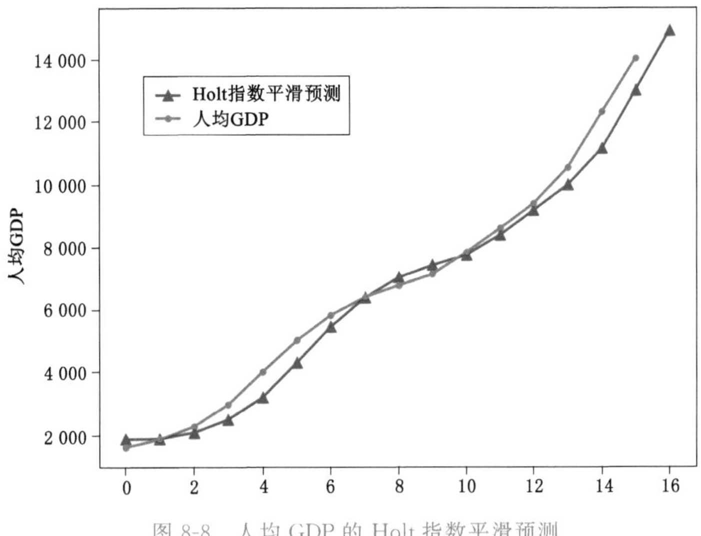

图 8-8 人均 GDP 的 Holt 指数平滑预测

8.3 多成分序列预测

时间序列的数据挖掘研究是一种从大量时间序列数据中发掘有价值的规律性信息的算法和实现技术。其作为数据挖掘的一个重要分支，广泛应用于经济、科学、工业等众多领域。例如，从海量的股市数据序列中发现和股票价格骤然变化相关的模式等。在分析和处理数据的过程中发现，由于多变量时间序列的海量和复杂的数据特点，直接在时间序列上进行数据挖掘不但在储存和计算上要花费高昂代价，而且可能会影响算法的准确性和可靠性，难以获得满意结果。

在实际问题的研究中，为了全面、系统地分析问题，往往要考虑众多有关的变量。然而，变量太多不但会增加技术的复杂性，而且也给合理分析问题和解释数据带来困难。一般说来，虽然每个变量都提供了一定的信息，但其重要程度与侧重有所不同，且这些变量所提供的信息将在一定程度上有所重叠。实际上，在很多情况下，众多变量间有一定的相关关系，人们希望利用这种相关性对这些变量加以"改造"，用为数较少的新变量来反映原变量所提供的大部分信息，通过对新变量的分析达到解决问题的目的。主成分分析便是在这种降维的思想下产生的处理高维数据的统计方法。因此，许多研究者提出了时间序列模式表示方法，刻画时间序列主要形态的同时忽略那些微小的细节。相似性度量表示两个对象之间的相似性的程度，是衡量两个对象相似性的标准。

8.3.1 Winter 指数平滑预测

这里提到的季节，可以是自然季节，也可以是某种产品的销售季节等。显然，在现实的经济活动中，表现为季节性的时间序列是非常多的。比如，空调、季节性服装的生产与销售所产生的数据等。对于季节性时间序列的预测，要从数学上完全拟合其变化曲线是非常困难的。但预测的目的是找到时间序列的变化趋势，尽可能地做到精确，从这个意义上讲，可以有多种方法，下面介绍其中一种，即所谓季节系数法。季节系数法的具体计算步骤如下：

(1) 收集 m 年的每年各季度(每年 n 个季度)或者各月份的时间序列样本数据 a_{ij}、其中，i 表示年份的序号($i=1,2,\cdots,m$)，j 表示季度或者月份的序号($j=1,2,\cdots,n$)。

(2) 计算每年所有季度或所有月份的算术平均值 a，即

$$\bar{a}=\frac{1}{k}\sum_{i=1}^{m}\sum_{j=1}^{n}a_{ij},k=mn \tag{8-8}$$

(3) 计算同季度或同月份数据的算术平均值

$$\bar{a}_{.j}=\frac{1}{m}\sum_{i=1}^{m}a_{ij},j=1,2,\cdots,n \tag{8-9}$$

(4) 计算季度系数或月份系数

$$b_j=\bar{a}_{.j}/\bar{a} \tag{8-10}$$

(5) 预测计算当时间序列是按季度列出时，先求出预测年份（下一年）的年加权平均

$$y_{m+1}=\frac{\sum_{i=1}^{m}w_i y_i}{\sum_{i=1}^{n}w_i} \tag{8-11}$$

式中，$y_i=\sum_{j=1}^{n}a_{ij}$ 为第 i 年的合计数；w_i 为第 i 年的权数，按自然数列取值，即 $w_i=i$，再计算预测年份的季度平均值 $\bar{y}_{m+1}=y_{m+1}/n$，最后，预测年份第 j 季度的预测值为

$$y_{m+1,j}=b_j\bar{y}_{m+1} \tag{8-12}$$

【例 8.5】 某商店按季度统计的 3 年（12 个季度）冰箱的销售数据（单位：万元）见表 8-6，求 2004 年 4 个季度的销售额。

表 8-6　某商店 12 个季度冰箱销售资料

年份	一季度	二季度	三季度	四季度
2001	265	373	333	266
2002	251	379	374	309
2003	272	437	396	348

把表 8-6 中 3 行 4 列总共 12 个数据保存到文本文件 Pdata18_4. txt 中，利用 Python 软件，求得 2004 年 4 个季度的销售额分别为 269.753 4 万元、407.026 3 万元、377.586 2 万元、315.967 4 万元。

```
import NumPy as np
a=np. loadtxt( 'Pdata18_4. txt ')
m, n=a. shape
amean=a . mean#计算所有数据的平均值
cmean=a. mean(axis=O)#逐列求均值
r=cmean/ amean#计算季节系数
w-np. arange(1,m+1)
yh=w. dot(a. sum(axis=1))/w. sum()#计算下一年的预测值
yj=yh/n#计算预测年份的季度平均值
yjh=yj * r#计算季度预测值
print(下一年度各季度的预测值为:",yjh)
```

8.3.2 多元回归预测

多元回归分析是研究随机变量之间相关关系的一种统计方法.通过对变量实际观测的分析、计算,建立一个变量与另一组变量的定量关系即回归方程,经统计检验认为回归效果显著后,可用于预测。

1. 利用模块 sklearn.linear_model 中的函数 LinearRegression 求解

利用模块 sklearn.linear.model 中的函数 LinearRegression 可以求解多元线性回归问题,但模型检验只有一个指标,需要用户编程实现模型的其他统计检验。

构建并拟合模型的函数调用格式为:

```
LinearRegression(.fit(x,y)
```

其中,x 为自变量观测值矩阵(不包括全部元素为 1 的第一列),y 为因变量的观察值向量。

【例 8.6】 水泥凝固时放出的热量 g 与水泥中两种主要化学成分 x_1,x_2 有关,今测得一组数据如表 8-7 所示,试确定一个线性回归模型 $y=a_0+a_1x_1+a_2x_2$。

表 8-7 x_1,x_2,y 的观测值

序号	x_1	x_2	y	序号	y_1	y_2	y
1	7	26	78.5	8	1	31	72.5
2	1	29	74.3	9	2	54	93.1
3	11	56	104.3	10	21	47	115.9
4	11	3i	87.6	11	35	40	83.8
5	7	52	95.9	12	11	66	113.3
6	11	55	109.2	13	10	68	109.4
7	3	71	102.7				

求得的回归模型为:

$$y=52.5773+1.4683x_1+0.6623x_2$$

模型的复判定系数(也称为拟合优度)$R^2=0.9787$,拟合效果很好。

```
pimport rumpy as np
from sklearn.linear_model import LinearRegression
a=np.loadtxt( "Pdata12_1.txt")
#加载 x1,x2,y 的 13 行 3 列数据
md=LinearRegression().fit(aE: , :2],a[:,2])  #构建并拟合模型
```

```
y=md. predict(aL：，；2]) #求预测值
bO=md. intercept_；b12=md. coef_#输出回归系数
R2=md. score(al：，：2]，a[：，2]) #计算 R^2
print("bO=%. 4f\nb12=%. 4f%10. 4f"%(b0,b12[0],b12[1]))
print("拟合优度 RT2=%. 4f"%R2)
```

2. 利用 statsmodels 库求解

statsnodels 可以使用两种模式求解回归分析模型，一种是基于公式的模式，另一种是基于数组的模式。

基于公式构建并拟合模型的调用格式为：

```
import statsmodels as sm
sm. formula. ols(formula，data=df)
```

其中，formula 为引号括起来的公式，df 为数据框或字典格式的数据。

基于数组构建并拟合模型的调用格式为：

```
impor statsmodels. api as sm
sm. OLS(y，x). fit()
```

其中，y 为因变量的观察值向量，X 为自变量观测值矩阵再添加第一列全部元素为 1 得到的增广阵。

利用 statsmodels 库求解，基于公式求解的 Python 程序如下：

```
impor statsmodels. api as sm
import NumPy as np
inmport statsmodels. api as gma=np. loadtxt("Pdata12_1. txt")
#加载表中 x1，x2，y 的 13 行 3 列数据
d={'x1 '：a[：，0]，' x2 '：a[：，1]，'y'：a[：，2]}
md=sm . formu1a. ols( 'y"x1+x2.' ，d). fit
#构建并拟合模型
print(md. summary()，'\n————————\n')
#显示模型所有信息
ypred=md. predict(E'文 1 '：al：，o]，'x2 '：a[：，1]})
#计算预测值
print(ypred)
#输出预测值
```

基于数组求解的 Python 程序如下：

```
import NumPy as np
import statsmodels. api as sm
```

```
a=np. loadtxt ( "Pdata12_1. txt")
#加载中 x1, x2,y 的 13 行 3 列数据
X= sm . add_constant(a[:,:2])
#增加第一一列全部元素为 1 得到增广矩阵
md=sm , OLS(aL:,2] ,). fit()
#构建并拟合模型
print (md. params , '\n---------\n')
#提取所有回归系数
y=md. predict(X)
#求已知自变量值的预测值
print (md . summary2())
#输出模型的所有结果
```

8.4 Box-Jenkins 方法:ARIMA 模型

ARIMA 是 Auto Regressive Integrated Moving Average 的简称。ARIMA 是一种基于时间序列历史值和历史值上的预测误差来对当前做预测的模型。ARIMA 整合了自回归项 AR 和滑动平均项 MA。ARIMA 可以建模任何存在一定规律的非季节性时间序列。如果时间序列具有季节性,则需要使用 SARIMA(Seasonal ARIMA)建模。

8.4.1 Box-Jenkins 方法的基本思想

简单来说,Box-Jenkins 方法包括四个阶段:第一,把序列转化为平稳序列,并判断出合适的 ARMA 模型(确定阶数)用于分析;第二,估计模型的未知参数;第三,对模型进行评价分析;第四,使用得到的模型进行预测。

可以看到,其实整个过程最重要的还是第一个阶段,即如何对非平稳序列进行转化,以及如何确定 ARMA 模型的阶数。本章先主要介绍如何转化非平稳序列。

之前也说过,非平稳序列主要分析的对象就是非随机的趋势性和季节性,当然实际非平稳序列有很多,也可以很复杂,随便写一个序列也可以是非平稳序列,目前只有针对这两者的模型发展比较成熟,建模可以得到较好效果,所以才只主要分析它们,至于其他类型的序列,深度学习模型是个不错的选择。

Box-Jenkins 模型使用三个原则预测数据:自回归、差分和移动平均。这三个原理分别称为 p、d 和 q。每个原理都用于 Box-Jenkins 分析;它们一起被统称为 ARIMA(p,d,q)。

自回归(p)过程测试数据的平稳性级别。如果使用的数据是静止的,则可以简化预测过程。如果使用的数据是非平稳的,则需要对其进行差分(d),再测试数据的移动平均拟合(在分析过程的第 q 部分中完成)。总体而言,对数据的初步分析通过确定参数(p,d 和 q)为预测做好准备,然后应用于制定预测。

8.4.2 自相关与自相关图

自相关函数反映了同一序列在不同时序的取值之间的相关性:

$$ACF(k)=\rho_k=\frac{Cov(y_t,y_{t-k})}{Var(y_t)} \tag{8-13}$$

其中分子用于求协方差矩阵,分母用于计算样本方差。求出的 ACF 值为[-1,1]。

但对于一个平稳的 AR 模型,求出其滞后值的自相关系数后,得到的并不是 x(t)与 x(t-k)之间单纯的相关关系,其中掺杂了其他随机变量的影响.

自相关图如图 8-9 所示。

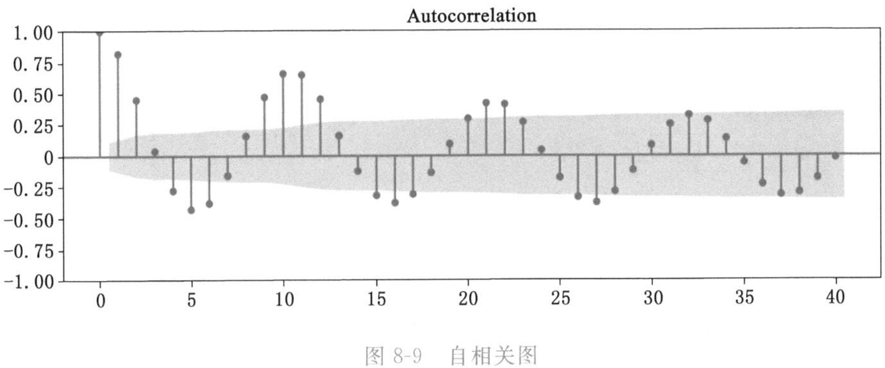

图 8-9 自相关图

8.4.3 ARIMA 模型的识别

时间序列的预处理,包括两个方面的检验:平稳性检验和白噪声检验。能够适用 ARMA 模型进行分析预测的时间序列必须满足的条件是平稳非白噪声序列。对数据的平稳性进行检验是时间序列分析的重要步骤,一般通过时序图和相关图来检验时间序列的平稳性。首先需要看自相关图定模型阶数。

· 如果时间序列本身就是平稳的,就不需要差分,所以此时 d=0。

· 如果时间序列不平稳,那么主要是看时间序列的 acf 图,如果 acf 表现为 10 阶或以上的拖尾,那么需要进一步地差分,如果 acf 表现为 1 阶截尾,则可能是过度差分了,最好的差分阶数是使 acf 先拖尾几阶,然后截尾。

·有的时候，可能在 2 个阶数之间无法确定用哪个，因为 acf 的表现差不多，那么就选择标准差小的序列。

Python 代码如下：

```
import NumPy as np
import pandas as pd
from statsmodels. graphics. tsaplots import plot_acf, plot_pacf
import matplotlib. pyplot as plt
plt. rcParams. update({'figure. figsize':(9,7), 'figure. dpi':330})
# Import data : Internet Usage per Minute
df = pd. read_csv(
'https://raw. githubusercontent. com/
selva86/datasets/master/wwwusage. csv', names=['value'], header=0)
# Original Series
fig, axes = plt. subplots(3, 2, sharex=True)
axes[0, 0]. plot(df. value); axes[0, 0]. set_title('Original Series')
plot_acf(df. value, ax=axes[0, 1])
# 1st Differencing
axes[1, 0]. plot(df. value. diff()); axes[1, 0]. set_title('1st Order Differencing')
plot_acf(df. value. diff(). dropna(), ax=axes[1, 1])
# 2nd Differencing
axes[2, 0]. plot(df. value. diff(). diff()); axes[2, 0]. set_title('2nd Order Differencing')
plot_acf(df. value. diff(). diff(). dropna(), ax=axes[2, 1])
plt. show()
```

图 8-10 是原时间序列、一阶差分后、二阶差分后的 acf 图。

(1) 构建 ARIMA 模型

从 statsmodels 库中导出 ARIMA 模型，并输入数据进行模型构建，最后生成模型信息。

```
from statsmodels. tsa. arima. model import ARIMA
# 1,1,2 ARIMA Model
model = ARIMA(df. value, order=(1,1,2))
model_fit = model. fit()
print(model_fit. summary())
```

执行上面的示例代码后，输出结果如图 8-11 所示。

(2) 模型拟合

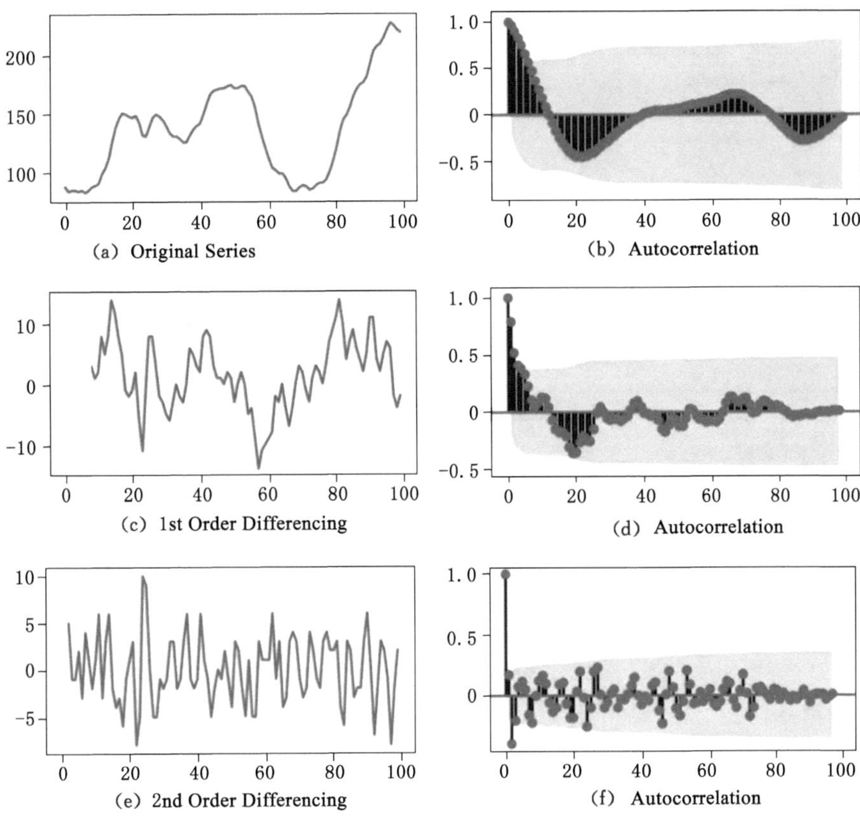

图 8-10 原时间序列、一阶差分后、二阶差分后的 acf 图

```
                               SARIMAX Results
==============================================================================
Dep. Variable:                  value   No. Observations:                  100
Model:                 ARIMA(1, 1, 2)   Log Likelihood                -254.126
Date:                Thu, 24 Nov 2022   AIC                            516.253
Time:                        06:21:19   BIC                            526.633
Sample:                             0   HQIC                           520.453
                                - 100
Covariance Type:                  opg
==============================================================================
                 coef    std err          z      P>|z|      [0.025      0.975]
------------------------------------------------------------------------------
ar.L1          0.6976      0.130      5.365      0.000       0.443       0.952
ma.L1          0.4551      0.169      2.699      0.007       0.125       0.786
ma.L2         -0.0664      0.157     -0.424      0.671      -0.373       0.241
sigma2         9.7898      1.421      6.889      0.000       7.005      12.575
===================================================================================
Ljung-Box (L1) (Q):                   0.00   Jarque-Bera (JB):                 0.09
Prob(Q):                              0.98   Prob(JB):                         0.95
Heteroskedasticity (H):               0.63   Skew:                            -0.07
Prob(H) (two-sided):                  0.19   Kurtosis:                         3.03
===================================================================================
```

图 8-11 模型信息

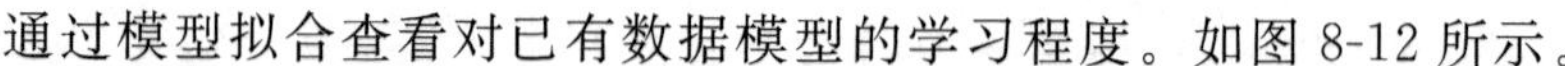

通过模型拟合查看对已有数据模型的学习程度。如图 8-12 所示。

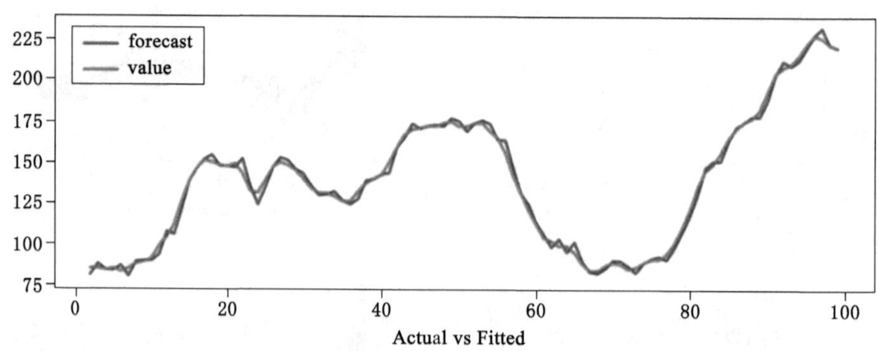

图 8-12　模型拟合效果图

Python 代码如下所示：

```
# Actual vs Fitted
model_fit.plot_predict(dynamic=False)
plt.show()
```

（3）模型预测

除了在训练数据上拟合，一般都会预留一部分时间段作为模型的验证，这部分时间段的数据不参与模型的训练。

图 8-13 是在 ARIMA(1,1,1)下的预测结果，给出了一定的序列变化方向，看上去还是合理的。不过所有的预测值，都在真实值以下，所以还可以试试看有没有别的更好的阶数组合。

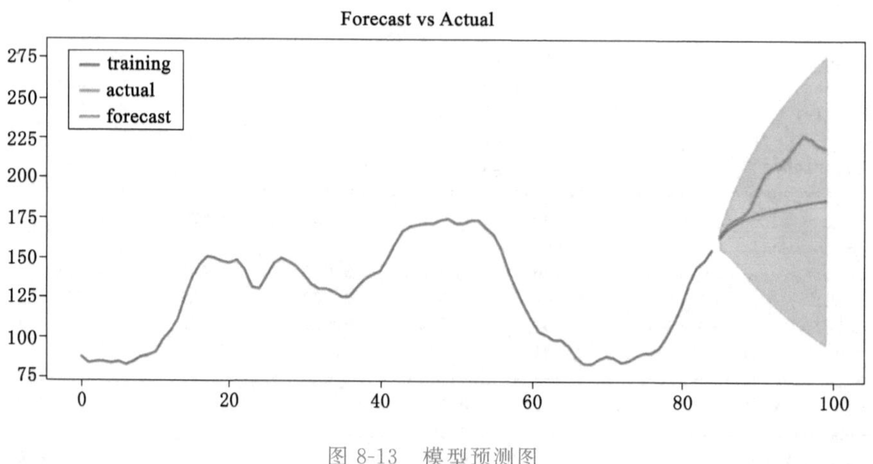

图 8-13　模型预测图

Python 代码如下所示：

```
from statsmodels.tsa.stattools import acf
# Create Training and Test
train = df.value[:85]
test = df.value[85:]
# Build Model
# model = ARIMA(train, order=(3,2,1))
model = ARIMA(train, order=(1, 1, 1))
fitted = model.fit(disp=-1)
# Forecast
fc, se, conf = fitted.forecast(15, alpha=0.05)  # 95% conf
# Make as pandas series
fc_series = pd.Series(fc, index=test.index)
lower_series = pd.Series(conf[:, 0], index=test.index)
upper_series = pd.Series(conf[:, 1], index=test.index)
# Plot
plt.figure(figsize=(12,5), dpi=100)
plt.plot(train, label='training')
plt.plot(test, label='actual')
plt.plot(fc_series, label='forecast')
plt.fill_between(lower_series.index, lower_series, upper_series,
                 color='k', alpha=.15)
plt.title('Forecast vs Actuals')
plt.legend(loc='upper left', fontsize=8)
plt.show()
```

8.4.4 ARIMA 的自动学习

通过预测结果来推断模型阶数的好坏毕竟还是耗时耗力了些，一般可以通过计算AIC 或 BIC 的方式来找出更好的阶数组合。pmdarima 模块的 auto_arima 方法就可以让我们指定一个阶数上限和信息准则计算方法，从而找到信息准则最小的阶数组合。

下面将介绍 ARIMA 的自动学习代码：

```
from statsmodels.tsa.arima_model import ARIMA
import pmdarima as pm #ARIMA 自动学习包
df = pd.read_csv('https://raw.githubusercontent.com/
selva86/datasets/master/wwwusage.csv', names=['value'], header=0)
```

```
model = pm.auto_arima(df.value, start_p=1, start_q=1,
                      information_criterion='aic',
                      test='adf',       # use adftest to find optimal 'd'
                      max_p=3, max_q=3, # maximum p and q
                      m=1,              # frequency of series
                      d=None,           # let model determine 'd'
                      seasonal=False,   # No Seasonality
                      start_P=0,
                      D=0,
                      trace=True,
                      error_action='ignore',
                      suppress_warnings=True,
                      stepwise=True)
print(model.summary())
# Forecast
n_periods = 24
fc, confint = model.predict(n_periods=n_periods, return_conf_int=True)
index_of_fc = np.arange(len(df.value), len(df.value)+n_periods)
# make series for plotting purpose
fc_series = pd.Series(fc, index=index_of_fc)
lower_series = pd.Series(confint[:, 0], index=index_of_fc)
upper_series = pd.Series(confint[:, 1], index=index_of_fc)
# Plot
plt.plot(df.value)
plt.plot(fc_series, color='darkgreen')
plt.fill_between(lower_series.index,
                 lower_series,
                 upper_series,
                 color='k', alpha=.15)
plt.title("Final Forecast of WWW Usage")
plt.show()
```

执行上面的示例代码后，输出结果如图 8-14 所示。

最优模型参数如图 8-15 所示。

自动学习模型预测结果如图 8-16 所示。

```
Performing stepwise search to minimize aic
 ARIMA(1,2,1)(0,0,0)[0] intercept   : AIC=525.587, Time=0.04 sec
 ARIMA(0,2,0)(0,0,0)[0] intercept   : AIC=533.474, Time=0.01 sec
 ARIMA(1,2,0)(0,0,0)[0] intercept   : AIC=532.437, Time=0.02 sec
 ARIMA(0,2,1)(0,0,0)[0] intercept   : AIC=525.893, Time=0.03 sec
 ARIMA(0,2,0)(0,0,0)[0]             : AIC=531.477, Time=0.01 sec
 ARIMA(2,2,1)(0,0,0)[0] intercept   : AIC=515.248, Time=0.05 sec
 ARIMA(2,2,0)(0,0,0)[0] intercept   : AIC=513.459, Time=0.04 sec
 ARIMA(3,2,0)(0,0,0)[0] intercept   : AIC=515.284, Time=0.06 sec
 ARIMA(3,2,1)(0,0,0)[0] intercept   : AIC=inf, Time=0.33 sec
 ARIMA(2,2,0)(0,0,0)[0]             : AIC=511.465, Time=0.03 sec
 ARIMA(1,2,0)(0,0,0)[0]             : AIC=530.444, Time=0.01 sec
 ARIMA(3,2,0)(0,0,0)[0]             : AIC=513.291, Time=0.04 sec
 ARIMA(2,2,1)(0,0,0)[0]             : AIC=513.256, Time=0.04 sec
 ARIMA(1,2,1)(0,0,0)[0]             : AIC=523.592, Time=0.03 sec
 ARIMA(3,2,1)(0,0,0)[0]             : AIC=inf, Time=0.24 sec

Best model:  ARIMA(2,2,0)(0,0,0)[0]
Total fit time: 0.990 seconds
```

图 8-14 自动学习参数

```
                               SARIMAX Results
==============================================================================
Dep. Variable:                      y   No. Observations:                  100
Model:               SARIMAX(2, 2, 0)   Log Likelihood                -252.732
Date:                Fri, 25 Nov 2022   AIC                            511.465
Time:                        18:53:28   BIC                            519.220
Sample:                             0   HQIC                           514.601
                                - 100
Covariance Type:                  opg
==============================================================================
                 coef    std err          z      P>|z|      [0.025      0.975]
------------------------------------------------------------------------------
ar.L1          0.2579      0.103      2.510      0.012       0.056       0.459
ar.L2         -0.4407      0.087     -5.093      0.000      -0.610      -0.271
sigma2        10.1268      1.519      6.668      0.000       7.150      13.103
===================================================================================
Ljung-Box (L1) (Q):                   0.05   Jarque-Bera (JB):                 0.10
Prob(Q):                              0.82   Prob(JB):                         0.95
Heteroskedasticity (H):               0.49   Skew:                            -0.07
Prob(H) (two-sided):                  0.05   Kurtosis:                         2.92
===================================================================================
```

图 8-15 最优模型参数

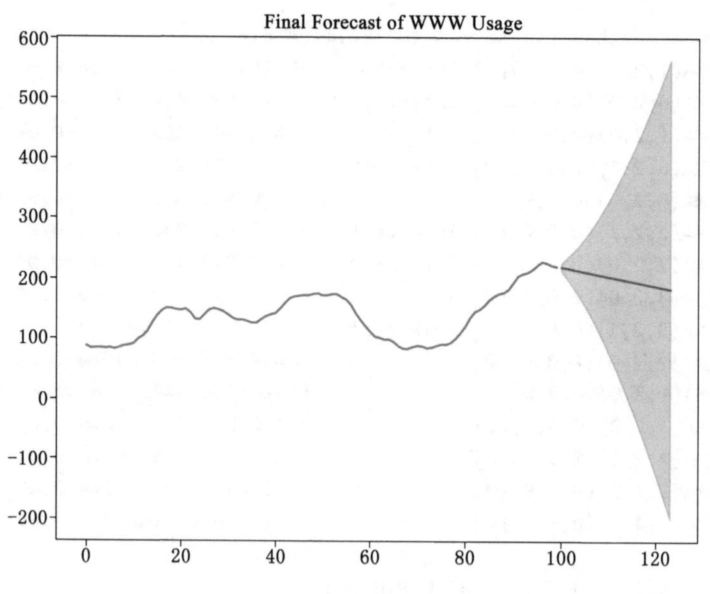

图 8-16　自动学习模型预测结果

8.5 本章小结

本章主要介绍了数据的时间序列预测，给出了时间序列成分和预测方法的相关概念，介绍了平稳序列、趋势、多成分序列的预测方法，最后介绍了基于 ARIMA 模型的 Box-Jenkins 方法。

本章习题

1. 时间序列由哪几个要素组成？

2. Holt 指数平滑和 Winter 指数平滑预测有什么不同？

3. 下表是 1991—2008 年我国小麦产量（单位：万吨）数据：分别采用移动平均法（l＝3）和指数平滑法（α＝0.3，0.5，0.8）预测 2009 年的小麦量。将实际值与预测值绘图进行比较，并分析预测误差，说明用哪种方法预测更合适。

年份	小麦产量	年份	小麦产量
1991	9 595.3	2000	9 963.6
1992	10 158.7	2001	9 387.3
1993	10 639	2002	9 029

表(续)

年份	小麦产量	年份	小麦产量
1994	9 929.7	2003	8 648.8
1995	10 220.7	2004	9 195.2
1996	11 056.9	2005	9 744.5
1997	12 328.9	2006	10 846.6
1998	10 972.6	2007	10 929.8
1999	11 388	2008	11 246.4

4. 下表是1990—2005年我国人均GDP表(单位:元),请分别使用一元线性回归和Holt指数平滑方法预测2006年的人均GDP,将实际值和预测值绘图进行比较。

年份	人均GDP	年份	人均GDP
1990	1 644.47	1998	6 796.03
1991	1 892.76	1999	7 158.50
1992	2 311.09	2000	7 857.68
1993	2 998.36	2001	8 621.71
1994	4 044.00	2002	9 398.05
1995	5 045.73	2003	10 541.97
1996	5 845.89	2004	12 335.58
1997	6 420.18	2005	14 040.00

5. 通过1700年到2008年之间太阳黑子出现次数画出折线图。

6. 数据使用 dta = sm.datasets.sunspots.load_pandas().data。

7. 通过上述数据,使用 statsmodels 生成相关图。

8. 使用 statsmodels 训练 ARIMA 模型,并输出模型参数。

9. 使用训练好的 ARIMA 模型预测2009年到2012年之间的太阳黑子出现次数。

10. 使用训练好的模型预测2009年到2023年之间太阳黑子出现次数的趋势图,并给出95%置信区间。

9 数据的聚类与判别方法

聚类分析是在没有给定划分类别的情况下，根据样本相似度进行样本分组的一种方法，它是一种无监督的学习方法。本章主要介绍 K-Means、DBSCAN、层次聚类等方法。判别分析又叫分辨法，它是利用已知类别的样本建立判别模型对未知类别的样本进行分类。主要介绍费歇判别、距离判别、最大似然和贝叶斯判别分析等方法。

9.1 数据聚类分析的统计学模型

“聚类”(clustering)是指试图将数据集中的样本划分为若干个不相交的子集，每个子集被称为一个“簇”或“类”(cluster)。没有给定划分类别的情况下，通过对无标记训练样本的学习来揭示数据的内在性质及规律。

常用的聚类方法有 K 均值(K-Means)、基于密度的噪声应用空间聚类(DBSCAN)、层次聚类(Hierarchical clustering)等。接下来将重点阐述聚类方法的原理和使用。

表 9-1 常用聚类算法

方法名称	应用场景	度量标准
K-Means(K 均值)	一般常用，簇大小均匀，几何结构平坦，簇数量少	点之间的距离
DBSCAN	非平面几何，簇大小不均匀，移除异常值	最近点之间的距离
Hierarchical Clustering(层次聚类)	簇数量多，可能是连接性约束，是传导的	点之间的距离
Mean Shift(均值偏移)	簇数量大，簇大小不均匀，非平面几何	点之间的距离
Gaussian Mixtures(高斯混合)	平面几何，适用于密度估计，归纳马氏距离到中心	马氏中心距离

9.1.1 K-Means

K-Means 是基于划分的方法，聚类想要达到“类内的点足够近，类间的点足够远”。

首先确定聚类的规模，即 K-Means 中的 K，随机选择 K 个对象作为初始中心点，按照距离将剩余对象划到最近的中心，然后计算新簇的中心点，循环上述操作直至调整幅度小于阈值或达到最大循环次数。

给定样本集 $D=\{x_1,x_2,\cdots,x_m\}$，“K 均值”算法针对聚类所得簇划分 $C=\{C_1,C_1,\cdots,C_k\}$ 最小化平方误差：其中 $\mu_i=\frac{1}{|C_i|}\sum_{x\in C_i}x$ 是簇的均值向量，在一定程度上刻画了簇内样本围绕簇均值向量的紧密程度，值越小则簇内相似度越高。“k 均值”采用贪心策略，通过迭代优化求解式。

经典 K-means 算法流程：

① 随机选择 K 个对象，每个对象初始表示一个簇的中心；

② 对剩余的每个对象，根据其与各簇中心的距离，将它划分给最近的簇；

③ 重新计算每个簇的平均值，更新为新的簇中心；

④ 不断重复②、③，直到准则函数收敛。

假定聚类簇数 K＝3，随机选取三个样本作为初始均值向量，即 $\mu_1=(0.403,0.237)$，$\mu_2=(0.343,0.099)$，$\mu_3=(0.532,0.472)$，将剩余对象划分到最近中心点所在的簇，并重新计算中心点，一次操作后的结果如图 9-1 所示。重复步骤②、③，中间结果如图 9-1 所示，经过四轮迭代后完成聚类操作。

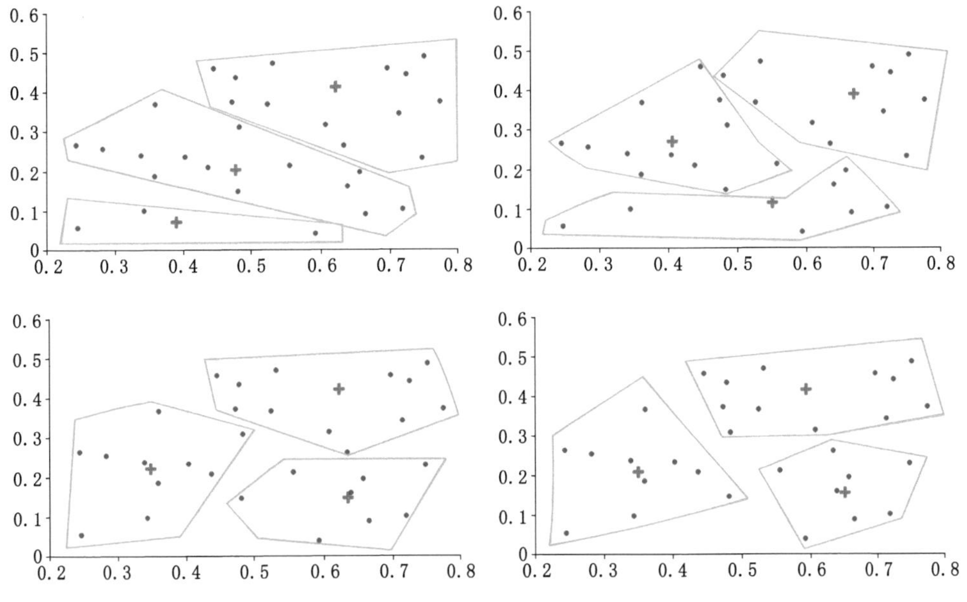

图 9-1　K-Means 迭代步骤

【例 9.1】　使用 Sklearn 库中自带的 datasets 生成 1 000 条数据，使用 Python 实现

K-Means 聚类。

```
import NumPy as np
import matplotlib. pyplot as plt
import sklearn. datasets as datasets
#生成数据集
def create_data():
    X,y = datasets. make_blobs(n_samples=1000,n_features=2,centers=[[1,0],[5,4],[2,3],
[10,8],[7,4]])
    return X,y
def init_centers(data,k):
    m, n =data. shape
    # m 样本个数,n 特征个数
    center_ids = np. random. choice(m,k)
    centers = data[center_ids]
    return centers
def cal_dist(ptA,ptB):
   return np. linalg. norm(ptA-ptB)
def kmeans_process(data,k):
    centers = init_centers(data, k)
    m, n = data. shape
    keep_changing = True
    pred_y = np. zeros((m,))
    while keep_changing:
        keep_changing = False
        #计算剩余样本所属类别
        for i in range(m):
            min_distance = np. inf
            for center in range(k):
                distance = cal_dist(data[i,:],centers[center,:])
                if distance<min_distance: #判断离哪个更近
                    min_distance = distance
                    idx = center #类别换下
            if pred_y[i] ! = idx:  #判断是否发生了改变
                keep_changing = True
            pred_y[i] = idx
        #更新类别中心点坐标
```

```
        for center in range(k):
            cluster_data = data[pred_y==center]
            centers[center,:] = np.mean(cluster_data, axis=0)
#求相同类别数据点的质心点
        print(centers)
    return centers, pred_y
if __name__ == '__main__':
    X, y = create_data()
    centers , pred_y = kmeans_process(data=X, k=5)
    plt.figure(dpi=300)
    plt.scatter(X[:,0], X[:,1], s=3, c=pred_y)
    plt.scatter(centers[:,0], centers[:,1], s=10, c='k')
    plt.show()
```

执行上面的示例代码后,输出的聚类结果如图 9-2 所示。

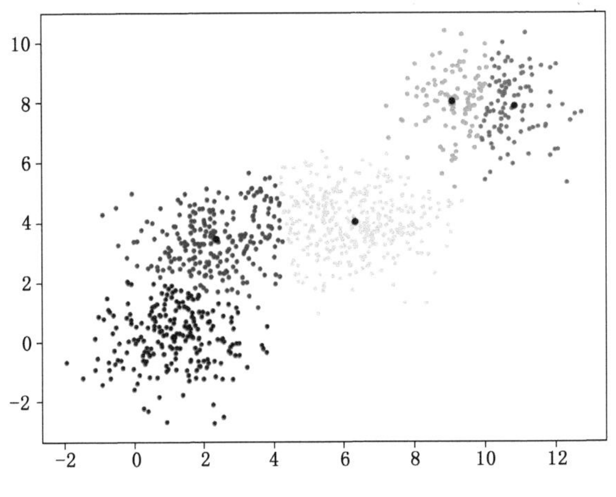

图 9-2 K-Means 聚类结果和聚类中心

上例给出了 K-Mean 聚类算法的实现,但 Python 的 Sklearn 包中集成了 KMeans 算法,下一个例子将给出具体做法。

【例 9.2】 本实验使用的是 Iris 数据集(见图 9-3),该数据集共有 3 种类别的鸢尾花,每种有 50 个样本。数据集提供了 4 个特征:花萼长度(Sepal Length)、花萼宽度(Sepal Width)、花瓣长度(Petal Length)和花瓣宽度(Petal Width)。

```
from sklearn.datasets import load_iris
from sklearn.cluster import KMeans
import matplotlib.pyplot as plt
iris = load_iris()  #获取数据集
```

```
X = iris.data[:, :2]  # 筛选数据集的前两列
plt.scatter(X[:, 0], X[:, 1])  # 数据集的第一列作为横坐标,第二列作为纵坐标
plt.xlabel('Speal Length', fontsize=12)
plt.ylabel('Sepal Width', fontsize=12)
plt.show()
```

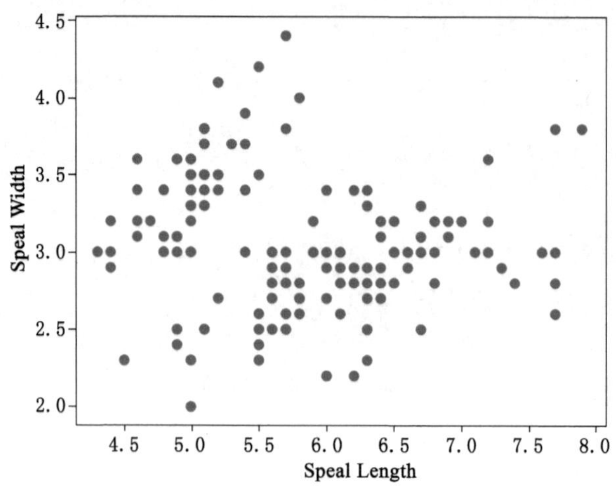

图 9-3　iris 数据集

```
from sklearn.datasets import load_iris
from sklearn.cluster import KMeans
import matplotlib.pyplot as plt
iris = load_iris()  #获取数据集
X = iris.data[:, :2]  # 筛选数据集的前两列
plt.scatter(X[:, 0], X[:, 1])  # 数据集的第一列作为横坐标,第二列作为纵坐标
plt.xlabel('Speal Length', fontsize=12)
plt.ylabel('Sepal Width', fontsize=12)
plt.show()
```

使用 K-Means 算法将上述数据集聚为 3 类：

```
km = KMeans(n_clusters=3)  #聚类规模为 3
km.fit(X)  #计算 K-Means 聚类
center = km.cluster_centers_  #聚类中心
label = km.labels_  #聚类结果标签
iteration = km.n_iter_  #聚类迭代次数
plt.scatter(X[:, 0], X[:, 1], c=label)  # 按照结果标签分类填充不同颜色
plt.scatter(center[:, 0], center[:, 1], c='red', marker='+')  # 红色加号绘制中心点
plt.xlabel('Speal Length', fontsize=12)
```

```
plt.ylabel('Sepal Width', fontsize=12)
plt.show()
print('聚类中心')
print(center)
print('聚类结果标签')
print(label)
print('聚类迭代次数')
print(interation)
```

执行上面的示例代码后，输出结果如下：

```
聚类中心
[[5.77358491  2.69245283]
[6.81276596  3.07446809]
[5.006        3.428     ]]
聚类结果标签
[2 2 2 2 2 2 2 2 2 2 2 2 2 2 2 2 2 2 2 2 2 2 2 2 2 2 2 2 2 2 2 2 2 2 2 2 2
2 2 2 2 2 2 2 2 2 2 2 2 2 1 1 1 0 1 0 1 0 1 0 0 0 0 0 0 1 0 0 0 0 0 0 0 0
1 1 1 1 0 0 0 0 0 0 0 0 1 0 0 0 0 0 0 0 0 0 0 0 0 0 1 0 1 1 1 1 0 1 1 1 1
1 1 0 0 1 1 1 1 0 1 0 1 0 1 1 0 0 1 1 1 1 1 0 0 1 1 1 0 1 1 1 0 1 1 1 0 1
1 0]
聚类迭代次数
13
```

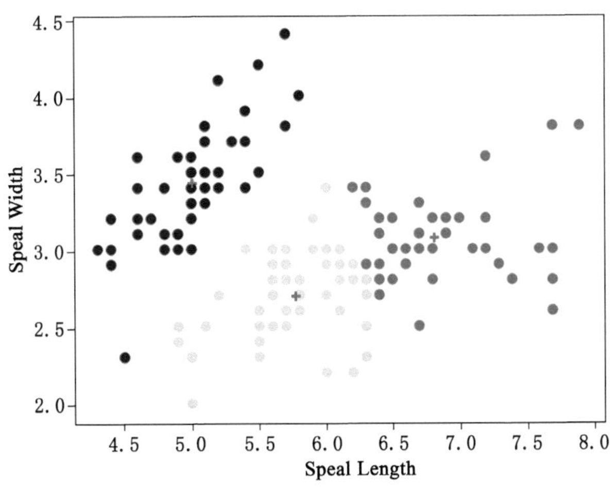

图 9-4 聚类结果和聚类中心

如图 9-4 所示，K-Means 算法可以高效地处理数据，对大型数据集也较为友好，算法时间复杂度低、空间复杂度低。但是当数据集较大时容易陷入局部最优，需要设置聚类的初始中心和规模，对初始设定较为敏感。只用于数值类型数据，不能解决非凸(non-convex)数据。

9.1.2 DBSCAN

DBSCAN 是基于密度的方法，用一组“邻域”参数来刻画样本分布的紧密程度。在邻域范围内的对象数目超过一定的阈值，则继续聚类，最后在一个邻域内的对象为一类。

给定样本集 $D=\{x_1, x_2, \cdots, x_m\}$，对于 $x_j \in D$，其 ϵ—邻域包含样本集 D 与 x_j 的距离不大于 ϵ 的样本，即 $N_\epsilon(x_j)=\{x_i \in D \mid dist(x_i, x_j) \leqslant \epsilon\}$。若 x_j 的 ϵ—邻域至少包含 MinPts 个样本，即 $|N_\epsilon(x_j)| \geqslant MinPts$，则 x_j 是一个核心对象。若 x_i 位于 x_j 的 ϵ—领域中，则称 x_i 由 x_j 密度直达。对于 x_i 与 x_j，若存在样本序列 $p_1, p_2, \cdots, p_n$，其中 $p_1=x_i, p_n=x_j$ 且 p_{i+1} 由 p_i 密度直达，则称 x_j 由 x_j 密度可达。对 x_i 与 x_j，若存在 x_k 使得 x_i 与 x_j 均由 x_k 密度可达，则称 x_i 与 x_j 密度相连。

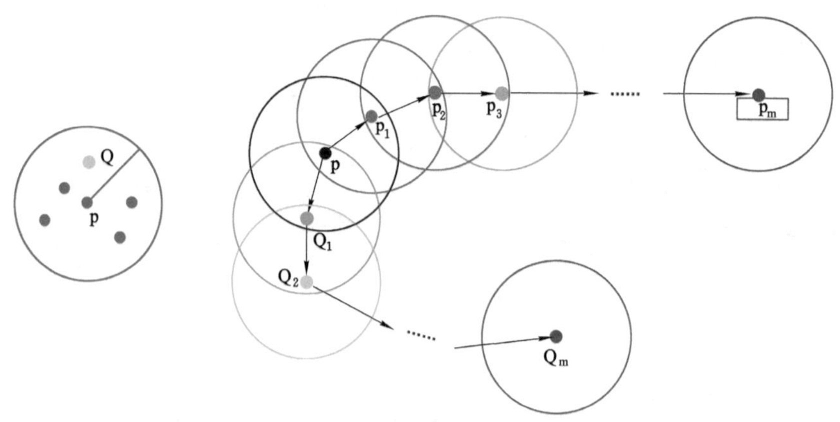

图 9-5 DBSCAN 原理示意图

DBSCAN 算法流程(见图 9-5)：

① 从任一对象 p 开始；

② 判定对象 p 的 ϵ—邻域内是否包含大于 MinPts 个样本；

③ 如果 p 是一个核心点，则找出所有从该点出发的密度可达对象，形成簇；如果 p 是一个边界点(即从 p 没有密度可达的点)则寻找下一个对象点；

④ 重复②、③，直到所有点都被处理

【例 9.3】 本示例使用了 sklearn 中的 make_blobs 方法生成了如图 9-6 所示的数据集，绘制了一个类似于笑脸的图形形状。图 9-7 展示了该数据集使用 K-Means 方法聚类结果，可以看出聚类效果较差，没能正确识别出图形形状。

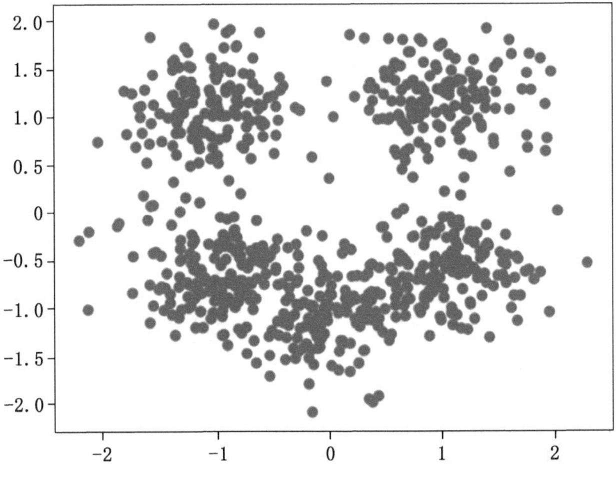

图 9-6 生成的高斯斑点数据集

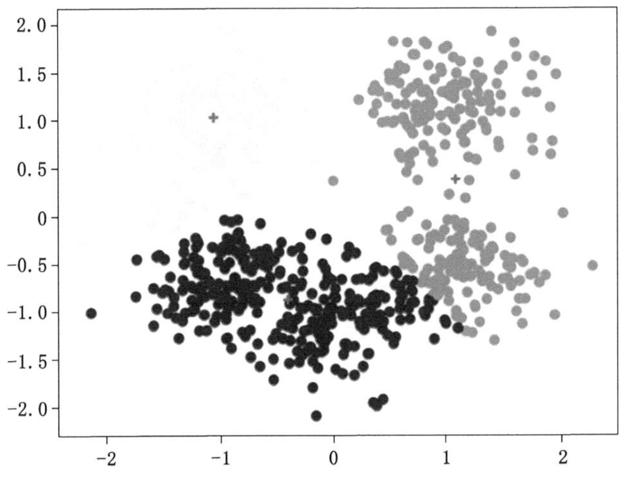

图 9-7 使用 K-Means 聚类结果图

```
from sklearn.datasets import make_blobs
from sklearn.preprocessing import StandardScaler
from sklearn.cluster import DBSCAN
import matplotlib.pyplot as plt
centers = [[1, 1], [0, -1.5], [-1, 1], [1, -1], [-1, -1]]
X, labels_true = make_blobs(
    n_samples=750, centers=centers, cluster_std=0.4, random_state=0
)  # make_blobs 方法生成用于聚类的各向同性高斯斑点。
X = StandardScaler().fit_transform(X)  #数据标准化
```

```
dbscan = DBSCAN(eps=0.3, min_samples=10)  # 邻域设为 0.3,样本的数量为 10
dbscan.fit(X)  # 计算 DBSCAN 聚类
label = dbscan.labels_  # 聚类结果标签
plt.scatter(X[:, 0], X[:, 1], c=label)  # 按照结果标签分类填充不同颜色
```

执行上面的示例代码后,输出结果如图 9-8 所示。

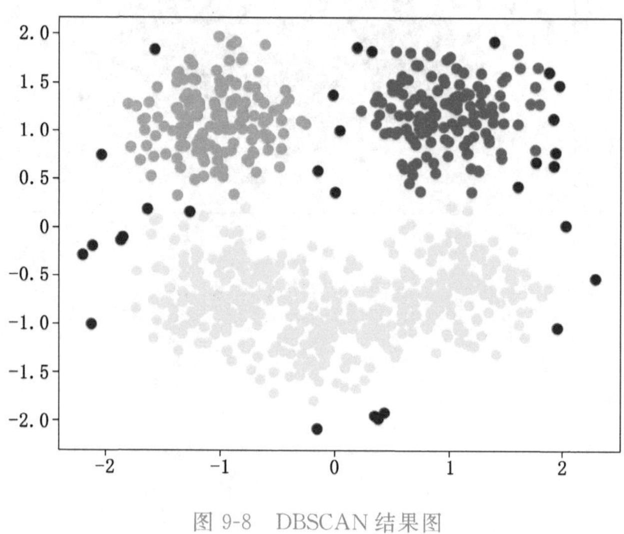

图 9-8 DBSCAN 结果图

使用 DBSCAN 聚类算法,初始参数设为 0.3 和 10。

聚类结果如图 9-8 所示,笑脸形状的两个眼睛一个嘴巴分别被识别成不同的簇,并排除了部分异常点。

DBSCAN 对噪声不敏感,能发现任意形状的聚类。但聚类的结果与参数有很大的关系;由于使用固定参数识别聚类,聚类的稀疏程度不同时,相同的判定标准可能会破坏聚类的自然结构。

9.1.3 Hierarchy Cluster

层次聚类主要有两种类型:合并的层次聚类和分裂的层次聚类。凝聚层次聚类(AGNES 算法)是一种自底向上的层次聚类算法,从最底层开始,每一次通过合并最相似的聚类来形成上一层次中的聚类,整个当全部数据点都合并到一个聚类的时候停止或者达到某个终止条件而结束,大部分层次聚类都是采用这种方法处理。分裂层次聚类(DIANNA 算法)是采用自顶向下的方法,从一个包含全部数据点的聚类开始,然后把根节点分裂为一些子聚类,每个子聚类再递归地继续往下分裂,直到出现只包含一个数据点的单节点聚类出现,即每个聚类中仅包含一个数据点。

自底向上的凝聚层次聚类主要步骤为:

① 将每个对象看作一类，计算两两之间的最小距离；

② 将距离最小的两个类合并成一个新类；

③ 重新计算新类与所有类之间的距离；

④ 重复②、③，直到所有类最后合并成一类。

【例 9.4】 使用 Iris 数据集进行层次聚类。

```
from scipy.cluster.hierarchy import linkage, dendrogram, cut_tree
from sklearn.datasets import load_iris
import matplotlib.pyplot as plt
iris = load_iris()  #获取数据集
y = iris.data[10:25, :5]  # 筛选数据集的第 10—25 行，前 5 列
Z = linkage(y, method='average')  #执行层次聚类，y 可以是一维压缩距离矩阵
                                  #或二维观测向量阵列。距离计算方式选'average'
dn = dendrogram(Z)  #将层次聚类绘制为树状图
plt.show()
cutted_tree_3 = cut_tree(Z, n_clusters=3)  #将元素划为 3 类，类似于将树横切
cutted_tree_5 = cut_tree(Z, n_clusters=5)  #将元素划为 5 类，类似于将树横切
print('聚为 3 类，取值相同的为一类')
print(cutted_tree_3)
print('聚类 5 类，取值相同的为一类')
print(cutted_tree_5)
```

执行上面的示例代码后，输出结果如下（见图 9-9）：

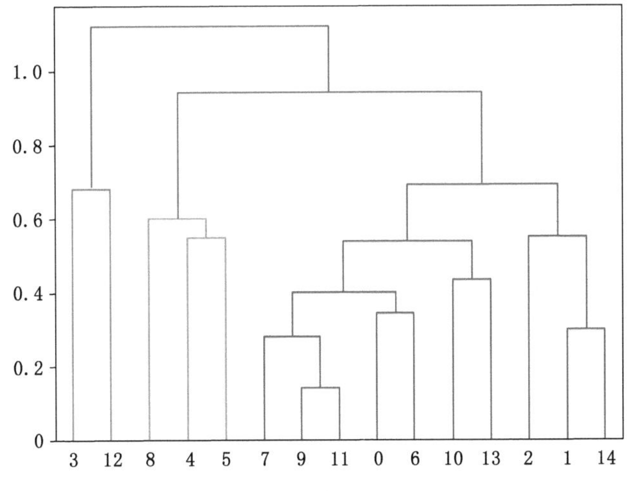

图 9-9 层次聚类结果图

```
聚为 3 类，取值相同的为一类
[[0], [0], [0], [1], [2], [2], [0], [0], [2], [0], [0], [0], [1], [0], [0]]
聚为 5 类，取值相同的为一类
[[0], [1], [1], [2], [3], [3], [0], [0], [3], [0], [0], [0], [4], [0], [1]]
```

层次聚类算法可解释性好，一次性得到了所有聚类结果，可根据聚类树的结果截取不同的簇数目，对于 K-means 不能解决的非球形簇也能得到较好解决。但是算法时间复杂度较高、计算量大，每次都需要计算簇中两两对象的距离。

9.1.4 其他聚类方法

由于经典聚类算法存在各种各样的问题，出现了很多新兴的算法或是经典算法的改进。

K-Means 算法中 K 个初始化的质心的位置对聚类结果和运行时间有很大的影响，因此需要选择合适的 K 个质心。随机选择可能导致算法收敛速度慢。K-Means++算法就是对 K-Means 随机初始化质心方法的优化。Elkan K-Means 则从距离计算的角度对 K-Means 进行了优化。Mini Batch K-Means 算法用来完成样本量巨大、特征值较多的聚类。

基于密度聚类的算法除了 DBSCAN 还有 OPTICS(Ordering Points To Identify the Clustering Structure)算法，它使用一个广泛的参数来克服 DBSCAN 使用一组全局参数带来的缺点，为聚类分析生成一个增广的簇排序，代表了各样本点基于密度的聚类结构。

此外，还有高斯混合模型(GMM)的期望最大化(EM)聚类，均值偏移(Mean Shift)聚类算法、分裂层次聚类(DIANA)算法等，本书不作具体说明。

9.2 数据判别分析的统计学模型

判别分析就是根据观测数据，依据某种判别标准建立一个判别函数，并根据该函数对新样品进行判别归类。判别分析的任务是根据已掌握的样本资料，建立判别函数，进而对给定的新观测，判断它来自哪一个总体。本章主要介绍以下判别分析方法。

① 费歇(Fisher)判别分析；

② 距离判别分析；

③ 最大似然判别分析法；

④ 贝叶斯(Bayes)判别分析。

9.2.1　费歇(Fisher)判别分析

Fisher 判别分析又称线性判别分析(Linear Discriminant Analysis,LDA),其主要思想是将所有训练样本投影到一条直线上,使得同类样本的投影点尽可能近、不同类样本的投影点尽可能远,在对新样本进行分类时,将其投影到这条直线上,再根据投影点的位置来确定新样本的类别。Fisher 判别分析原理如图 9-10 所示。

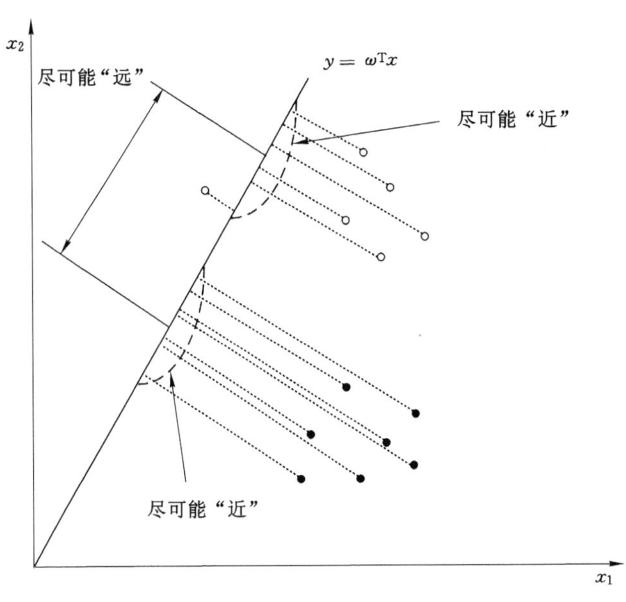

图 9-10　Fishaer 判别分析原理图

给定的数据集 $D=\{(x_i,y_i)\}_i^m=1, y_i\in\{0,1\}$,令 X_i、μ_i、Σ_i 分别表示第类示例的集合、均值向量、协方差矩阵。若将数据投影到直线 $y=w^T x$ 上,则两类样本的中心在直线上的投影分别是 $w^T\mu_0$ 和 $w^T\mu_1$;若将所有样本点都投影到直线上,则两类样本的协方差分别是 $w^T\Sigma_0 w$ 和 $w^T\Sigma_1 w$。

要达到较好的分类效果,应该使得同类样本的投影点尽可能接近,也就是让同类样本投影点的协方差尽量小,即 $w^T\Sigma_0 w+w^T\sum_1 w$ 尽可能小。同时应该保证不同类样本的投影点尽可能远离,即 $\|w^T\mu_0-w^T\mu_1\|_2^2$ 尽可能大。同时考虑二者,可以得到下面的需要最大化的目标:

$$J=\frac{\|w^T\mu_0-w^T\mu_1\|_2^2}{w^T\sum_0 w+w^T\sum_1 w} \tag{9-1}$$

定义“类内散度矩阵”(within-class scatter matrix):

$$S_w=\sum_0+\sum_1=\sum_{x\in X_0}(x-\mu_0)(x-\mu_0)^T+\sum_{x\in X_1}(x-\mu_1)(x-\mu_1)^T \tag{9-2}$$

以及“类间散度矩阵”(between-class scatter matrix)：

$$S_b=(\mu_0-\mu_1)(\mu_0-\mu_1)^T \tag{9-3}$$

则 J 可重写为：

$$J=\frac{w^TS_bw}{w^TS_ww} \tag{9-4}$$

要最大化上述目标，令 $w^TS_ww=1$，则上式等价于：

$$\begin{aligned}&\min_w -w^TS_bw\text{s. t.}\\&w^TS_ww=1\end{aligned} \tag{9-5}$$

利用拉格朗日乘子法得到下式并求导：

$$c(w)=w^TS_bw-\lambda(w^TS_ww-1)\Rightarrow\frac{dc}{dw}=2S_bw-2\lambda S_ww=0\Rightarrow S_bw=\lambda S_ww \tag{9-6}$$

令 $S_bw=\lambda(\mu_1-\mu_2)$，代入上式可得 $w=S_w^{-1}(\mu_1-\mu_2)$。

【例 9.5】 某工厂生产芯片，其质量以曲率和直径来衡量，表 9-2 给出了专家质量控制的结果。用线性判别分析方法判定曲率为 2.81、直径为 5.46 的芯片是否合格？

表 9-2　示例数据表

曲率	直径	检验结果
2.95	6.63	合格
2.53	7.79	合格
3.57	5.65	合格
3.16	5.47	合格
2.58	4.46	不合格
2.16	6.22	不合格
3.27	3.52	不合格

下面代码可以显示数据在坐标上分布：

```
import NumPy as np
import matplotlib.pyplot as plt
X = np.array([[2.95, 6.63], [2.53, 7.79], [3.57, 5.65], [3.16, 5.47], [2.58, 4.46], [2.16,
6.22], [3.27, 3.52]])
y = np.array([1, 1, 1, 1, 2, 2, 2])  #合格记为1,不合格记为2
plt.scatter(X[:3, 0], X[:3, 1], c='green', marker='o')  #合格的样本以绿色圆点表示
plt.scatter(X[4:, 0], X[4:, 1], c='blue', marker='^')  # 不合格的样本以蓝色三角形表示
plt.scatter(2.81, 5.46, c='red', marker='+')  # 待判定的点以红色加号表示
plt.xlabel('曲率')  # x轴是曲率
```

```
plt.ylabel('直径')  # y轴是直径
plt.show()
```

执行上面的示例代码后，输出结果如图 9-12 所示：

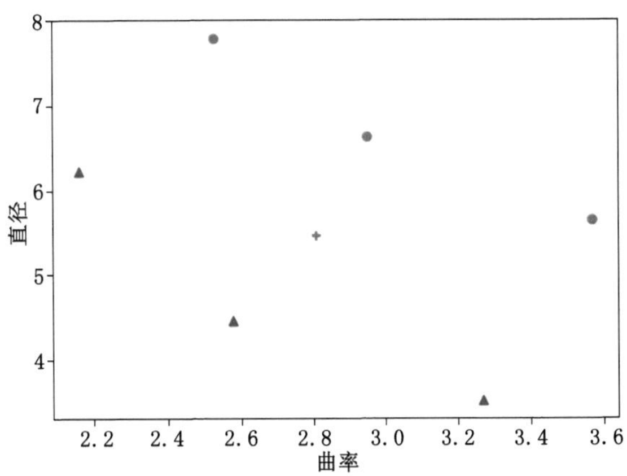

图 9-11 示例数据分布图

下面代码实现线性判别分析，并将已知数据分类并可视化。

```
def LinearDiscriminantAnalysis(X, y):
    X1 = np.array([X[i] for i in range(len(X)) if y[i] == 1])
    X2 = np.array([X[i] for i in range(len(X)) if y[i] == 2])
    len1 = len(X1)
    len2 = len(X2)
    mju1 = np.mean(X1, axis=0)  #求中心点
    mju2 = np.mean(X2, axis=0)  #求中心点
    cov1 = np.dot((X1 - mju1).T, (X1 - mju1))  # 求协方差
    cov2 = np.dot((X2 - mju2).T, (X2 - mju2))  # 求协方差
    Sw = cov1 + cov2  #类内散度矩阵
    w = np.dot(np.mat(Sw).I, (mju1 - mju2).reshape((len(mju1), 1)))  # 计算 w
    X1_new = np.dot(X1, w)
    X2_new = np.dot(X2, w)
    y1_new = [1 for i in range(len1)]
    y2_new = [2 for i in range(len2)]
    return X1_new, X2_new, y1_new, y2_new
X1_new, X2_new, y1_new, y2_new = LinearDiscriminantAnalysis(X, y)
plt.plot(X1_new, y1_new,'go')
plt.plot(X2_new, y2_new,'b^')
plt.show()
```

执行上面的示例代码后，输出结果如图 9-12 所示。

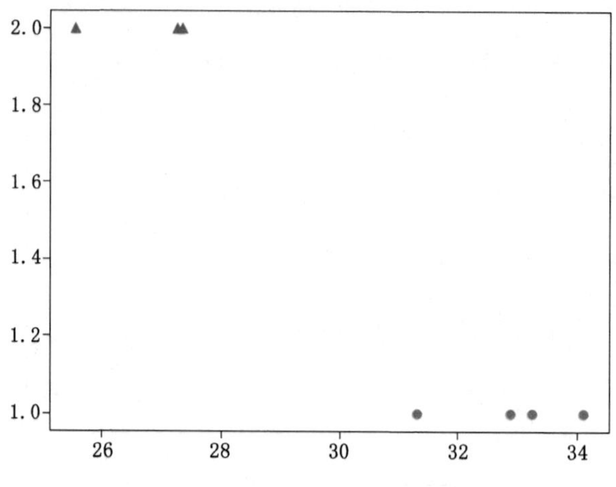

图 9-12 分类后的数据分布图

也可以使用 Sklearn 中线性判别模型对数据进行分类，判断曲率 2.81、直径 5.46 的芯片是否合格。

```
from sklearn.discriminant_analysis import LinearDiscriminantAnalysis
clf = LinearDiscriminantAnalysis()  #线性判别分析
clf.fit(X, y)  #训练判别分析模型
print(clf.predict([[2.81, 5.46]]))  # 预测曲率 2.81、直径 5.46 的芯片是否合格
print(clf.predict_proba([[2.81, 5.46]]))  # 预测合格与不合格的概率
```

执行上面的示例代码后，输出结果如下：

```
#结果为 2 即为不合格
[2]
#合格的概率为 0.084,不合格的概率为 0.915
[[0.08495537 0.91504463]]
```

9.2.2 距离判别分析

距离判别法的基本思想是根据已知类别样本，分别计算各类的质心即分组(类)的均值，并建立距离判别函数式，将待判定样本的属性数据代入式中计算得到距离值，再根据此将样本判入距离值最小的类别样本簇。

欧氏距离是最易于理解的一种距离计算方法，源自欧氏空间中两点间的距离公式。二维平面上两点 $a(x_1,y_1)$ 与 $b(x_2,y_2)$ 间的欧氏距离为：

$$d_{12}=\sqrt{(x_1-x_2)^2+(y_1-y_2)^2} \tag{9-7}$$

三维空间两点 $a(x_1,y_1,z_1)$ 与 $b(x_2,y_2,z_2)$ 间的欧氏距离为：

$$d_{12}=\sqrt{(x_1-x_2)^2+(y_1-y_2)^2+(z_1-z_2)^2} \tag{9-8}$$

同样，可以推广到两个 n 维向量 $a(x_{11},x_{12},\cdots,x_{1n})$ 与 $b(x_{11},x_{12},\cdots,x_{1n})$ 间的欧氏距离：

$$d_{12}=\sqrt{\sum_{k=1}^{n}(x_{1k}-x_{2k})^2} \tag{9-9}$$

相比于欧式距离，马氏距离（Mahalanobis 距离）是考虑了随机变量的方差的一种相对距离。设 x，y 是服从均值为 μ，协方差矩阵为 $\sum$ 的总体 X 中抽取的样本，则 x，y 两点的马氏距离为：

$$d(x,y)=\sqrt{(x-y)^T\sum^{-1}(x-y)} \tag{9-10}$$

样本点 x 与总体 X 的马氏距离为：

$$d(x,A)=\sqrt{(x-\mu)^T\sum^{-1}(x-\mu)} \tag{9-11}$$

在这里讨论两个总体的距离判断，设总体 X_1 和 X_2 的均值向量分别为 μ_1 和 μ_2，协方差矩阵分别为 $\sum_1$ 和 $\sum_2$，给定一个样本点 x，分别计算样本点离两个样本的中心点的距离，然后比较两个距离的大小，从而判断其分类。下面分别讨论两个总体协方差矩阵相同和协方差矩阵两种不同的情况。

两个总体协方差矩阵相同时，令 $\bar{\mu}=\dfrac{\mu_1+\mu_2}{2}$，判别函数为：

$$w(x)=(x-\bar{\mu})^T\sum^{-1}(\mu_1-\mu_2) \tag{9-12}$$

判别准则为：

$$x\in\begin{cases}X_1, & w(x)\geqslant 0\\ X_2, & w(x)<0\end{cases} \tag{9-13}$$

两个总体协方差矩阵不同时，判别函数为：

$$w(x)=(x-\mu_2)^T\sum_2^{-1}(x-\mu_2)-(x-\mu_1)^T\sum_1^{-1}(x-\mu_1) \tag{9-14}$$

判别准则为：

$$x\in\begin{cases}X_1, & w(x)\geqslant 0\\ X_2, & w(x)<0\end{cases} \tag{9-15}$$

K 最近邻算法（KNN）是距离判别法中使用最为广泛的，KNN 的思路是如果一个样本在特征空间中的 K 个最相邻的样本中的大多数属于某一个类别，则该样本也属于这个类别。在实际应用中，K 值一般取一个比较小的数值，例如采用交叉验证法（简单来说，就是一部分样本做训练集，一部分做测试集）来选择最优的 K 值。

【例 9.6】 蠓虫是一种昆虫，分为很多类型，其中有一种名为 Af，是能传播花粉的益虫;另一种名为 Apf,是会传播疾病的害虫。这两种类型的蠓虫在形态上十分相似,很难区分。现测得 9 只 Af 和 6 只 Apf 蠓虫的触角长度和翅膀长度数据:

Af:(1.24,1.27),(1.36,1.74),(1.38,1.64),(1.38,1.82),(1.38,1.90),(1.40,1.70),(1.48,1.82),(1.54,1.82),(1.56,2.08);

Apf:(1.14,1.78),(1.18,1.96),(1.20,1.86),(1.26,2.00),(1.28,2.00),(1.30,1.96).

若两类蠓虫协方差矩阵相等,试判别(1.24,1.80),(1.28,1.84)与(1.40,2.04) 3 只蠓虫属于哪一类。

使用 KNN 来对蠓虫进行判别分析,距离使用马氏距离,详细代码如下:

```
import NumPy as np
import matplotlib.pyplot as plt
plt.rcParams['font.sans-serif'] = ['SimHei']
plt.rcParams['font.size'] = 15
X0 = np.array([[1.24, 1.27], [1.36, 1.74], [1.38, 1.90], [1.38, 1.82],
              [1.38, 1.90], [1.40, 1.70], [1.48, 1.82], [1.54, 1.82],
              [1.56, 2.08], [1.14, 1.78], [1.18, 1.96], [1.20, 1.86],
              [1.26, 2.00], [1.28, 2.00], [1.30, 1.96]])
x = np.array([[1.24, 1.80], [1.28, 1.84], [1.40, 2.04]])
g = np.hstack([np.ones(9), 2 * np.ones(6)])  # Af记为1,Apf记为2
v = np.cov(X0.T)  #协方差矩阵
#画出样本散点图,前9个是Af,剩下的是Apf
plt.scatter(X0[:8, 0], X0[:8, 1], c='green', marker='o')  # Af以绿色圆点表示
plt.scatter(X0[9:, 0], X0[9:, 1], c='blue', marker='^')  # Apf以蓝色三角形表示
plt.scatter(x[:, 0], x[:, 1], c='red', marker='+')  # 待判别样本以红色加号表示
plt.xlabel('触角长度')  # x轴是触角长度
plt.ylabel('翅膀长度')  # y轴是翅膀长度
plt.show()
```

运行结果如图 9-13 所示。

下面代码实现 KNN 作为距离判别器对新数据的分类,使用了欧式距离作为距离度量。

```
from math import sqrt
class kNNClassifier:
    def __init__(self, k):
        #初始化分类器
        assert k >= 1, "k must be valid"
        self.k = k
        self._X_train = None
```

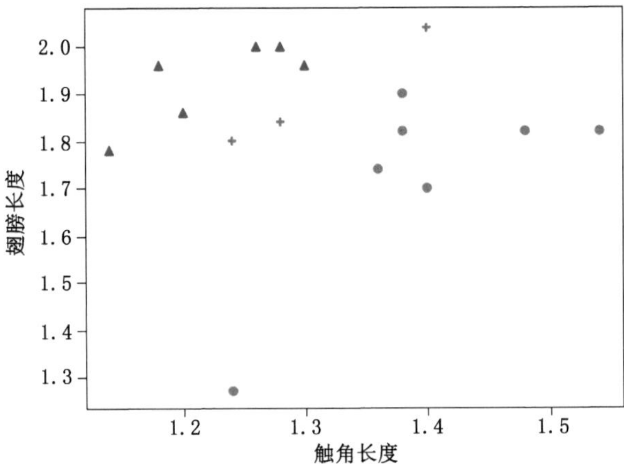

图 9-13 数据分布图

```
        self._y_train = None
    def fit(self, X_train, y_train):
        #根据训练数据集 X_train 和 y_train 训练 kNN 分类器
        assert X_train.shape[0] == y_train.shape[0], \
            "the size of X_train must be equal to the size of y_train"
        assert self.k <= X_train.shape[0], \
            "the size of X_train must be at least k"
        self._X_train = X_train
        self._y_train = y_train
        return self
    def predict(self,X_predict):
        #给定待预测数据集 X_predict,返回表示 X_predict 结果的向量
        assert self._X_train is not None and self._y_train is not None, \
            "must fit before predict!"
        assert X_predict.shape[1] == self._X_train.shape[1], \
            "the feature number of X_predict must be equal to X_train"
        y_predict = [self._predict(x) for x in X_predict]
        return np.array(y_predict)
    def _predict(self, x):
        distances = [sqrt(np.sum((x_train - x) ** 2)) for x_train in self._X_train]
        nearest = np.argsort(distances)
        classCount = {}
        for i in range(self.k):
            voteLabel = self._y_train[nearest[i]]
```

```
            classCount[voteLabel] = classCount.get(voteLabel, 0) + 1
        maxCount = 0
        for key, value in classCount.items():
            if value > maxCount:
                maxCount = value
                maxIndex = key
        return maxIndex
knn = kNNClassifier(3)
knn.fit(X0, g)
pre = knn.predict(x)
print("knn 欧氏距离判别结果:", pre)
```

执行上面的示例代码后,输出结果如下:

```
knn 欧式距离判别结果:[2. 1. 2.]
```

也可以使用 sklearn 中 KNeighborsClassifier 作为距离判别器对新数据的分类,使用了马氏距离作为距离度量。

```
from sklearn.neighbors import KNeighborsClassifier
#马氏距离 KNN 分类器
knn = KNeighborsClassifier(3, metric='mahalanobis', metric_params={'V': v})
knn.fit(X0, g)
pre = knn.predict(x)
print("马氏距离判别结果:", pre)
```

执行上面的示例代码后,输出结果如下:

```
马氏距离判别结果:[2. 2. 1.]
```

9.2.3 最大似然判别分析

最大似然法判别是用独立事件的概率乘法定理得到判别对象归属某类的概率,适用于指标为定性资料或等级资料的两类判别和多类判别,其计算方法如下。

若有 m 个相互独立的判别指标 $X_1, X_2, \cdots, X_m$,有 g 种类型互斥(即一个对象只可能归属于其中一类)判别类型 $Y_1, Y_2, \cdots, Y_g$。假定已知属于第 k 类时,变量 X_j 取值为 S_l 的条件概率为 $p(X_j(S_l)|Y_k)$。当某个待判别样品各个指标 $X_1, X_2, \cdots, X_m$ 的取值分别为 $S_1, S_2, \cdots, S_m$,则其似然函数(取值概率)为:

$$P_k = P(X_1(S_1)|Y_k)P(X_2(S_2)|Y_k)\cdots P(X_m(S_m)|Y_k) \tag{9-16}$$

计算出样品属于每个类的概率并比较大小,样品将被判别为概率最大的类,即以概率作为判据。

【例 9.7】 假设有一堆水果，其中香蕉有 500 个，橘子有 300 个，其他水果有 200 个，水果的属性主要有甜度、长度、颜色，不同属性的水果数量如表 9-3 所示。

表 9-3 不同属性的水果数量表

	甜度		长度		颜色	
	甜	不甜	长	不长	黄色	不是黄色
香蕉	350	150	400	100	450	50
橘子	150	150	0	300	300	0
其他水果	150	50	100	100	50	150

如果一个水果甜度是“甜”，长度是“不长”，颜色“不是黄色”，使用最大似然判别分析判别这是哪一种水果的代码如下：

```
import operator
#不同属性的水果数量
datasets ={'banana': {'long': 400, 'not long': 100,
                     'sweet': 350, 'not sweet': 150,
                     'yellow': 450, 'not yellow': 50},
          'orange':{'long': 0, 'not long': 300,
                     'sweet': 150, 'not sweet': 150,
                     'yellow': 300, 'not yellow': 0},
          'other_fruit':{'long': 100, 'not long': 100,
                          'sweet': 150, 'not sweet': 50,
                          'yellow': 50, 'not yellow': 150},
}
#计算各种水果的总数
def count_total(data):
    count = {}
    total = 0
    for fruit in data:
        #使用'sweet'和'not sweet'这两种特征的水果数目
#统计出各种水果的总数
        count[fruit] = data[fruit]['sweet']
        count[fruit] += data[fruit]['not sweet']
        total = +count[fruit]
    return count, total
#计算各个特征值在已知水果下的似然概率(likelihood probabilities)
def likelihood_prob(data):
```

```
    count, _ = count_total(data)
    likelihood = {}
    for fruit in data:
        #创建一个新字典,临时存储各个特征的概率
        attr_prob = {}
        for attr in datasets[fruit]:
            #计算各个特征在已知某种水果下的概率
            attr_prob[attr] = data[fruit][attr] / count[fruit]
            #把某种水果的各个特征的概率放入到 likelihood 这个字典中
            likelihood[fruit] = attr_prob
return likelihood
def get_label(data, length, sweetness, color):
    #获取某一组特征值的类别
    _attrs = [length, sweetness, color]
    _labels = [key for key in data.keys()]
    res = {}
    likelihood = likelihood_prob(data)
    for label in _labels:
        prob = 1
        for attr in _attrs:
            prob *= likelihood[label][attr]
            res[label] = prob
    return res
if __name__ == '__main__':
    length = 'sweet'
    sweetness = 'long'
    color = 'not yellow'
    res = get_label(datasets, length, sweetness, color)
    for i in res:
    print('判别为{}的概率为{}'.format(i, res[i]))
    print('所以{},{},{}的水果是{}'.format(length, sweetness, color,
                                    sorted(res.items(),
                                           key=operator.itemgetter(1),
                                           reverse=True)[0][0]))
```

执行上面的示例代码后,输出结果如下。

```
判别为 banana 的概率为 0.055999999999999994
判别为 orange 的概率为 0.0
判别为 other_fruit 的概率为 0.28125
所以 sweet，long，not yellow 的水果是 other_fruit
```

9.2.4 贝叶斯判别分析

贝叶斯判别是利用贝叶斯公式得到判别对象属于某类的概率,其计算方法如下。

若有 m 个相互独立的判别指标 $X_1, X_2, \cdots, X_m$,有 g 种类型互斥(即一个对象只可能归属于其中一类)判别类型 $Y_1, Y_2, \cdots, Y_g$。假定某个待判别样品各个指标 $X_1, X_2, \cdots, X_m$ 的取值分别为 $S_1, S_2, \cdots, S_m$。则该样本属于某类的后验概率为:

$$P(Y_k \mid S_1 S_2 \cdots S_m) = \frac{P(Y_k) P(X_1(S_1) \mid Y_k) P(X_2(S_2) \mid Y_k) \cdots P(X_m(S_m) \mid Y_k)}{\sum_{k=1}^{g} P(X_1(S_1) \mid Y_k) P(X_2(S_2) \mid Y_k) \cdots P(X_m(S_m) \mid Y_k)} \tag{9-17}$$

其中,$P(Y_k)$ 为第 k 类出现的概率,称为事前概率。

计算出样品属于每个类的概率并比较大小,样品将被判别为概率最大的类。

【例 9.8】 数据同例 8-6,如果一个水果甜度是甜,长度是不长,颜色不是黄色,使用贝叶斯判别分析判别这是哪一种水果代码如下:

```
import operator
#不同属性的水果数量
datasets ={'banana': {'long': 400, 'not long': 100,
                      'sweet': 350, 'not sweet': 150,
                      'yellow': 450, 'not yellow': 50},
           'orange':{'long': 0, 'not long': 300,
                      'sweet': 150, 'not sweet': 150,
                      'yellow': 300, 'not yellow': 0},
           'other_fruit':{'long': 100, 'not long': 100,
                          'sweet': 150, 'not sweet': 50,
                          'yellow': 50, 'not yellow': 150},
}
#计算各种水果的总数
def count_total(data):
    count = {}
    total = 0
    for fruit in data:
```

```
        #使用'sweet'和'not sweet'这两种特征的水果数目
# 统计出各种水果的总数
        count[fruit] = data[fruit]['sweet']
        count[fruit] += data[fruit]['not sweet']
        total = +count[fruit]
    return count, total
#计算各个特征值在已知水果下的似然概率(likelihood probabilities)
def likelihood_prob(data):
    count, _ = count_total(data)
    likelihood = {}
    for fruit in data:
        #创建一个新字典,临时存储各个特征的概率
        attr_prob = {}
        for attr in datasets[fruit]:
            #计算各个特征在已知某种水果下的概率
            attr_prob[attr] = data[fruit][attr] / count[fruit]
            #把某种水果的各个特征的概率放入到 likelihood 这个字典中
            likelihood[fruit] = attr_prob
return likelihood
#计算各种水果的先验概率(priori probabilities)
def cal_base_rates(data):
    categories, total = count_total(data)
    base_rates = {}
    for label in categories:
        priori_prob = categories[label] / total
        base_rates[label] = priori_prob
return base_rates
#各个证据(特征)的概率
def evidence_prob(data):
    #水果的所有特征
    attrs = list(data['banana'].keys())
    count, total = count_total(data)
    evidence_prob = {}
    #计算各种特征的概率
    for attr in attrs:
        attr_total = 0
```

```
        for fruit in data:
            attr_total += data[fruit][attr]
            evidence_prob[attr] = attr_total / total
    return evidence_prob
class naive_bayes_classifier:
    #初始化贝叶斯分类器
    def __init__(self, data=datasets):
        self._data = datasets
        self._labels = [key for key in self._data.keys()]
        self._priori_prob = cal_base_rates(self._data)
        self._likelihood_prob = likelihood_prob(self._data)
        self._evidence_prob = evidence_prob(self._data)
    def get_label(self, length, sweetness, color):
        #获取某一组特征值的类别
        self._attrs = [length, sweetness, color]
        res = {}
        for label in self._labels:
            prob = self._priori_prob[label]
            for attr in self._attrs:
                prob *= self._likelihood_prob[label][attr] / self._evidence_prob[attr]
                res[label] = prob
        return res
if __name__ == '__main__':
    length = 'sweet'
    sweetness = 'long'
    color = 'not yellow'
    classfier = naive_bayes_classifier()
    res = classfier.get_label(*data)
for i in res:
        print('判别为{}的概率为{}'.format(i, res[i]))
    #对后验概率排序,输出概率最大的标签
    print('所以{},{},{}的水果是{}'.format(length, sweetness, color,
                                        sorted(res.items(),
                                               key=operator.itemgetter(1),
                                               reverse=True)[0][0]))
```

执行上面的示例代码后,输出结果如下。

```
判别为 banana 的概率为 0.01723076923076923
判别为 orange 的概率为 0.0
判别为 other_fruit 的概率为 0.03461538461538462
所以 sweet, long, not yellow 的水果是 other_fruit
```

9.3 本章小结

本章主要介绍了数据聚类分析和判别分析的相关知识，首先介绍了三种常用聚类分析的原理，通过实例介绍聚类分析的使用方法，聚类结果利用可视化手段进行展示。然后介绍了四种常用判别分析的统计学原理，分析不同参数下的应用场景和适用范围，最后演示了如何进行实例分析。

本章习题

1. 简要描述 K-Means 和 DBSCAN 算法的区别。
2. 简要描述分裂层次聚类算法的步骤。
3. 请简述 Fisher 判别分析，并分析为什么要使得 J 最大化?
4. 请简述距离判别分析的思想，并讨论欧氏距离和马氏距离的区别。
5. 简要描述最大似然判别与贝叶斯判别的区别。
6. 使用 DBSCAN 算法对例 8.1 中的数据集进行聚类。
7. 使用三种计算距离方法(single，average，complete)分别对例 8.3 中的数据集进行层次聚类，并理解三者之间的原理。
8. 请使用欧式距离作为距离度量判别例 8-5 中的待判别蠓虫是哪一类，并判别(1.24，1.67)的蠓虫属于哪一类。

10　数据的主成分分析与因子分析

主成分分析是一种对特征进行降维的方法，使用主成分分析可用少量的、尽可能多地反映原特征的新特征来代替它们。

因子分析是一种数据简化的技术。它通过研究众多变量之间的内部依赖关系探求观测数据中的基本结构，并用少数几个假想变量来表示其基本的数据结构。

10.1　统计学模型

10.1.1　统计模型

统计模型是基于概率论的数理统计方法建立的一组数学模型。常见的统计学习模型包括概率模型和非概率模型两种，对于概率模型来说，当通过理论分析无法得到数学模型时，可以根据变量之间的函数关系，通过一个未知数据得到另一个未知数据的概率分布；对于非概率模型来说，得到的数学模型主要起到一个判定作用，当输入一个未知数时，可以得到另一个未知数的唯一解。

统计模型包含一组关于样本数据的假设，通常以一种相当理想化的形式表示数据生成过程。统计模型中包含的假设由一组概率分布来描述，其中一些假设与特定数据集的抽样分布足够相似。统计模型的固有概率分布是统计模型与非统计模型的区别。统计模型通常由与一个或多个随机变量以及可能的其他非随机变量相关的数学方程来指定。因此，统计模型是“理论的形式化表示”。下面将简要介绍几种常见的统计模型。

10.1.2　多元回归

用回归方程定量描述一个因变量与多个自变量之间的线性依赖关系称为多元回归分析。多元回归分析是多元分析的基础，也是理解监督分析方法的入口。事实上，大多数学习统计分析和市场研究的人都可以使用回归分析，操作相对简单，但是想要了解多元回归分析的适用条件或者如何将回归应用到实践中，还需要真正理解回归分析的基本思想和一些实际应用技术。

如果自变量和因变量之间没有严格的、确定性的函数关系，但是能够尝试找到最能代表它们之间关系的数学表达式是回归分析的基本思想。多元回归主要分为两类，多元回归和非线性回归，其中非线性回归可以通过一定的变化转化为线性回归。具体地说，多元线性回归分析主要解决以下几方面的问题：首先是确定几个特定的变量之间是否存在相关关系，如果存在的话，找出它们之间合适的数学表达式；其次根据一个或几个变量的值，预测或控制另一个变量的取值，并且可以知道这种预测或控制能达到什么样的精确度；最后进行因素分析。例如在对于共同影响一个变量的许多变量(因素)之间，找出哪些是重要因素，哪些是次要因素，这些因素之间又有什么关系等等，具体模型如图 10-1 所示。

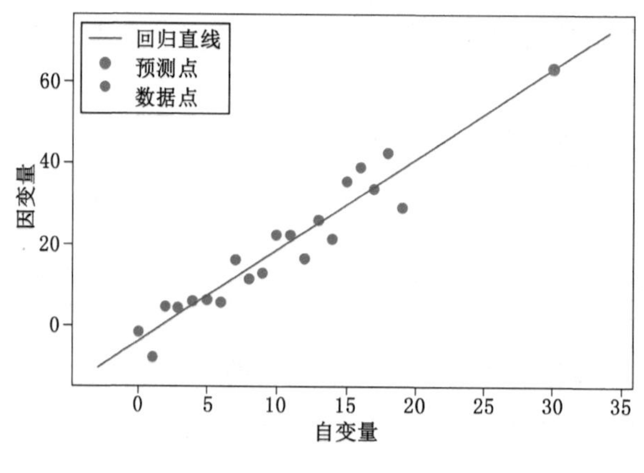

图 10-1　回归模型图

10.2　主成分分析方法

10.2.1　概念与计算步骤

数据降维：在许多研究和应用领域中，通常需要观察包含多个变量的数据，收集大量数据并进行分析以发现规律。多元大数据集无疑将为研究和应用提供丰富的信息，但也在一定程度上增加了数据采集的工作量。更重要的是，在许多情况下，许多变量可能是相关的，这增加了问题分析的复杂性。如果单独分析每个指标，分析往往是孤立的，数据中的信息无法充分利用。但是如果盲目降低指标就会失去很多有用的信息，导致错误的结论。因此,需要找到一种合理的方法来减少需要分析的指标,最大限度地减少原始指标中包含的信息的损失,从而达到对收集到的数据进行综合分析的目的。由于变量之间存在一定的相关性,考虑将密切相关的变量尽可能少地换成新的变量,使这些新的变量不相关,这样就可以用较少的综合指标来代表每个变量中的各种信息。

主成分分析:在解决实际问题的过程中,为了全面且具体地分析问题,一般要考虑许多的因素,在多元统计中称这些因素为变量,同一个问题的不同变量是有一定的相关性的,并且不同变量反映的信息可能是具有相似性的。人们为了减少计算量,通常将反映相似信息的变量融合在一起,得到少量的变量,通过少量的变量得到问题所需要的信息,这就是主成分分析法。主成分分析法是一种降维的统计方法,它借助于一个正交变换,将其分量相关的原随机向量转化成其分量不相关的新随机向量,这在代数上表现为将原随机向量的协方差阵变换成对角形阵,在几何上表现为将原坐标系变换成新的正交坐标系,使之指向样本点散布最开的 p 个正交方向,然后对多维变量系统进行降维处理,使之能以一个较高的精度转换成低维变量系统。

计算步骤

① 对原始的变量数据进行标准化处理或归一化处理,消除变量的量纲影响,标准化后的值为 $G_{x1}, G_{x2}, \cdots, G_{xn}$。

② 求出 x 协方差阵特征值所对应的特征向量 $a_{1i}, a_{2i}, \cdots, a_{ni} a_{1i}, a_{2i}, \cdots, a_{ni}$。

③ 得到主成分分析结果:$F_p = a_{1i} * Z_{x1} + a_{2i} * Z_{x2} + \cdots + a_{ni} * Z_{xn}$。

10.2.2 实例分析

在进行实例分析之前,需要进行数据集的检测,检测数据集的适用性,目前主要的检测方式有两种,一种是 kmo 检验,另一种是 bartlett 球形度检验,下面将详细介绍这两种检测方法。

kmo 检验:衡量因素分析数据的适用性,决定了每个观察变量和完整模型的充分性。kmo 检验估计所有观测变量之间方差的比例。较小的尺度 id 更适合进行因子分析。kmo 检验取值范围为 0~1,权重值小于 0.6 的不适合做主成分分析。

bartlett 球形度检验:bartlett 球形波检验基于相关系数矩阵,假设相关系数矩阵为单位矩阵,即所有相关系数矩阵的对角元素 1 和非对角线上的所有元素都是零的矩阵,bartlett 的球面测试得到的统计相关系数矩阵的行列式的值大,对应的相伴概率值小于指定的意义水平,拒绝零假设,表明相关系数矩阵不是单位矩阵,原始变量之间存在相关性。反之,零假设为真,原始变量之间不存在相关性。

球形度检验主要用于检验数据的分布和变量的独立性。理想情况下,如果有一个变量,那么所有的数据都在同一条线上。如果有两个完全独立的变量,那么所有的数据都在两条垂直线上。如果有三个完全独立的变量,那么所有的数据都在三条垂线上。如果有 n 个变量,那么所有的数据将在 n 条垂线上,如果每个变量大致相等(这在各种问卷问题中是常见的),那么所有的数据将像一个球体一样分布,它或多或少是这样的。由于没有对数据分布进行球度检验,因子分析在一定程度上违背了因子分析中变量独立的假设。

【例 10.1】 假设有 n 个学生参加四门课程的考试,将学生们的考试成绩看成随机变量的取值,对考试成绩数据进行标准化处理,得到样本相关矩阵 R,如表 10-1 所示。试着对数据进行主成分分析。

解 设变量 x_1,x_2,x_3,x_4 分别代表语文、外语、数学、物理的成绩。对样本相关矩阵进行特征值分解,得到相关矩阵的特征值,并按照大小排序,分别为

$$\lambda_1=2.17,\lambda_2=0.87,\lambda_3=0.57,\lambda_4=0.39$$

这些特征值就是各主成分的方差贡献率。假设要求主成分的累积方差贡献率大于 75%,只需取前两个主成分即可,即 k=2,因为

$$\frac{\lambda_1+\lambda_2}{\sum_{i=1}^{4}\lambda_i}=0.76 \tag{10-1}$$

表 10-1 样本相关矩阵

课程	语文	外语	数学	物理
语文	1	0.44	0.29	0.33
外语	0.44	1	0.35	0.32
数学	0.29	0.35	1	0.60
物理	0.33	0.32	0.60	1

求出对应于特征值 λ_1,λ_2 的单位特征向量,见表 10-2,表中最后一列为主成分的方差贡献率。

表 10-2 单位特征向量和主成分的方差贡献率

项目	x_1	x_2	x_3	x_4	方差贡献率
y_1	0.460	0.476	0.523	0.537	0.543
y_2	0.574	0.486	−0.476	−0.476	0.218

可得第一、第二主成分:

$$y_1=0.460*x_1+0.476*x_2+0.523*x_3+0.537*x_4$$

$$y_2=0.574*x_1+0.486*x_2-0.476*x_3-0.456*x_4$$

这就是主成分分析的结果。变量 y_1 和 y_2 表示第一、第二主成分。

【例 10.2】 使用一个居民收入数据集来做主成分分析，共有 5 个特征，37 行数据。现在使用主成分分析方法进行数据降维。

```
import pandas as pd
df1 = pd.read_csv("Income.csv")  #导入数据
df1.drop(['Unnamed: 0'], axis=1, inplace=True)  #删除不必要的列
print(df1.head())
```

执行上面的示例代码后，输出结果如下：

```
agriculture  commerce  construction  industry  transport
0       100.0     100.0        100.0     100.0      100.0
1       101.6     133.0        138.1     133.6      120.0
2       103.3     136.4        133.3     159.1      136.0
3       111.5     137.5        152.4     169.1      140.0
4       116.5     146.6        261.9     219.1      164.0
```

对数据进行 kmo 检测和球状检测，结果显示，数据集的 kmo 大于 0.6，且球形度检测结果理想，可以使用主成分分析方法进行数据降维。

```
from factor_analyzer.factor_analyzer import calculate_kmo  #引用 kmo
k_all, k_model = calculate_kmo(df1)
print(k_model)
from factor_analyzer.factor_analyzer import calculate_bartlett_sphericity
c_value, p_value = calculate_bartlett_sphericity(df1)
print(c_value, p_value)
```

执行上面的示例代码后，输出结果如下：

```
0.8523208588066381
528.9258321324564 2.89105429017488e-107
```

在进行数据降维之前需要对数据进行标准化，标准化的目的是通过数学变换的方式，按照一定的比例变换，将原始数据降到一定的范围内，以消除不同变量的特征属性，如属性、维度、数量级的差异，将其转化为无量纲相对值，也就是标准化值，所有指标的值都处于同一数量级，以便对不同单位或数量级的指标进行综合分析和比较。

```
from sklearn import preprocessing  #调用机器学习包
df2 = preprocessing.scale(df1)
print(df2)
```

执行上面的示例代码后，输出结果如下：

```
[[-0.9682554  -0.92608699 -1.01796954 -0.97329937 -1.07844237]
 [-0.93843348 -0.73625198 -0.93176178 -0.9447189  -1.01672845]
```

```
[-0.90674769 -0.71669322 -0.9426226  -0.92302836 -0.96735732]
[-0.75391033 -0.71036539 -0.89940558 -0.91452227 -0.95501454]
[-0.66071681 -0.65801695 -0.65164311 -0.8719918  -0.88095784]
[-0.59361749 -0.65801695 -0.69463386 -0.85038632 -0.84392948]
[-0.58988975 -0.60451799 -0.4138364  -0.73215163 -0.55140551]
[-0.95707218 -0.5216809  -0.36496271 -0.63177973 -0.28696138]
[-1.27393012 -0.55734687 -0.35274428 -0.59784042 -0.20333902]
……………………………………………………………]]
```

对于求相关的系数矩阵，如果没有或者不能对数据进行标准化时，需要对数据进行去中心化的操作然后求协方差矩阵，最后求出特征值绘制散点图。

```
from sklearn import preprocessing
df2 = preprocessing.scale(df1)
cor1 = np.around(np.corrcoef(df2.T), decimals=3)  # 保留3位小数
f_va, f_ve = np.linalg.eig(cor1.T)  #求解特征值和特征向量
f_va = sorted(f_va)[::-1]  # 排序
plt.scatter(range(1, df2.shape[1] + 1), f_va)
plt.plot(range(1, df2.shape[1] + 1), f_va)
plt.show()
```

执行上面的示例代码后，输出结果如图 10-2 所示。

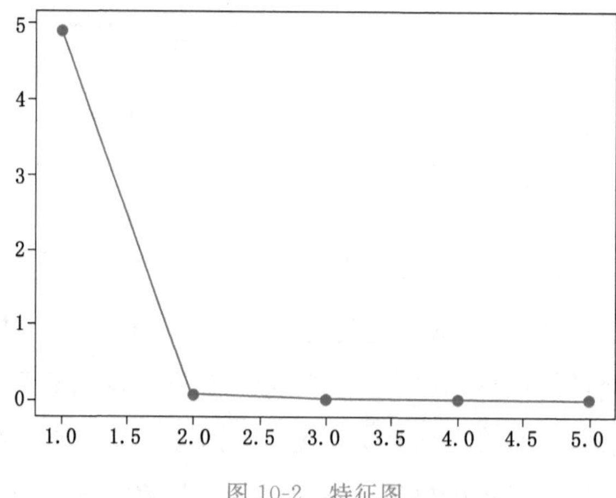

图 10-2　特征图

接下来求出特征值的总贡献度选出主成分和对应的特征向量矩阵，用热力图进行可视化操作。

```
gxd = f_va / np.sum(f_va)
zgxd = np.cumsum(gxd)  #求特征值的总贡献度
xz = [i for i in range(len(zgxd)) if zgxd[i] > 0.98]
```

```
selectv = np.matrix(f_ve.T[xz]).T
selectv = selectv * (-1)
plt.figure(figsize=(14, 14))
ax = sns.heatmap(selectv, annot=True, cmap="BuPu")
plt.show()
```

执行上面的示例代码后,输出结果如图 10-3 所示。

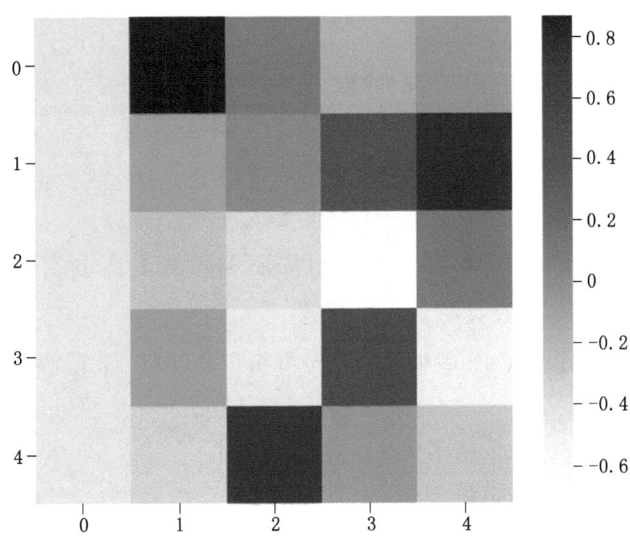

图 10-3 特征贡献度热力图

在 skikit-learn 中,PCA 是由方法 pca 函数实现。参数 n_components 有两种含义,由具体的参数值决定。如果值大于 1,则 n_components 将会返回和这个值相同数量的特征,但这也带来了一个新的问题,即将特征数量选择为多少的时候,才是最合适的。幸运的是,如果 n_components 的值在 0 和 1 之间,pca 就会返回一定信息量(在算法中,方差表示信息量)的最小特征数。在通常情况下,n_components 的取值为 0.95 或者 0.99,意味着保留 95%或 99%的原始特征信息量。参数 whiten=True,表示对每一个主成分都进行转换以保证它们的平均值为 0、方差为 1。另一个参数是 svd_solver="randomized",代表使用随机方法找到第一个主成分(这种方法通常速度较快)。

【例 10.3】 使用 skikit-learn 库中的主成分分析工具(PCA),进行特征降维。

```
from sklearn.preprocessing import StandardScaler
from sklearn.decomposition import PCA
from sklearn import datasets
#加载数据
digits = datasets.load_digits()
```

```
#标准化特征矩阵
features = StandardScaler().fit_transform(digits.data)
#创建可以保留99%信息量(使用方差表示)的PCA
pca = PCA(n_components=0.99,whiten=True)
#执行PCA
features_pca = pca.fit_transform(features)
#显示结果
print("原始特征数为:",features.shape[1])
print("降维后特征数为:",features_pca.shape[1])
```

执行上面的示例代码后,输出结果如下:

```
原始特征数为:64,
降维后特征数为:54
```

由此可见,PCA可以将样本数据映射到特征矩阵的主成分空间上,主成分空间保留了大部分的数据差异,一般具有更低的维度。

【例10.4】 使用skikit-learn库中的主成分分析工具(pca),进行特征降维可视化展示。

```
import NumPy as np
import matplotlib.pyplot as plt
from mpl_toolkits.mplot3d import Axes3D
from sklearn.datasets.samples_generator import make_blobs
from sklearn.decomposition import PCA
# X为样本特征,Y为样本簇类别, 共1000个样本,每个样本3个特征,共4个簇
X, y = make_blobs(n_samples=10000, n_features=3,
centers=[[3, 3, 3], [0, 0, 0], [1, 1, 1], [2, 2, 2]],
                  cluster_std=[0.2, 0.1, 0.2, 0.2],
                  random_state=9)
fig = plt.figure(dpi=200)
ax = Axes3D(fig, rect=[0, 0, 1, 1], elev=30, azim=20)
plt.scatter(X[:, 0], X[:, 1], X[:, 2], marker='o')
plt.subplots_adjust(wspace=0.2)
plt.show()
```

执行上面的示例代码后,输出结果如图10-4。

对数据进行投影,看看投影后的三个维度的方差分析,代码如下:

```
pca = PCA(n_components=3)
pca.fit(X)
print(pca.explained_variance_ratio_)
print(pca.explained_variance_)
```

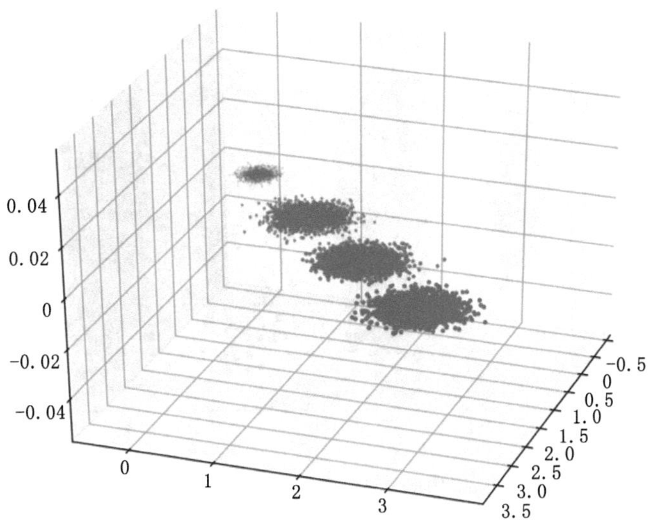

图 10-4 三维数据分布图

执行上面的示例代码后，输出结果如下：

```
特征维度的方差比例：[0.98318212 0.00850037 0.00831751]
特征维度的方差 [3.78521638 0.03272613 0.03202212]
```

可以看出投影后三个特征维度的方差比例大约为 98.3%，0.8%，0.8% 。投影后第一个特征占了绝大多数的主成分比例。对数据进行降维处理，从 3 维降 2 维，并显示可视化显示转化后的数据分布，代码如下：

```
pca = PCA(n_components=2)
pca.fit(X)
print('特征维度的方差比例：',pca.explained_variance_ratio_)
print('特征维度的方差',pca.explained_variance_)
X_new = pca.transform(X)
plt.scatter(X_new[:, 0], X_new[:, 1], marker='o')
plt.show()
```

执行上面的示例代码后，输出结果如下：

```
特征维度的方差比例：[0.98318212 0.00850037]
特征维度的方差 [3.78521638 0.03272613]
```

由结果可知，第三个特征被抛弃；转化后的数据分布如图 10-5 所示。

最后使用 MLE 算法让其自己选择降维维度，代码如下：

```
pca = PCA(n_components='mle')
pca.fit(X)
print(pca.explained_variance_ratio_)
```

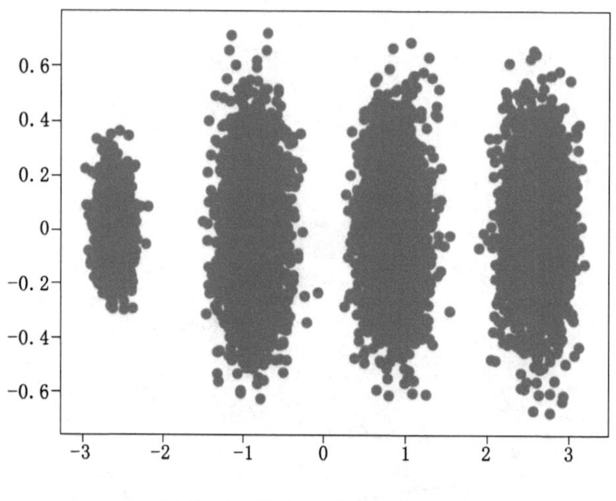

图 10-5　转化后的数据分布图

```
print(pca.explained_variance_)
print(pca.n_components_)
```

执行上面的示例代码后，输出结果如下：

```
特征维度的方差比例：[0.98318212]
特征维度的方差 [3.78521638]
特征数：1
```

可见，由于数据的第一个投影特征的方差占比高达 98.3%，MLE 算法只保留了第一个特征。

10.3　因子分析方法

10.3.1　概念与公式推导

因子分析是从假设出发，它是假设所有的自变量 x 出现的原因是背后存在一个潜在变量 f，也就是所说的因子，在这个因子的作用下，x 可以被观察到。因子分析通过计算两个变量的协同变化，来判断变量之间的相关性。通俗来讲，两个变量协同变化一个增长，另一个也增长，相关性就大；两个变量不是协同变化一个增长，另一个不变或者一会增一会降，说明相关性不大。

因子分析存在两个方向：一个是探索性因子分析，另一个是验证性因子分析。探索性因子分析是不确定一堆自变量背后有几个因子，通过这种方法试图寻找到这几个因子。而验证性因子分析是已经假设自变量背后有几个因子，试图通过这种方法去验证一下这种假设是否正确。验证性因子分析又和结构方程模型有很大关系。

探索性因子分析有一些局限性。第一,它假定所有的因子都会影响测度项。在实际研究中,往往会假定一个因子之间没有因果关系,所以可能不会影响另外一个因子的测度项。第二,探索性因子分析假定测度项残差之间是相互独立的。实际上,测度项的残差之间可以因为单一方法偏差、子因子等因素而相关。第三,探索性因子分析强制所有的因子为独立的。这虽然是求解因子个数时不得不采用的权宜之计,却与大部分的研究模型不符。最明显的是,自变量与应变量之间是应该相关的,而不是独立的。这些局限性就要求有一种更加灵活的建模方法,使研究者不但可以更细致地描述测度项与因子之间的关系,而且可以对这个关系直接进行测试。而在探索性因子分析中,一个被测试的模型(比如正交的因子)往往不是研究者理论中的确切的模型。下面将介绍因子分析的数学推导。

因子分析假设自变量 x 背后存在影响它的因子 z,既然是 z 影响 x,那么 x 就可以写成 z 的函数了。当然,直接写不行,它有个假设,假设这个 x 是已经中心化的。那么就可以写出下式:

$$x_i-\mu=\sum_{j=1}^{m}a_{ij}z_j+\varepsilon_i \quad i=1,2,\cdots,l \tag{10-2}$$

把它写成矩阵代数的形式如下:

$$x-\mu=Az+\varepsilon \tag{10-3}$$

假设无关于误差项 $\varepsilon\epsilon$,均值为 0,协方差矩阵 $\sum\varepsilon=E(\varepsilon\varepsilon^T)=\mathrm{diag}(\sigma_1^2,\sigma_2^2,\cdots,\sigma_l^2)\sum\epsilon=E(\epsilon\epsilon^T)=\mathrm{diag}(\sigma_1^2,\sigma_2^2,\cdots,\sigma_l^2)$,假设因子和误差是独立的,上式可化为:

$$x=Az+\varepsilon \tag{10-4}$$

两边取转置:

$$x^T=(Az+\varepsilon)^T \tag{10-5}$$

所以可以得到:

$$xx^T=(Az+\varepsilon)(Az+\varepsilon)^T=Azz^TA+\varepsilon z^TA^T+Az\varepsilon^T+\varepsilon\varepsilon^T \tag{10-6}$$

误差项均值为 0,两边取数学期望:

$$E(xx^T)=AE[zz^T]A^T+E[\varepsilon\varepsilon^T] \tag{10-7}$$

在因子协方差矩阵为单位阵的前提下可以得到:

$$\sum x=AA^T+\sum\varepsilon \tag{10-8}$$

这样就可以计算出矩阵 A 和因子 z。

10.3.2 实例分析

因子分析的前提是数据具有一定的相关性,因此必须通过了 Kmo 和 Bartlett 球形度检验的数据才能进行因子分析。Kmo 值要大于 0.7,Bartlett 球形度检验 p 值要小于 0.05,则认为通过了适用性检验后进行因子分析。

【例 10.5】 使用 bfi2010 数据集做因子分析,该数据集是一个关于人格测试调查问卷,通过回答相关问题可以推测出做题人的性格,主要包括 5 个特征,分别为神经质的、开放的、随和的、外向的、有责任感的,然后开始进行实例分析。

首先对数据进行预处理,去除不需要的列。对数据集进行分析,知道"gender","education","age"列与要分析的特征无关,所以去掉相应的列。操作如下所示。

```
import NumPy as np
import pandas as pd
import matplotlib.pyplot as plt
from factor_analyzer import FactorAnalyzer  #调用 FactorAnalyzer
df = pd.read_csv("bfi.csv")
df.drop(['gender', 'education', 'age', 'Unnamed: 0'], axis=1, inplace=True)
print(df)
```

执行上面的示例代码后,输出结果如下:

```
     A1   A2   A3   A4   A5   C1   C2…N4   N5   O1   O2  O3   O4   O5
0   2.0  4.0  3.0  4.0  4.0  2.0  3.0…2.0  3.0  3.0  6   3.0  4.0  3.0
1   2.0  4.0  5.0  2.0  5.0  5.0  4.0…5.0  5.0  4.0  2   4.0  3.0  3.0
2   5.0  4.0  5.0  4.0  4.0  4.0  5.0…2.0  3.0  4.0  2   5.0  5.0  2.0
3   4.0  4.0  6.0  5.0  5.0  4.0  4.0…4.0  1.0  3.0  3   4.0  3.0  5.0
4   2.0  3.0  3.0  4.0  5.0  4.0  4.0…4.0  3.0  3.0  3   4.0  3.0  3.0
```

缺失值处理:

```
df.dropna(inplace=True)  #缺失值处理
from factor_analyzer.factor_analyzer import calculate_kmo  #调用 kmo 方法
k_model = calculate_kmo(df)
print(k_model)
```

执行上面的示例代码后,输出结果如下:

```
(array([0.75391928, 0.8363196 , 0.87010963, 0.87795367, 0.90348747,
        0.84325413, 0.79568263, 0.85186857, 0.82647206, 0.86401687,
        0.83801873, 0.88380544, 0.89697008, 0.87731273, 0.89332158,
        0.77933902, 0.78025018, 0.86229919, 0.88518467, 0.86014155,
        0.85858672, 0.78019798, 0.84434957, 0.77003158, 0.76144469]),
        0.8485397221949231)
```

寻找因子个数,根据数据集的相关介绍,已经知道有 5 个特征,但是一般在数据分析时,不可能事先得到特征因子的个数,所以对该数据集进行相关分析,验证因子个数,根据输出图显示该数据集有 5 个隐藏因子。

```
import pandas as pd
import matplotlib.pyplot as plt
from factor_analyzer import FactorAnalyzer
f = FactorAnalyzer(25, rotation=None)
f.fit(df)
e, a = f.get_eigenvalues()
plt.scatter(range(1, df.shape[1] + 1), e)
plt.plot(range(1, df.shape[1] + 1), e)
plt.xlabel('factor')
plt.ylabel('eig')
plt.show()
```

执行上面的示例代码后，输出结果如图 10-6 所示。

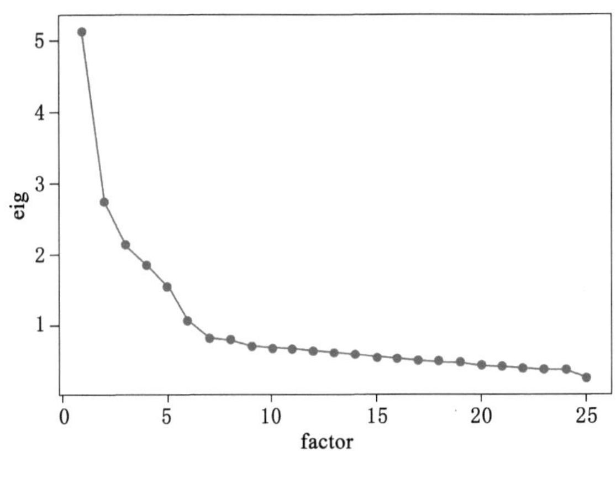

图 10-6 特征图

因子分析使用最大方差法旋转，输出因子系数，将输出的结果以热力图的形式表示，具体操作如下所示：

```
import NumPy as np
import pandas as pd
import matplotlib.pyplot as plt
from factor_analyzer import FactorAnalyzer
import seaborn as sns
f = FactorAnalyzer(5, rotation="varimax")  #最大方差法旋转
f.fit(df)
# print(f.loadings_)
df_sj = pd.DataFrame(np.abs(f.loadings_), index=df.columns)
```

```
ax = sns.heatmap(df_sj, annot=True, cmap="BuPu")
plt.figure(figsize=(14, 14))
plt.show()
```

执行上面的示例代码后，输出结果如图 10-7 所示。

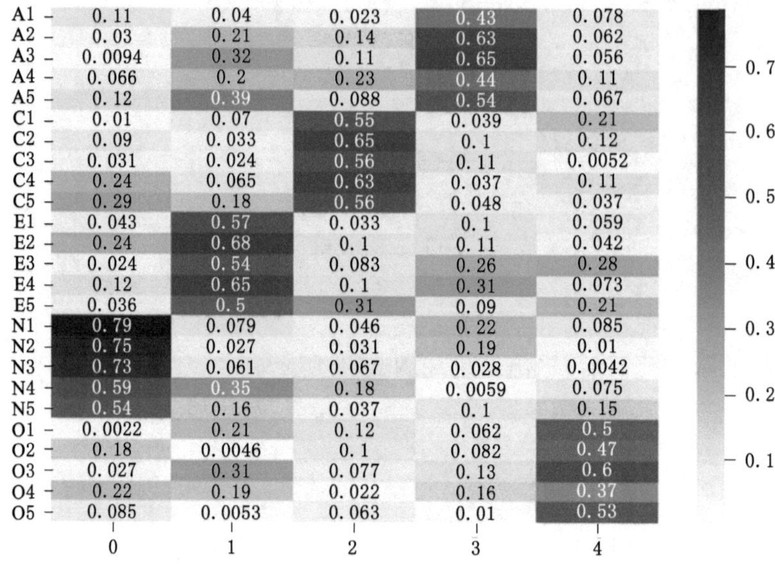

图 10-7　因子系数热力图

【例 10.6】 使用如表 10-3 的数据(原始数据过大，仅展示部分数据实例，其余数据见 textData.xlsx 文件)，一共有 8 个特征，使用 Python 实现因子分析。

表 10-3　8 特征实验数据

城市	x1	x2	x3	x4	x5	x6	x7	x8
北京	8 070.4	2 643	12 128	2 511	5 077.9	4 054.7	2 629.8	1 140.6
天津	8 679.6	2 114	6 187.3	1 663.8	3 991.9	2 643.6	2 172.2	892.2
河北	4 991.6	1 614.4	4 483.2	1 351.1	2 664.1	1 991.3	1 549.9	460.4
山西	3 862.8	1 603	3 633.8	951.6	2 401	2 439	1 651.6	450.1
内蒙古	6 445.8	2 543.3	4 006.1	1 565.1	3 045.2	2 598.9	1 840.2	699.9
辽宁	6 901.6	2 321.3	4 632.8	1 558.2	3447	3 018.5	2 313.6	802.8
吉林	4 975.7	1 819	3 612	1 107.1	2 691	2 367.5	2 059.2	534.9

首先对数据进行检验，分别做 Bartlett's 球状检验和 Kmo 检验：

```
import pandas as pd
import NumPy as np
import seaborn as sns
```

```
import matplotlib.pyplot as plt
import matplotlib as mpl
#因子分析
from factor_analyzer import FactorAnalyzer
# Bartlett's 球状检验
from factor_analyzer.factor_analyzer import calculate_bartlett_sphericity
#KMO 检验
from factor_analyzer.factor_analyzer import calculate_kmo
df = pd.read_excel("textData.xlsx",index_col=0).reset_index(drop=True)
# Bartlett's 球状检验
#检验总体变量的相关矩阵是否是单位阵(相关系数矩阵对角线的所有元素均为1,所有非对角线上的元素均为零);即检验各个变量是否各自独立。
#如果不是单位矩阵,说明原变量之间存在相关性,可以进行因子分析;反之,原变量之间不存在相关性,数据不适合进行主成分分析。
chi_square_value, p_value = calculate_bartlett_sphericity(df)
print("Bartlett's 球状检验参数:\n",chi_square_value, p_value)
#KMO 检验
#检查变量间的相关性和偏相关性,取值在0-1之间;KMO 统计量越接近1,变量间的相关性越强,偏相关性越弱,因子分析的效果越好。
#通常取值从0.6开始进行因子分析。
kmo_all,kmo_model=calculate_kmo(df)
print("KMO 检验参数:\n",kmo_model)
```

执行上面的示例代码后,输出结果如下:

```
Bartlett's 球状检验参数:
216.16965930753918 5.7419591350494235e-31
KMO 检验参数:
0.8353341985247896
```

构建因子分析模型,并生成碎石图:

```
#构建因子分析模型
fa = FactorAnalyzer(8, rotation=None)
#训练模型
fa.fit(df)
#得到特征值 ev、特征向量 v
ev, v = fa.get_eigenvalues()
print('特征值和特征向量为:',ev, v)
#同样的数据绘制散点图和折线图
```

```
plt.figure(dpi=300)
plt.scatter(range(1, df.shape[1] + 1), ev)
plt.plot(range(1, df.shape[1] + 1), ev)
plt.title("碎石图")
plt.xlabel("Factors")
plt.ylabel("Eigenvalue")
mpl.rcParams['font.sans-serif'] = ['SimHei']
mpl.rcParams['axes.unicode_minus'] = False
plt.grid()  #显示网格
plt.show()  #显示图形
```

执行上面的示例代码后,输出结果如图 10-8 所示。

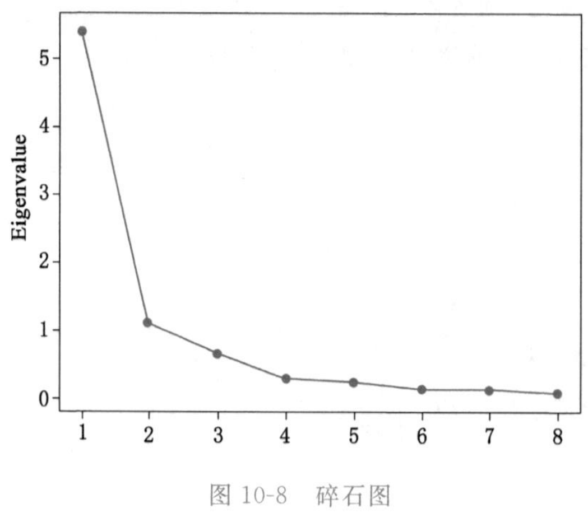

图 10-8　碎石图

做因子旋转操作,选择的方式为 varimax 方差最大化,固定的因子数为 2 个:

```
fa_two = FactorAnalyzer(2,rotation='varimax')
fa_two.fit(df)
#查看每个变量的公因子方差数据
pd.DataFrame(fa_two.get_communalities(),index=df.columns)
#查看旋转后的特征值
pd.DataFrame(fa_two.get_eigenvalues())
#查看成分矩阵
#变量个数*因子个数
pd.DataFrame(fa_two.loadings_,index=df.columns)
#查看因子贡献率
fa_two.get_factor_variance()
#隐藏变量可视化
```

```
df1 = pd.DataFrame(np.abs(fa_two.loadings_),index=df.columns)
print(df1)
#绘图
plt.figure(figsize=(14, 14),dpi=300)
ax = sns.heatmap(df1, annot=True, cmap="BuPu")
#设置 y 轴字体大小
ax.yaxis.set_tick_params(labelsize=15)
plt.title("Factor Analysis", fontsize="xx-large")
#设置 y 轴标签
plt.ylabel("Sepal Width", fontsize="xx-large")
#显示图片
plt.show()
#转换新变量
df2 = pd.DataFrame(fa_two.transform(df))
print(df2)
```

执行上面的示例代码后,输出结果如图 10-9 所示。

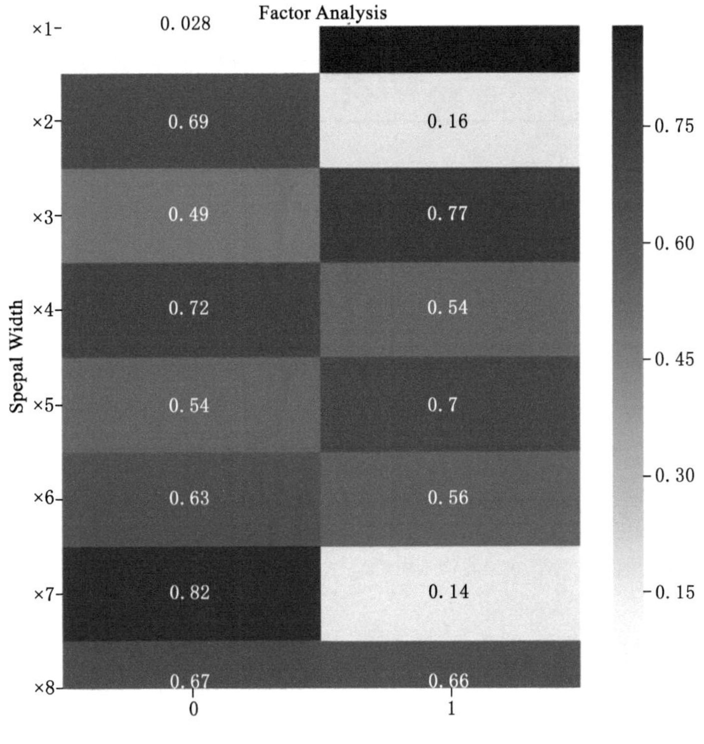

图 10-9 系数矩阵

转化后的因子新变量如表 10-4 所示。

表 10-4　因子分析新变量

	0	1		0	1
0	2.711 192	1.667 065	16	−0.426 24	−0.408 28
1	0.843 076	0.887 226	17	−0.289 87	−0.109 34
2	0.080 43	−0.700 21	18	0.088 068	1.693 253
3	0.146 866	−1.263 7	19	−1.307 84	−0.239 77
4	0.806 205	−0.390 28	20	−1.507 87	0.178 004
5	1.328 372	−0.209 76	21	−0.313 22	−0.269 14
6	0.490 219	−1.045 68	22	−0.376 94	−0.003 87
7	0.100 675	−1.100 83	23	−0.820 01	−0.170 84
8	1.315 518	2.541 672	24	−0.359 57	−0.509 84
9	0.483 184	0.719 906	25	−2.063 96	0.855 551
10	−0.408	1.641 342	26	0.309 354	−0.944 05
11	−0.854 27	−0.077 04	27	−0.029 44	−0.593 52
12	−1.270 17	1.206 554	28	0.404 872	−0.473 58
13	−1.012 16	−0.249 76	29	0.641 651	−0.702 45
14	0.314 767	−0.366 26	30	0.694 306	−0.584 13
15	0.280 796	−0.978 23			

10.4 本章小结

本章主要介绍了一些 Python 数据分析的方法，首先阐述了常见的统计学模型，然后详细分析了主成分分析方法与因子分析方法，并且将这两种分析方法应用到了实际案例中，最后实现一个完整的案例，系统地讲解了本章所介绍的方法。下一章将进一步阐述数据挖掘和机器学习的相关知识。

本章习题

1. 什么是统计模型？常见的统计模型有哪些？
2. 请简要描述多元回归的概念以及多元回归解决的问题。
3. 请简要描述 Kmo 检验和 Bartlett 球形度检验的概念及其作用。
4. 请简要描述主成分分析的概念及其实现原理。

5. 请简要描述因子分析的概念及其实现原理。

6. 主成分分析和因子分析的相同点与不同点。

7. 使用鸢尾花数据集做主成分分析。

8. 使用 bfi2010 数据集做因子分析。

11 数据的挖掘分析与机器学习方法

数据挖掘是指从大量的数据中通过算法搜索隐藏于其中信息的过程。数据挖掘通常与计算机科学有关，并通过统计、在线分析处理、情报检索、机器学习、专家系统（依靠过去的经验法则）和模式识别等诸多方法来实现上述目标。

11.1 数据挖掘方法的主要分类

20 世纪 90 年代，随着数据库系统的广泛应用和网络技术的高速发展，数据库技术也进入一个全新的阶段，即从过去仅管理一些简单数据发展到管理由各种计算机所产生的图形、图像、音频、视频、电子档案、Web 页面等多种类型的复杂数据，并且数据量也越来越大。数据库在提供丰富信息的同时，也体现出明显的海量信息特征。在信息爆炸的时代，海量信息给人们带来许多负面影响，最主要的就是有效信息难以提炼，过多无用的信息必然会产生信息距离（信息状态转移距离）是对一个事物信息状态转移所遇到障碍的测度，简称 DIST 和有用知识的丢失。因此，人们迫切希望能对海量数据进行深入分析，发现并提取隐藏在其中的信息，以更好地利用这些数据。但仅以数据库系统的录入、查询、统计等功能，无法发现数据中存在的关系和规则，无法根据现有的数据预测未来的发展趋势，更缺乏挖掘数据背后隐藏知识的手段。正是在这样的条件下，数据挖掘技术应运而生。

11.1.1 数据挖掘概述

数据挖掘（Data Mining，又译为资料探勘、数据采矿）。它是数据库知识发现（Knowledge-Discovery in Databases，KDD）中的一个步骤。数据挖掘，一般是指从大量的数据中自动搜索隐藏于其中的特殊关系型的信息的过程。在技术上的定义是指从大量的、不完全的、有噪声的、模糊的和随机的数据中，提取有用信息的过程。

数据的类型可以是结构化的、半结构化的,甚至是异构型的。发现知识的方法可以是数学的、非数学的,也可以是归纳的。最终被发现了的知识可以用于信息管理、查询优化、决策支持及数据自身的维护等。数据挖掘的对象可以是任何类型的数据源。可以是关系数据库,此类包含结构化数据的数据源;也可以是数据仓库、文本、多媒体数据、空间数据、时序数据、Web 数据,此类包含半结构化数据甚至异构性数据的数据源。

数据挖掘是目前人工智能和数据库领域研究的热点问题,主要基于人工智能、集学习、模式识别、统计学、数据库、可视化技术等,高度自动化地分析企业的数据,做出归纳性的整理,从中挖掘出潜在的模式,从而帮助决策者调整市场策略,减少风险,应用领域为情报检索、情报分析、模式识别等。

11.1.2 数据挖掘方法分类

数据挖掘的方法是多种多样的,可以从挖掘任务和挖掘方法两个方面对数据挖掘方法做出分类。根据挖掘任务来分类,可以分为分类、预测、聚类、关联规则、序列模式发现、依赖关系或依赖模型发现、异常和趋势发现等。

数据挖掘的算法主要包括神经网络法、决策树法、遗传算法、粗糙集法、模糊集法、关联规则法等。根据挖掘方法来分类,可以分为机器学习方法、统计方法和数据库方法。这其中,机器学习方法可以分为归纳学习方法(决策树、规则归纳等)、基于范例学习、神经网络、遗传算法等;统计方法可以分为回归分析(多元回归、自回归等)、判别分析(贝叶斯判别、费歇尔判别、非参数判别等)、聚类分析(系统聚类、动态聚类等)、探索性分析(主元分析法、相关分析法等)等;数据库方法主要是多维数据分析或 OLAP 方法,另外还有面向属性的归纳方法等等。

11.2 无监督学习与监督学习

数据分析与挖掘技术是机器学习算法和数据存取技术的结合,帮助人们收集、分析数据,使之成为信息,并做出判断。机器学习方法可以高效地分析大数据,实现数据的高效读写。因此,机器学习在数据分析与挖掘领域中拥有无可取代的地位。

机器学习包含了无监督学习与监督学习。机器学习是一类算法的总称,这些算法企图从大量历史数据中挖掘出其中隐含的规律,并用于预测或者分类,更具体地说,机器学习可以看作是寻找一个函数,输入是样本数据,输出是期望的结果,只是这个函数过于复杂,以至于不太方便形式化表达。需要注意的是,机器学习的目标是使学到的函数很好地适用于“新样本”,而不仅仅是在训练样本上表现很好。学到的函数适用于新样本的能力，称为泛化能力。

机器学习实际上已经存在了几十年或者也可以认为存在了几个世纪。人类一直试图让机器具有智能，也就是人工智能。从 20 世纪 50 年代，人工智能的发展经历了“推理期”，通过赋予机器逻辑推理能力使机器获得智能，当时的 AI 程序能够证明一些著名的数学定理，但由于机器缺乏知识，远不能实现真正的智能。因此，20 世纪 70 年代，人工智能的发展进入“知识期”，即将人类的知识总结出来教给机器，使机器获得智能。在这一时期，大量的专家系统问世，在很多领域取得大量成果，但由于人类知识量巨大，故出现“知识工程瓶颈”。

无论是“推理期”还是“知识期”，机器都是按照人类设定的规则和总结的知识运作，永远无法超越其创造者，其次人力成本太高。于是，机器学习方法应运而生，人工智能进入“机器学习时期”。“机器学习时期”也分为三个阶段，20 世纪 80 年代，连接主义较为流行，代表工作有感知机和神经网络。20 世纪 90 年代，统计学习方法开始占据主流舞台，代表性方法有支持向量机，进入 21 世纪，深度神经网络被提出，连接主义卷土重来，随着数据量和计算能力的不断提升，以深度学习为基础的诸多 AI 应用逐渐成熟。

11.2.1 无监督学习

现实生活中常常会有这样的问题：缺乏足够的先验知识，因此难以人工标注类别或进行人工类别标注的成本太高。自然地，研究者们希望计算机能代为完成这些工作，或至少提供一些帮助。根据类别未知（没有被标记）的训练样本解决模式识别中的各种问题，称为无监督学习。

无监督学习是数据科学中一个重要的分支，其目标是训练用于学习数据集结构的模型，并为用户提供关于新样本的有用信息。在许多不同的业务部门（如市场营销、商业智能、战略等）中，无监督学习一直在帮助管理者根据定性和定量（最重要的）方法做出最佳决策。在数据变得越来越普遍且存储成本不断下降的今天，分析真实、复杂数据集的可能性有助于将传统的商业模式转变为新的、更准确的、响应也更迅速、更有效的模式。

相比于监督学习，无监督学习有以下几个特点：

① 无监督学习是没有明确目的的训练方式，无法提前知道结果。

② 无监督学习不需要给有标签的数据。

③ 无监督学习几乎无法量化效果。

无监督学习解决的主要是聚类和降维问题。

（1）聚类

聚类是一种自动分类的方法，将物理或抽象对象的集合分成由类似的对象组成的多个类的过程被称为聚类。由聚类所生成的簇是一组数据对象的集合，这些对象与同一个簇中的对象彼此相似，与其他簇中的对象相异。“物以类聚，人以群分”，在自然科学和社会科学中，存在着大量的分类问题。聚类分析又称群分析，它是研究(样品或指标)分类问题的一种统计分析方法。聚类分析起源于分类学，但是聚类不等于分类。聚类与分类的不同在于，聚类所要求划分的类是未知的。聚类分析内容非常丰富，有系统聚类法、有序样品聚类法、动态聚类法、模糊聚类法、图论聚类法、聚类预报法等。在监督学习中，研究者很清楚每一个分类是什么，但是聚类则不是，研究者并不清楚聚类后的几个分类各代表什么意思。典型的算法有 K-means 算法，K-medoids 算法等。

(2) 降维

随着大数据时代的到来，数据的喷涌式生成以及数据收集量的不断增加，可视化数据变得越来越困难，提取关键信息的难度也在不断上升。而通过把高维的数据转变为低维数据，使其能够通过可视化工具直观地展示或者变成易处理的模型特征的过程叫作降维。例如，描述一个人的各项特征里包括身高和体重，在描述这个人的身体状况或者体质时，就可以通过身高体重来计算得到这个人的体质指数，那么二维的身高体重转换成一维的体质指数的过程就是降维。降维看上去很像压缩。这是为了在尽可能保存相关的结构的同时降低数据的复杂度。典型的算法有主成分分析、因子分析等。

无监督学习里典型例子是聚类。聚类的目的在于把相似的东西聚在一起，而并不关心这一类是什么。因此，一个聚类算法通常只需要知道如何计算相似度就可以开始工作了。

聚类算法最主要的方法是划分方法和层次方法两种。划分聚类算法通过优化评价函数把数据集分割为 K 个部分，它需要将 K 作为输入参数。典型的分割聚类算法有 K-means 算法，K-medoids 算法、CLARANS 算法。层次聚类由不同层次的分割聚类组成，层次之间的分割具有嵌套的关系。它不需要输入参数，这是它优于分割聚类算法的一个明显的优点，其缺点是终止条件必须具体指定。典型的分层聚类算法有 BIRCH 算法、DBSCAN 算法和 CURE 算法等。

传统的聚类已经比较成功地解决了低维数据的聚类问题。但是由于实际应用中数据的复杂性，在处理许多问题时，现有的算法经常失效，特别是对于高维数据和大型数据的情况。因为传统聚类方法在高维数据集中进行聚类时，主要遇到两个问题。首先是高维数据集中存在大量无关的属性使得在所有维中存在簇的可能性几乎为零；其次是高维空间中数据较低维空间中数据分布要稀疏，其中数据间距离几乎相等是普遍现象，而传统聚类方法是基于距离进行聚类的，因此在高维空间中无法基于距离来构建簇。

高维聚类分析已成为聚类分析的一个重要研究方向。同时高维数据聚类也是聚类技术的难点。随着技术的进步，数据收集变得越来越容易，导致数据库规模越来越大、复杂性越来越高，如各种类型的贸易交易数据、Web 文档、基因表达数据等，它们的维度(属性)通常可以达到成百上千维，甚至更高。但是，受“维度效应”的影响，许多在低维数据空间表现良好的聚类方法运用在高维空间上往往无法获得好的聚类效果。高维数据聚类分析是聚类分析中一个非常活跃的领域，同时它也是一个具有挑战性的工作。高维数据聚类分析在市场分析、信息安全、金融、娱乐、反恐等方面都有很广泛的应用。

11.2.2 监督学习

与无监督学习相反，利用有标签的数据训练模型，使其达到所要求性能的过程，被称为监督学习。监督学习是从标记的训练数据来推断一个功能的机器学习任务。在监督学习中，每个实例都是由一个输入对象(通常为矢量)和一个期望的输出值(也称为监督信号)组成。监督学习算法是分析该训练数据，并产生一个推断的功能，其可以用于映射出新的实例。一个最佳的方案将允许该算法来正确地决定那些看不见的实例的类标签。这就要求学习算法是以一种“合理”的方式在从训练数据到看不见的情况下形成。

相比于无监督学习，监督学习有以下几个特点：

① 监督学习是一种目标明确的训练方式，研究者知道得到的结果是什么。

② 监督学习需要有标签的数据。

③ 监督学习目标明确，可以衡量算法的效果。因此，监督学习和无监督学习很好区分：是否有监督，就看输入数据是否有标签，输入数据有标签，则为有监督学习，没标签则为无监督学习。

监督学习解决的主要是分类和回归问题。

(1) 回归

回归问题通常是用来预测一个值，如预测房价、未来的天气情况等等。即连续变量预测。典型的回归算法包括线性回归，逻辑回归等。

(2) 分类

分类问题是用于将事物打上一个标签，通常结果为离散值。即离散变量预测。典型的分类算法包括 ID3 算法，C4.5 算法，KNN 算法等。

监督学习方法是目前研究较为广泛的机器学习方法，例如神经网络传播算法、决策树学习算法等已在许多领域中得到成功的应用，但是，监督学习需要给出不同环境状态下的期望输出，完成的是与环境没有交互的记忆和知识重组的功能，因此限制了该方法在复杂的优化控制问题中的应用。

11.2.3 监督学习与无监督学习的区别

① 有监督学习方法必须要有训练集与测试样本。在训练集中找规律，而对测试样本使用这种规律。而非监督学习没有训练集，只有一组数据，在该组数据集内寻找规律。

② 有监督学习的方法就是识别事物，识别的结果表现在给待识别数据加上了标签。因此训练样本集必须由带标签的样本组成。而非监督学习方法只有要分析的数据集的本身，预先没有什么标签。如果发现数据集呈现某种聚集性，则可按自然的聚集性分类，但不予以某种预先分类标签对上号为目的。

③ 非监督学习方法在寻找数据集中的规律性，这种规律性并不一定要达到划分数据集的目的，也就是说不一定要“分类”。这一点比有监督学习方法的用途要广。比如分析一堆数据的主分量或分析数据集有什么特点都可以归于非监督学习方法的范畴。

④ 用非监督学习方法分析数据集的主分量与用 K-L 变换计算数据集的主分量又有区别。后者从方法上讲不是学习方法。因此用 K-L 变换找主分量不属于无监督学习方法，即方法上不是。而通过学习逐渐找到规律性这体现了学习方法这一点。在人工神经元网络中寻找主分量的方法属于无监督学习方法。

11.3 数据机器学习的主要方法与案例分析

机器学习是一门多学科交叉专业，涵盖概率论知识，统计学知识，近似理论知识和复杂算法知识，使用计算机作为工具并致力于真实实时地模拟人类学习方式，并将现有内容进行知识结构划分来有效提高学习效率。机器学习实际上已经存在了几十年或者也可以认为存在了几个世纪。追溯到 17 世纪，贝叶斯、拉普拉斯关于最小二乘法的推导和马尔可夫链，这些构成了机器学习广泛使用的工具和基础。1950 年（艾伦·图灵提议建立一个学习机器），发展至今，机器学习有下面几种定义：

① 机器学习是一门人工智能的科学，该领域的主要研究对象是人工智能，特别是如何在经验学习中改善具体算法的性能。

② 机器学习是对能通过经验自动改进的计算机算法的研究。

③ 机器学习是用数据或以往的经验，以此优化计算机程序的性能标准。

11.3.1 回归算法

回归是监督学习的一个重要问题，回归用于预测输入变量和输出变量之间的关系，特别是当输入变量的值发生变化时，输出变量的值也随之发生变化。回归模型正是表示从输入变量到输出变量之间映射的函数。回归算法有两个主要分类：线性回归和逻辑回归。其中线性回归处理的是数值问题，预测结果是具体的数值。而逻辑回归处理的是分类问题，预测结果是离散的分类。

回归算法是许多机器学习算法的基础。是监督型算法的一种，通过利用测试集数据来建立模型，再利用这个模型训练集中的数据进行处理的算法。线性回归旨在寻找到一根线，这个线到达所有样本点的距离的和是最小的。常用在预测和分类领域。是机器学习中最常见也是使用最广的一个算法。回归算法主要有线性回归和逻辑回归 2 种。本小节中将以一个简单例子说明线性回归算法的应用。

【例 11.1】 回归算法的简单应用。

一周内卖家做电视广告数量与售出汽车数量关系如表 11-1 所示。

表 11-1 电视广告数量与售出汽车数量关系

电视广告数量 X	售出汽车数量 Y
1	14
3	24
2	18
1	17
3	27

最佳回归线应该满足：$\min \sum (y_i - \hat{y}_i)^2$。

即每一个点(x_i, y_i)的 y_i 与回归线上横坐标为 x_i 时纵坐标 y_i 的差值的平方之和最小。

b_0，b_1（样本中数据得到的估计的参数）的计算公式：

$$b_1 = \frac{\sum (x_i - \bar{x})(y_i - \bar{y})}{\sum (x_i - \bar{x})^2}$$

$$b_0 = \bar{y} - b_1 \bar{x}$$

经计算可以得到：$\sum x = 10$，$\sum y = 100$，$\bar{x} = 2$，$\bar{y} = 20$。

将上述数据代入计算公式，可以得到 $b_1 = 5$，$b_0 = 10$。

y 的估计为：$\hat{y} = b_0 + b_1 x$。

可以得到一周内卖家做电视广告数量与售出汽车数量的关系如图 11-1 所示。

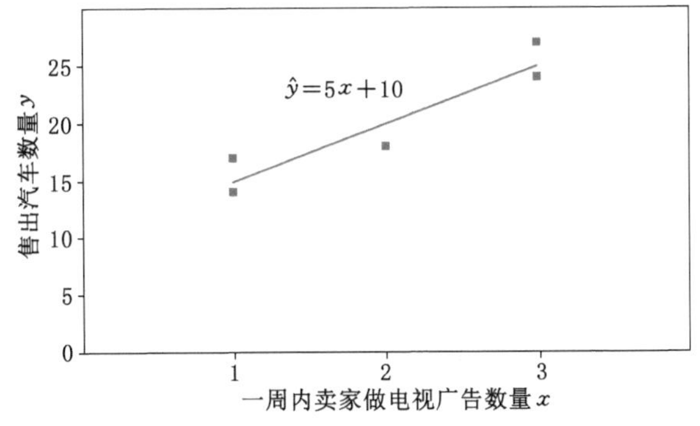

图 11-1 电视广告数量与售出汽车数量的关系

由此可以预测，当 x 也就是在电视上做广告的天数为 6 时，售出汽车数量可能为 40。

11.3.2 神经网络

神经网络(也称之为人工神经网络，ANN)算法是 20 世纪 80 年代机器学习界非常流行的算法，随着深度学习的发展，神经网络重新成为最强大的机器学习算法之一。

生物神经网络是人工神经网络的技术原型。神经网络的诞生起源于对大脑工作机理的研究。早期生物界学者们使用神经网络来模拟大脑。人工神经网络是生物神经网络在某种简化意义下的技术复现，作为一门学科，它的主要任务是根据生物神经网络的原理和实际应用的需要建造实用的人工神经网络模型，设计相应的学习算法，模拟人脑的某种智能活动，然后在技术上实现用以解决实际问题。机器学习的学者们使用神经网络进行机器学习，发现在视觉与语音的识别上效果都相当好。在 BP 算法(加速神经网络训练过程的数值算法)诞生以后，神经网络的发展进入了一个热潮。

一个完整的神经网络由三层构成：输入层，隐藏层，输出层，如图 11-2 所示。在神经网络中，输入层负责接收信号，隐藏层负责对数据的分解与处理，最后的结果被整合到输出层。每层中的一个圆代表一个处理单元，可以认为是模拟了一个神经元，若干个处理单元组成了一个层，若干个层再组成了一个网络，也就是“神经网络”。神经网络中的隐藏层可以含有多层。如果隐藏层只有一层，就是最简单的三层神经网络。在神经网络中，每个处理单元事实上就是一个逻辑回归模型，逻辑回归模型接收上层的输入，把模型的预测结果作为输出传输到下一个层次。通过这一过程，神经网络可以完成非常复杂的非线性分类。

神经网络需要初始化的内容包括：神经网络每层上的神经元个数，不同层间数据互

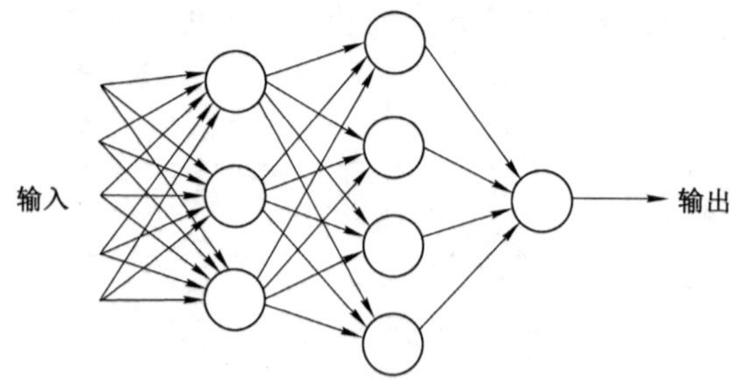

图 11-2 神经网络结构

相传送的权重值以及激活函数。神经元个数是根据实际问题的场景得到的，本例中将其设定为一个自定义量。而激活函数的主要作用有两个：① 完成数据的非线性变换，解决线性模型的表达、分类能力不足等问题。② 执行数据的归一化，将输入数据映射到某个范围内，再往下传递，这样做的好处是可以限制数据的扩张，防止数据过大导致的溢出风险。

【例 11.2】 以一个简单的三层神经网络为例，说明神经网络的应用。

```
import math
import random
import string
random.seed(0)
#生成区间[a, b)内的随机数
def rand(a, b):
    return (b - a) * random.random() + a
#生成大小 I*J 的矩阵，默认零矩阵（当然，亦可用 NumPy 提速）
def makeMatrix(I, J, fill=0.0):
    m = []
    for i in range(I):
        m.append([fill] * J)
    return m
#函数 sigmoid，这里采用 tanh，因为看起来要比标准的 1/(1+e^-x) 漂亮些
def sigmoid(x):
    return math.tanh(x)
#函数 sigmoid 的派生函数，为了得到输出（即：y）
def dsigmoid(y):
    return 1.0 - y ** 2
class NN:
```

```
#三层反向传播神经网络 #
def __init__(self, ni, nh, no):
        #输入层、隐藏层、输出层的节点(数)
self.ni = ni + 1  # 增加一个偏差节点
self.nh = nh
        self.no = no
        #激活神经网络的所有节点(向量)
self.ai = [1.0] * self.ni
        self.ah = [1.0] * self.nh
        self.ao = [1.0] * self.no
        #建立权重(矩阵)
self.wi = makeMatrix(self.ni, self.nh)
        self.wo = makeMatrix(self.nh, self.no)
        #设为随机值
for i in range(self.ni):
            for j in range(self.nh):
                self.wi[i][j] = rand(-0.2, 0.2)
        for j in range(self.nh):
            for k in range(self.no):
                self.wo[j][k] = rand(-2.0, 2.0)
        #最后建立动量因子(矩阵)
self.ci = makeMatrix(self.ni, self.nh)
        self.co = makeMatrix(self.nh, self.no)
    def update(self, inputs):
        if len(inputs) != self.ni - 1:
            raise ValueError('与输入层节点数不符!')
        #激活输入层
for i in range(self.ni - 1):
            # self.ai[i] = sigmoid(inputs[i])
self.ai[i] = inputs[i]
        #激活隐藏层
for j in range(self.nh):
            sum = 0.0
            for i in range(self.ni):
                sum = sum + self.ai[i] * self.wi[i][j]
            self.ah[j] = sigmoid(sum)
```

```
        #激活输出层
for k in range(self. no):
            sum = 0.0
            for j in range(self. nh):
                sum = sum + self. ah[j] * self. wo[j][k]
            self. ao[k] = sigmoid(sum)
        return self. ao[:]
    def backPropagate(self, targets, N, M):
        #反向传播
if len(targets) ! = self. no:
            raise ValueError('与输出层节点数不符! ')
        #计算输出层的误差
output_deltas = [0.0] * self. no
        for k in range(self. no):
            error = targets[k] - self. ao[k]
            output_deltas[k] = dsigmoid(self. ao[k]) * error
        #计算隐藏层的误差
hidden_deltas = [0.0] * self. nh
        for j in range(self. nh):
            error = 0.0
            for k in range(self. no):
                error = error + output_deltas[k] * self. wo[j][k]
            hidden_deltas[j] = dsigmoid(self. ah[j]) * error
        #更新输出层权重
for j in range(self. nh):
            for k in range(self. no):
                change = output_deltas[k] * self. ah[j]
                self. wo[j][k] = self. wo[j][k] + N * change + M * self. co[j][k]
                self. co[j][k] = change
                # print(N * change, M * self. co[j][k])
        #更新输入层权重
for i in range(self. ni):
            for j in range(self. nh):
                change = hidden_deltas[j] * self. ai[i]
                self. wi[i][j] = self. wi[i][j] + N * change + M * self. ci[i][j]
                self. ci[i][j] = change
```

```
# 计算误差
error = 0.0
        for k in range(len(targets)):
            error = error + 0.5 * (targets[k] - self.ao[k]) * * 2
        return error
    def test(self, patterns):
        for p in patterns:
            print(p[0], '->', self.update(p[0]))
    def weights(self):
        print('输入层权重:')
        for i in range(self.ni):
            print(self.wi[i])
        print()
        print('输出层权重:')
        for j in range(self.nh):
            print(self.wo[j])
    def train(self, patterns, iterations=1000, N=0.5, M=0.1):
        # N:学习速率(learning rate)
        # M:动量因子(momentum factor)
for i in range(iterations):
            error = 0.0
            for p in patterns:
                inputs = p[0]
                targets = p[1]
                self.update(inputs)
                error = error + self.backPropagate(targets, N, M)
            if i % 100 == 0:
                print('误差 %-.5f' % error)
def demo():
    #一个演示:教神经网络学习逻辑异或(XOR)---------可以换成你自己的数据试试
pat = [
        [[0, 0], [0]],
        [[0, 1], [1]],
        [[1, 0], [1]],
        [[1, 1], [0]]
```

```
]
    #创建一个神经网络:输入层有两个节点、隐藏层有两个节点、输出层有一个节点
n = NN(2, 2, 1)
    #用一些模式训练它
n.train(pat)
    #测试训练的成果(不要吃惊哦)
n.test(pat)
    #看看训练好的权重(当然可以考虑把训练好的权重持久化)
# n.weights()
if __name__ == '__main__':
    demo()
```

执行上面的示例代码后,输出结果如下:

```
误差 0.94250
误差 0.04287
误差 0.00348
误差 0.00164
误差 0.00106
误差 0.00078
误差 0.00092
误差 0.00053
误差 0.00044
误差 0.00038
[0, 0] -> [0.03036939032113823]
[0, 1] -> [0.9817636240847771]
[1, 0] -> [0.9816259907635363]
[1, 1] -> [-0.025585374843295334]
```

11.3.3 聚类算法

聚类算法是最经典的无监督算法,可以处理不含标签的训练数据,而算法的目的则是通过训练,推测出这些数据的标签。聚类算法没有训练过程,这是和分类算法最本质的区别。按照某个特定标准(如距离准则)把一个数据集分割成不同的类或簇,使得同一个簇内的数据对象的相似性尽可能大,同时不在同一个簇中的数据对象的差异性也尽可能地大。即聚类后同一类的数据尽可能聚集到一起,不同数据尽量分离。

聚类算法最主要的是划分方法和层次方法两种。划分聚类算法通过优化评价函数把数据集分割为 K 个部分,它需要 K 作为输入参数。典型的分割聚类算法有 K-means

算法,K-medoids 算法、CLARANS 算法。层次聚类由不同层次的分割聚类组成,层次之间的分割具有嵌套的关系。它不需要输入参数,这是它优于分割聚类算法的一个明显的优点,其缺点是终止条件必须具体指定。典型的分层聚类算法有 BIRCH 算法、DBSCAN 算法和 CURE 算法等。

K-means 算法是最经典的聚类算法之一。K-means 其实包含两层内容,K 为初始中心点个数,即计划聚类数,means 为求中心点到其他数据点距离的平均值。

基于划分的方法:其原理简单来说就是,想象有若干散点需要聚类,想要的聚类效果就是"类内的点都足够近,类间的点都足够远"。首先要确定这堆散点最后聚成几类,然后挑选若干个点作为初始中心点,再然后依据预先定好的启发式算法(Heuristic Algorithms)给数据点做迭代重置(Iterative Relocation),直到最后到达"类内的点都足够近,类间的点都足够远"的目标效果。也正是根据所谓的"启发式算法",形成了 K-means 算法及其变体包括 K-medoids、K-modes、K-medians、Kernel K-means 等算法。

该方法的步骤如下:

① 随机设置 K 个特征空间内的点作为初始的聚类中心;

② 对于其他每个点计算到 K 个中心的距离,未知的点选择最近的一个聚类中心点作为标记类别;

③ 接着对着标记的聚类中心之后,重新计算出每个聚类的新中心点(平均值);

④ 如果计算得出的新中心点与原中心点一样(质心不再移动),那么结束,否则重新进行第②步过程。

【例 11.3】 本例中使用的数据如表 11-2 所示。

表 11-2 实验数据

	X	Y		X	Y
P1	7	7	P9	10	7
P2	2	3	P10	5	5
P3	6	8	P11	7	6
P4	1	4	P12	9	3
P5	1	2	P13	2	8
P6	3	1	P14	5	11
P7	8	8	P15	5	2
P8	9	10			

随机设置 K 个特征空间内的点作为初始的聚类中心(本例中设置 P1 和 P2),如图 11-3 所示。点与点之间的距离计算公式如下所示:

$$d=\sqrt{(x_n-x_1)^2+(y_n-y_1)^2}$$

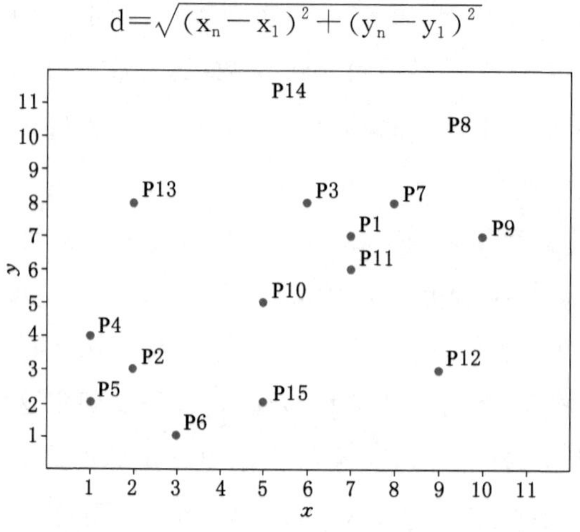

图 11-3 设置初始聚类中心

对于其他每个点计算到 K 个中心的距离，未知的点选择最近的一个聚类中心点作为标记类别。计算结果如表 11-3 所示。

表 11-3 每个点到 K 个中心的距离

	P1(7,7)	P2(2,3)		P1(7,7)	P2(2,3)
P3	1.41	6.40	P10	2.83	3.61
P4	6.71	1.41	P11	1	5.83
P5	7.81	1.41	P12	4.47	7.00
P6	7.21	2.24	P13	5.10	5.00
P7	1.41	7.81	P14	4.47	8.54
P8	3.61	9.90	P15	5.39	3.16
P9	3	8.94			

重新计算聚类中心点的计算公式如下所示：

$$P_y=\sum_{i=1}^{m}P_i y/n \tag{11-4}$$

$$P_x=\sum_{i=1}^{m}P_i x/n \tag{11-5}$$

计算的结果为 $P_1'=(7.3,7.2)$，$P_2'=(1.8,4.6)$。而重新计算聚类中心点如图 11-4 所示。

如果计算得出的聚类中心点与原本的聚类中心点相同，也就是质心不再变化，认为算法已经收敛，则可以结束 K-means 算法，否则开始重新计算。本例计算的结果如表 11-4 所示，经过判断，得到的新聚类中心点与原本的聚类中心点不同，也就是质心仍在

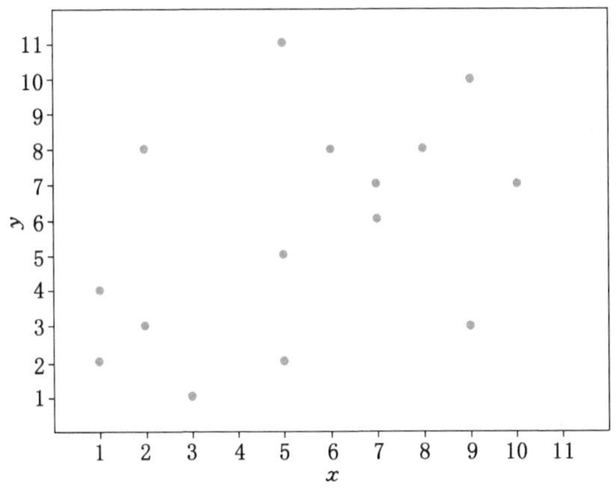

图 11-4 重新计算聚类中心点

变化,所以仍需要进行迭代。

表 11-4 与聚类中心点的距离

	P1′(7.3,7.2)	P2′(1.8,4.6)		P1′(7.3,7.2)	P2′(1.8,4.6)
P1	0.36	5.73	P9	2.82	8.54
P2	6.75	1.61	P10	3.18	3.22
P3	1.39	5.40	P11	1.32	5.39
P4	7.02	1.00	P12	4.66	7.38
P5	8.16	2.72	P13	5.25	3.41
P6	7.57	3.79	P14	4.30	7.16
P7	1.06	7.07	P15	5.25	3.41
P8	3.24	9.00			

当每次迭代结果不变时,认为算法收敛,聚类完成,K-Means 一定会停下,不可能陷入一直选质心的过程。在本例中,最终的结果如图 11-5 所示。

11.3.4 关联规则

Apriori 算法是第一个关联规则挖掘算法,也是最经典的算法。它利用逐层搜索的迭代方法找出数据库中项集的关系,以形成规则,其过程由连接(类矩阵运算)与剪枝(去掉那些没必要的中间结果)组成。该算法中项集的概念即为项的集合。包含 K 个项的集合为 K 项集。项集出现的频率是包含项集的事务数,称为项集的频率。如果某项集满足最小支持度,则称它为频繁项集。

关联规则挖掘是数据挖掘中最活跃的研究方法之一 。最早是由 Agrawal 等人提

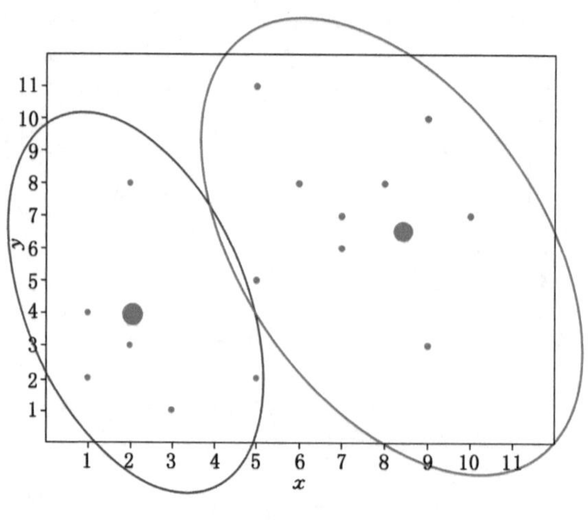

图 11-5 最终结果

出的，最初提出的动机是针对购物篮分析问题提出的，其目的是发现交易数据库中不同商品之间的联系规则。这些规则刻画了顾客购买行为模式，可以用来指导商家科学地安排进货、库存以及货架设计等。之后诸多的研究人员对关联规则的挖掘问题进行了大量的研究。他们的工作涉及关联规则的挖掘理论的探索，原有的算法的改进和新算法的设计，并行关联规则挖掘 Parallel Association Rule Mining，以及数量关联规则挖掘 Quantitive Association Rule Mining 等问题。在提高挖掘规则算法的效率、适应性、可用性以及应用推广等方面，许多学者进行了不懈的努力。

Apriori 算法是种挖掘关联规则的频繁项集算法，一种最有影响的挖掘布尔关联规则频繁项集的算法。其核心思想是通过候选集生成和情节的向下封闭检测两个阶段来挖掘频繁项集。其核心是基于两阶段频集思想的递推算法。该关联规则在分类上属于单维、单层、布尔关联规则。在这里，所有支持度大于最小支持度的项集称为频繁项集，简称频集。Apriori 算法已经被广泛地应用到商业、网络安全等各个领域。Apriori 算法采用了逐层搜索的迭代的方法，算法简单明了，没有复杂的理论推导，也易于实现。

关联规则包含以下基本概念：

关联分析（Association Analysis）：在大规模数据集中寻找有趣的关系。

频繁项集（Frequent Item Sets）：经常出现在一块的物品的集合，即包含 0 个或者多个项的集合称为项集。

支持度（Support）：数据集中包含该项集的记录所占的比例，是针对项集来说的。

置信度（Confidence）：出现某些物品时，另外一些物品必定出现的概率，针对规则而言。

关联规则（Association Rules）：暗示两个物品之间可能存在很强的关系。形如

A－＞B 的表达式，规则 A－＞B 的度量包括支持度和置信度。

项集支持度：一个项集出现的次数与数据集所有事物数的百分比称为项集的支持度，支持度反映了 A 和 B 同时出现的概率，关联规则的支持度等于频繁集的支持度。

$$\text{support}(A \Rightarrow B) = P(A \cup B) \tag{11-6}$$

项集置信度：包含 A 的数据集中包含 B 的百分比：

$$\text{confidence}(A \Rightarrow B) = P(B|A) = \frac{\text{support}(A \cup B)}{\text{support}(A)} = \frac{\text{support\_count}(A \cup B)}{\text{support\_count}(A)} \tag{11-7}$$

置信度反映了如果交易中包含 A，则交易包含 B 的概率。也可以称为在 A 发生的条件下，发生 B 的概率，成为条件概率。支持度和置信度（可信度）较高的关联规则更受关注。

如果支持度和置信度闭值设置得过高，虽然可以减少挖掘时间，但是容易造成一些隐含在数据中非频繁特征项被忽略掉，难以发现足够有用的规则；如果支持度和置信度闭值设置得过低，又有可能产生过多的规则，甚至产生大量冗余和无效的规则，同时由于算法存在的固有问题，会导致高负荷的计算量，大大增加挖掘时间。所以设置合理的支持度和置信度，对于算法的效率至关重要。

Apriori 原理：如果某个项集是频繁的，那么它的所有子集也是频繁的。该定理的逆反定理为：如果某一个项集是非频繁的，那么它的所有超集（包含该集合的集合）也是非频繁的。Apriori 原理的出现，可以在得知某些项集是非频繁之后，不需要计算该集合的超集，有效地避免项集数目的指数增长，从而在合理时间内计算出频繁项集。

在图 11-6 中，已知阴影项集{2,3}是非频繁的。利用这个知识，可以知道项集{0,2,3}，{1,2,3}以及{0,1,2,3}也是非频繁的。也就是说，一旦计算出了{2,3}的支持度，知道它是非频繁的后，就可以紧接着排除{0,2,3}、{1,2,3}和{0,1,2,3}。

Apriori 的算法思想如下：

① 找出所有的频集，这些项集出现的频繁性至少和预定义的最小支持度一样。

② 由频集产生强关联规则，这些规则必须满足最小支持度和最小可信度。

③ 使用第 1 步找到的频集产生期望的规则，产生只包含集合的项的所有规则，其中每一条规则的右部只有一项，这里采用的是中规则的定义。

④ 一旦这些规则被生成，那么只有那些大于用户给定的最小可信度的规则才被留下来。为了生成所有频集，使用了递推的方法。

Ariori 算法有两个主要步骤：

(1) 连接（将项集进行两两连接形成新的候选集）

利用已经找到 k 个项的频繁项集 L_k，通过两两连接得到候选集 C_{k+1}，注意进行连接的 $L_k[i]$和 $L_k[j]$必须有 k－1 个属性值相同，然后另外两个不同的分别分布在 $L_k[i]$

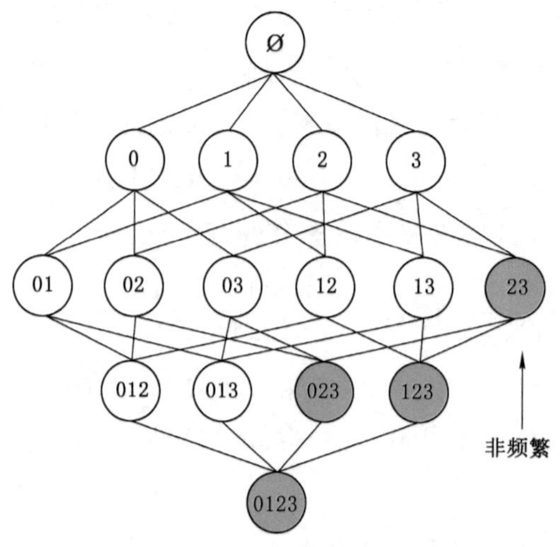

图 11-6　挖掘布尔关联规则频繁项集

和 $L_k[j]$中。这样求出的 C_{k+1} 为 L_{k+1} 的候选集。

（2）剪枝(去掉非频繁项集)

候选集 C_{k+1} 并不都是频繁项集,必须剪枝去掉,以防止所处理的数据无效项越来越多。只有当子集都是频繁集的候选集才是频繁集,这是剪枝的依据。

Apriori 算法的代码实现如下：

```
#Apriori 算法实现
from NumPy import *
def loadDataSet():
    return [[1, 3, 4], [2, 3, 5], [1, 2, 3, 5], [2, 5]]
#获取候选 1 项集,dataSet 为事务集。返回一个 list,每个元素都是 set 集合
def createC1(dataSet):
C1 = []  # 元素个数为 1 的项集(非频繁项集,因为还没有同最小支持度比较)
for transaction in dataSet:
        for item in transaction:
            if not [item] in C1:
C1. append([item])
    C1. sort()  #这里排序是为了,生成新的候选集时可以直接认为两个 n 项候选集前面的部分相同
    #因为除了候选 1 项集外其他的候选 n 项集都是以二维列表的形式存在,所以要将候选 1 项集的每一个元素都转化为一个单独的集合。
return list(map(frozenset, C1))
#找出候选集中的频繁项集
```

```
# dataSet 为全部数据集，Ck 为大小为 k（包含 k 个元素）的候选项集，minSupport 为设定的最小支持度
def scanD(dataSet, Ck, minSupport):
ssCnt = {}    # 记录每个候选项的个数
for tid in dataSet:
        for can in Ck:
            if can.issubset(tid):
                ssCnt[can] = ssCnt.get(can, 0) + 1    #计算每一个项集出现的频率
    numItems = float(len(dataSet))
    retList = []
    supportData = {}
    for key in ssCnt:
        support = ssCnt[key] / numItems
        if support >= minSupport:
            retList.insert(0, key)  #将频繁项集插入返回列表的首部
        supportData[key] = support
    return retList, supportData
#通过频繁项集列表 Lk 和项集个数 k 生成候选项集 C(k+1)。
def aprioriGen(Lk, k):
    retList = []
    lenLk = len(Lk)
    for i in range(lenLk):
        for j in range(i + 1, lenLk):
# 前 k-1 项相同时，才将两个集合合并，合并后才能生成 k+1 项
L1 = list(Lk[i])[:k-2]; L2 = list(Lk[j])[:k-2]
            L1.sort(); L2.sort()
            if L1 == L2:
                retList.append(Lk[i] | Lk[j])
    return retList
#获取事务集中的所有的频繁项集
# Ck 表示项数为 k 的候选项集，最初的 C1 通过 createC1()函数生成。Lk 表示项数为 k 的频繁项集，supK 为其支持度，Lk 和 supK 由 scanD()函数通过 Ck 计算而来。
def apriori(dataSet, minSupport=0.5):
    C1 = createC1(dataSet)  #从事务集中获取候选 1 项集
    D = list(map(set, dataSet))  # 将事务集的每个元素转化为集合
    L1, supportData = scanD(D, C1, minSupport)  #获取频繁 1 项集和对应的支持度
```

```
L = [L1]  # L用来存储所有的频繁项集
k = 2
    while (len(L[k-2]) > 0): #一直迭代到项集数目过大在事务集中不存在这种 n 项集
        Ck = aprioriGen(L[k-2], k)  #根据频繁项集生成新的候选项集。Ck 表示项数为 k 的候选项集
        Lk, supK = scanD(D, Ck, minSupport)  # Lk 表示项数为 k 的频繁项集,supK 为其支持度
        L.append(Lk);supportData.update(supK)  #添加新频繁项集和他们的支持度
        k += 1
    return L, supportData
if __name__=='__main__':
    dataSet = loadDataSet()  #获取事务集。每个元素都是列表
    # C1 = createC1(dataSet)  #获取候选 1 项集。每个元素都是集合
    # D = list(map(set, dataSet))  # 转化事务集的形式,每个元素都转化为集合。
    # L1, suppDat = scanD(D, C1, 0.5)
    # print(L1,suppDat)
    L, suppData = apriori(dataSet,minSupport=0.7)
    print(L,suppData)
```

执行上面的示例代码后,输出结果如下:

```
[[frozenset({5}), frozenset({2}), frozenset({3})], [frozenset({2, 5})], []] {frozenset({1}): 0.5, frozenset({3}): 0.75, frozenset({4}): 0.25, frozenset({2}): 0.75, frozenset({5}): 0.75, frozenset({2, 5}): 0.75, frozenset({3, 5}): 0.5, frozenset({2, 3}): 0.5}
```

Ariori 算法是应用最广泛的关联规则算法,但是它也有不足之处。Ariori 算法的缺点包括:首先,在每一步产生候选项目集时循环产生的组合过多,没有排除不应该参与组合的元素;其次,每次计算项集的支持度时,都对数据库 D 中的全部记录进行了一遍扫描比较,如果是一个大型的数据库的话,这种扫描比较会大大增加计算机系统的 I/O 开销。而这种代价是随着数据库的记录增加呈现出几何级数增加。

11.3.5 决策树算法

决策树(Decision Tree)是在已知各种情况发生概率的基础上,通过构成决策树来求取净现值的期望值大于等于零的概率,评价项目风险,判断其可行性的决策分析方法,是直观运用概率分析的一种图解法。由于这种决策分支画成的图形很像一棵树的枝干,故称决策树。在机器学习中,决策树是一个预测模型,它代表的是对象属性与对象值之间的一种映射关系。

分类树(决策树)是一种十分常用的分类方法。它是一种监督学习,所谓监督学习就是给定一堆样本,每个样本都有一组属性和一个类别,这些类别是事先确定的,那么通过学习得到一个分类器,这个分类器能够对新出现的对象给出正确的分类。这样的机器学习就被称为监督学习。

决策树由决策节点、分支和叶子组成。决策树中最上面的节点为根节点,每个分支是一个新的决策节点,或者是树的叶子。每个决策节点代表一个问题或决策,通常对应于待分类对象的属性。每一个叶子结点代表一种可能的分类结果。沿决策树从上到下遍历的过程中,在每个节点都会遇到一个测试,对每个节点上问题的不同的测试输出导致不同的分支,最后会到达一个叶子结点,这个过程就是利用决策树进行分类的过程,利用若干个变量来判断所属的类别。

机器学习中,决策树是一个预测模型;它代表的是对象属性与对象值之间的一种映射关系。树中每个节点表示某个对象,而每个分叉路径则代表的某个可能的属性值,而每个叶节点则对应从根节点到该叶节点所经历的路径所表示的对象的值。决策树仅有单一输出,若欲有复数输出,可以建立独立的决策树以处理不同输出。数据挖掘中决策树是一种经常要用到的技术,可以用于分析数据,同样也可以用来作预测。决策树是一个树形模型,特点是可以对一个一个特征进行处理,而线性模型则是对所有特征给予权重相加得到一个新的值。这也是决策树与逻辑回归的主要区别,逻辑回归是将所有特征变换为概率后,通过大于某一概率阈值的划分为一类,小于某一概率阈值的为另一类;而决策树是对每一个特征做一个划分。另外,逻辑回归只能找到线性分割,而决策树可以找到非线性分割。决策树模型更加接近人的思维方式,可以产生可视化的分类规则,产生的模型具有可解释性(可以抽取规则)。树模型拟合出来的函数其实是分区间的阶梯函数。决策树的学习采用自顶向下的递归的方法,基本思想是以信息熵为度量构造一棵熵值下降最快的树,到叶子节点处熵值为0。

常用的决策树分裂方法有三种,分别为Cart算法,ID3算法和C4.5算法,下文将依次介绍这三种算法。

(1) Cart算法

Cart假设决策树是二叉树,内部节点特征的取值为“是”和“否”,左分支是取值为“是”的分支,右分支是取值为“否”的分支。这样的决策树等价于递归地二分每个特征,将输入空间即特征空间划分为有限个单元,并在这些单元上确定预测的概率分布,也就是在输入给定的条件下输出的条件概率分布。

Cart算法由两步组成:首先为决策树生成,基于训练数据集生成决策树,生成的决策树要尽量大;其次为决策树剪枝,用验证数据集对已生成的树进行剪枝并选择最优子树，这时损失函数最小作为剪枝的标准。Cart 决策树的生成就是递归地构建二叉决策树的过程。Cart 决策树既可以用于分类也可以用于回归。对分类树而言，Cart 用基尼系数最小化准则来进行特征选择，生成二叉树。Cart 生成算法如下：

输入：训练数据集 Data。

输出：Cart 决策树。

根据训练数据集，从根节点开始，递归地对每个节点进行以下操作，构建二叉决策树：

① 设节点的训练数据集为 Data，计算现有特征对该数据集的基尼系数。此时，对每一个特征 A，对其可能取的每个值 a，根据样本点对 A＝a 的测试为"是"或"否"将 D 分割成 D1 和 D2 两部分，计算 A＝a 时的基尼系数。

② 在所有可能的特征 A 以及它们所有可能的切分点 a 中，选择基尼系数最小的特征及其对应的切分点作为最优特征与最优切分点。依最优特征与最优切分点，从现节点生成两个子结点，将训练数据集依特征分配到两个子结点中去。

③ 对两个子结点递归地调用步骤①～②，直至满足停止条件。

④ 生成 Cart 决策树。

算法停止计算的条件是节点中的样本个数小于预定阈值，或样本集的基尼系数小于预定阈值(样本基本属于同一类)，或者没有更多特征。

基尼系数最早应用在经济学中，用来衡量收入分配的公平程度。在 Cart 决策树中，基尼系数被用来衡量数据的不纯度或者不确定性，这与 C4.5 算法截然不同。同时在 Cart 决策树中，基尼系数也被用来切分决定类别变量的最优二分值。

在某个分类问题中，假设数据一共有 n 个类，P_n 为样本点属于第 n 类的概率，概率分布的基尼系数的定义为：

$$\mathrm{Gini}(p)=\sum_{n=1}^{n}p_n(1-p_n)=1-\sum_{n=1}^{n}p_n^2 \tag{11-8}$$

如果样本集合 Data 基于某个特征 F 被分割为两个部分 D_1 与 D_2，在该条件下，此时样本集合 D 的基尼系数的定义为：

$$\mathrm{Gini}(D,F)=\frac{D_1}{D}\mathrm{Gini}(D_1)+\frac{D_2}{D}\mathrm{Gini}(D_2) \tag{10-9}$$

基尼系数越大，样本集合不确定性也就越大。这一概念与 C4.5 算法中应用的熵的概念是类似的。所以可以使用基尼系数取代熵以确定某个特征的最优切分点，只需要确保切分后某点的基尼系数值最小，这就是 CART 决策树中切分类别的关键。

【例 11.4】 应用 Cart 决策树算法，数据集如表 11-5 所示。

表 11-5 示例数据集

序号	是否有房	婚姻状况	年收入	是否拖欠贷款
1	是	未婚	125K	否
2	否	已婚	100K	否
3	否	未婚	70K	否
4	是	已婚	120K	否
5	否	离异	95K	是
6	否	已婚	60K	否
7	是	离异	220K	否
8	否	未婚	85K	是
9	否	已婚	75K	否
10	否	未婚	90K	是

首先根据该数据集中非类标号属性，即是否有房、婚姻状况和年收入分别计算它们的基尼系数增益，基尼系数增益最大的属性将作为决策树的根节点属性。下面将以表 11-5 为例应用 Cart 决策树算法，其中 Δ 代表基尼系数增益。

根节点基尼系数为 Gini(是否拖欠贷款)＝1－(310)^2－(710)^2＝0.42

当根据是否有房来进行划分时，基尼系数增益计算过程为：

表 11-6 是否有房与是否拖欠贷款的关系

		是否有房	
		是	否
是否拖欠贷款	是	0	3
	否	3	4

根据表 11-6 的数据可以计算得到：

Gini(左子节点)＝1－(0/3)^2－(3/3)^2＝0

Gini(右子节点)＝1－(3/7)^2－(4/7)^2＝0.4898

Δ{是否有房}＝0.42－0.7×0.4898－0.3×0＝0.077

若按婚姻状况属性来划分，属性婚姻状况有三个可能的取值{已婚，未婚，离异}，分别计算划分后的基尼系数增益。这三个属性可以分为以下三个类别：

{已婚}|{未婚，离异}

{未婚}|{已婚，离异}

{离异}|{未婚，已婚}

当分组为{已婚}|{单身，离异}时，A 代表取值为已婚的分组，B 代表取值为单身

或离异的分组。如表 11-7 所示。

表 11-7　是否已婚与是否拖欠贷款的关系

		是否已婚	
		是(A)	否(B)
是否拖欠贷款	是	0	3
	否	4	3

同上计算可得 Δ{婚姻状况}＝0.42－410×0－610×[1－(3/6)^2－(3/6)^2]＝0.12。

同理可以继续计算得到当分组为{未婚}|{已婚,离异}时：

Δ{婚姻状况}＝0.42－410×0.5－610×[1－(1/6^)2－(5/6)^2]＝0.053

当分组为{离异}|{未婚,已婚}时：

Δ{婚姻状况}＝0.42－210×0.5－810×[1－(2/8)^2－(6/8)^2]＝0.02

对比计算结果,选择基尼系数增益最大的分组作为划分结果,也就是{已婚}|{单身,离异}。

最后考虑年收入属性,它是一个连续的数值类型。首先需要对数据按升序排序,然后从小到大依次用相邻值的中间值作为分隔将样本划分为两组。例如当面对年收入为 60 k 和 70 k 这两个值时,我们算得其中间值为 65 k。倘若以中间值 65 k 作为分割点。A 作为年收入小于 65 k 的样本,B 表示年收入大于等于 65 k 的样本,如表 11-8 所示。

表 11-8　收入属性分析表

		年收入	
		＜65 k(A)	＞65 k(B)
是否拖欠贷款	是	0	3
	否	1	6

于是则得基尼系数增益为：

Δ(年收入)＝0.42－110×0－910×[1－(6/9)^2－(3/9)^2]＝0.02

其他值的计算可以通过相似的计算得到,本处不再一一列出。最终计算的结果,以中间值 92.5 k 作为分割点时,基尼系数增益最大为 0.12。根据之前的计算知道,三个属性划分根节点的增益最大的有两个:年收入和婚姻状况,基尼系数增益都为 0.12。此时,选取首先出现的属性作为第一次划分。

接下来,采用同样的方法,分别计算剩下属性,其中根节点的基尼系数为(此时是否拖欠贷款各有 3 个记录)。

Gini(是否拖欠贷款)=1−(3/6)^2−(3/6)^2=0.5。

表 11-9　是否有房与是否拖欠贷款的关系

		是否有房	
		是	否
是否拖欠贷款	是	0	3
	否	1	6

与前面的计算过程类似，对于是否有房属性，如表 11-9 所示，计算可得：

$$\Delta\{是否有房\}=0.5-4/6\times[1-(3/4)^2-(1/4)^2]-2/6\times0=0.25$$

对于年收入属性如表 11-10 所示。

表 11-10　年收入属性中点的基尼系数增益

是否拖欠贷款	否	是	是	是	否
年收入(K)	70	85	90	95	125
相邻值中点(K)	77.5	87.7	92.5	110	172.5
基尼系数增益	0.1	0.25	0.05	0.25	0.1

根据上文的描述与计算，最后构建的 CART 如图 11-7 所示。

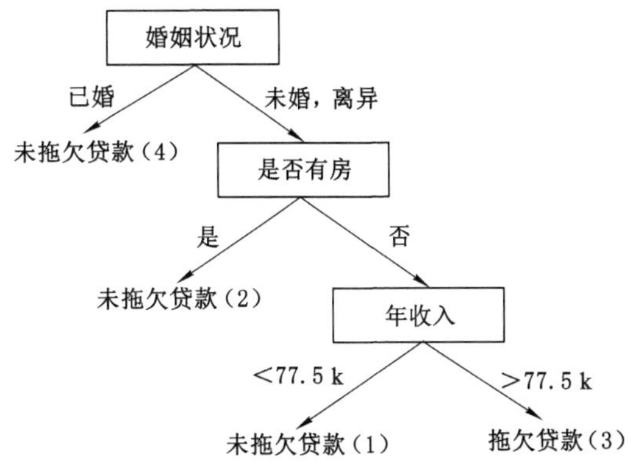

图 11-7　CART 决策树

(2) ID3 算法

ID3 算法是一种贪心算法，算法的核心是信息熵。用来构造决策树。ID3 算法起源于概念学习系统，以信息熵的下降速度为选取测试属性的标准，即在每个节点选取还尚未被用来划分的具有最高信息增益的属性作为划分标准，然后继续这个过程，直到生成的决策树能完美分类训练样例。

一个数据所包含的信息用如下公式计算：

$$l(x_i) = -\log_2 p_{(x_i)} \tag{11-10}$$

熵表示一个数据集合信息的期望，可按下式计算：

$$H = -\sum_{i=1}^{n} p(x_i)\log_2 p_{(x_i)} \tag{11-11}$$

特征 A 对数据集 D 的信息增益为：

$$\begin{aligned} g(D,A) &= H(D) - H(D|A) \\ &= -\sum_{k=1}^{K}\frac{|C_k|}{|D|}\log_2\frac{|C_k|}{|D|} - \sum_{k=1}^{n}\frac{|D_i|}{|D|}\sum_{k=1}^{K}\frac{|D_{ik}|}{|D|}\log_2\frac{|D_{ik}|}{|D|} \end{aligned} \tag{11-12}$$

上式中 D 为训练数据集，样本容量为 $|D|$，设共有 K 个类 C_k，$k=1,2\cdots,K$，$|C_k|$ 为 C_k 的样本容量，特征 A 的取值将 D 划分为 n 个子集，D_1，D_2，…，D_n，$|D_i|$ 为 D_i 的样本容量。$D_{ik}=D_i \cap D_k$，$|D_{ik}|$ 为 D_{ik} 的样本容量。

决策树生成如图 11-8 所表示。

【例 11.5】 以判断西瓜是否好吃为例，来说明 ID3 决策树算法的应用。

```
#！/usr/bin/env python3
# coding=utf-8
import math
import operator
#计算数据的信息熵
def calcEntropy(data):
    numSamples = len(data)
    numClass = {}
    Entropy = 0.0
    label = [sample[-1] for sample in data]
    for i in label:
        numClass[i] = numClass.get(i,0)+1    #求不同类的数量
    for j in numClass:
        prob = float(numClass[j]/numSamples)
        Entropy = Entropy - prob * math.log(prob,2)
    return Entropy
#取出数据中第 i 列值为 setValue 的样本
def splitData(data,i,setValue):
    subData = []
```

```
    for sample in data:
        if sample[i] == setValue:
            reducedSample = sample[:i]      #删除该样本的第 i 列
            reducedSample.extend(sample[i+1:])
            subData.append(reducedSample)
    return subData
#选择最优属性
def slctAttribute(data):
    allEntropy = calcEntropy(data)
    numSamples = len(data)
    numAttributes = len(data[0])-1
    initMI = 0.0
    for i in range(numAttributes):
        valueList = [sample[i] for sample in data]  #拿出数据的第 i 列
        value = set(valueList)  #拿出这一列的所有不等值
        numEntropy = 0.0
        for j in value:
            subData = splitData(data,i,j)
            proportion = float(len(subData)/numSamples)
            Entropy = calcEntropy(subData)
            numEntropy = numEntropy + Entropy * proportion
        MI = allEntropy - numEntropy      #计算互信息
        if MI > initMI:
            initMI = MI
            slcAttribute = i
    return slcAttribute
#属性已遍历到最后一个,取该属性下样本最多的类为叶节点类别标记
def majorVote(classList):
    classCount = {}
    for i in classList:
        #第一次进入,分别把 classList 的不同值赋给 classCount 的键值
        if i not in classCount.keys():
            #构建键值对,用于对每个 classList 的不同元素来计数
            classCount[i] = 0
        else:
            classCount[i] += 1
```

```
    #按每个键的键值降序排列
    sortClassCount = sorted(classCount.items,key = operator.itemgetter(1),reverse = True)
    return sortClassCount[0][0]
def createTree(data,attributes):
    classList = [i[-1] for i in data]    #取 data 的最后一列(标签值)
    if classList.count(classList[0]) == len(classList):
        return classList[0]
    if len(data[0]) == 1: #遍历后只剩下一个属性,那么标记类别为样本最多的类
        return majorVote(classList)
    selectAttribute = slctAttribute(data)
    bestAttribute = attributes[selectAttribute]
    myTree = {bestAttribute:{}} #生成树,采用字典嵌套的方式记录树
    del(attributes[selectAttribute])    #删除此时的最优属性
    attributeValue = [sample[selectAttribute] for sample in data]
    branch = set(attributeValue)    #取唯一取值,作为本节点的所有分支
    for value in branch:
        subAttributes = attributes[:]
        myTree[bestAttribute][value] = createTree(splitData(data,selectAttribute,value),subAt-
tributes)  #迭代生成子树
    return myTree
if __name__ == '__main__':
    #西瓜数据集,根蒂=1 代表蜷缩,0 代表硬挺;纹理=1 代表模糊,0 代表清晰
    data = [[1,0,'good'],[1,0,'good'],[0,0,'bad'],[0,1,'bad'],[1,1,'bad']]
    attributes = ['根蒂','纹理']
    Tree = createTree(data,attributes)
    print(Tree)
```

执行上面的示例代码后,输出结果如下:

```
{'根蒂': {0: 'bad', 1: {'纹理': {0: 'good', 1: 'bad'}}}}
```

本代码根据训练数据生成了一棵决策树。可以看到,在对西瓜进行判别的问题上,决策树刚开始选择根蒂为根节点,如果根蒂硬挺,那么直接判别西瓜不好吃;如果根蒂蜷缩,那么以纹理为子树根节点,纹理清晰则为好吃,纹理模糊则不好吃。

(3) C4.5 算法

C4.5 算法是由 Ross Quinlan 开发的用于产生决策树的算法。该算法是对 Ross Quinlan 之前开发的 ID3 算法的一个扩展。C4.5 算法产生的决策树可以被用作分类目的,因此该算法也可以用于统计分类。C4.5 算法与 ID3 算法一样使用了信息熵的概

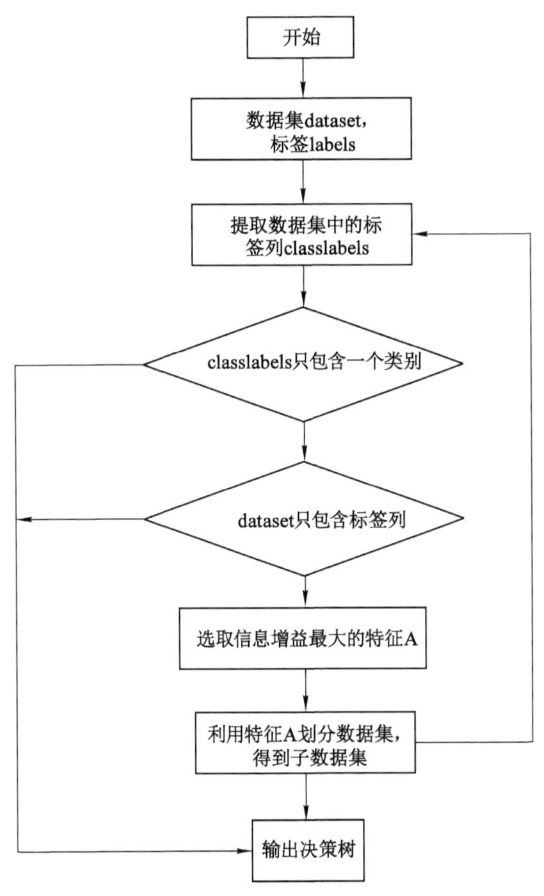

图 11-8 决策树生成流程图

念，并和 ID3 一样通过学习数据来建立决策树。

C4.5 是一系列用在机器学习和数据挖掘的分类问题中的算法。它的目标是监督学习：给定一个数据集，其中的每一个元组都能用一组属性值来描述，每一个元组属于一个互斥的类别中的某一类。C4.5 的目标是通过学习，找到一个从属性值到类别的映射关系，并且这个映射能用于对新的类别未知的实体进行分类。

对比 ID3 算法，C4.5 用信息增益率来选择属性。而 ID3 选择属性用的是子树的信息增益，这里可以用很多方法来定义信息，ID3 使用的是熵，也就是熵的变化值，而 C4.5 用的是信息增益率，此方法避免了 ID3 算法中的归纳偏置问题，因为 ID3 算法会偏向于选择类别较多的属性(形成分支较多会导致信息增益大)。同时，C4.5 算法可以处理非离散数据和不完整数据。

将三种方法进行对比，可以看到它们各自具有以下的特点：

① ID3 倾向于选择水平数量较多的变量，可能导致训练得到一个庞大且深度浅的

树;另外输入变量必须是分类变量(连续变量必须离散化);最后无法处理空值。

② C4.5 选择了信息增益率替代信息增益。

③ CART 以基尼系数替代熵;最小化不纯度而不是最大化信息增益。

11.4 案例应用与分析

这一节进行完整的案例分析,使用关于电信用户的数据集,数据集包含用户 ID,性别、是否结婚、月费用,开通了哪些业务等多个数据特征,通过这些数据特征分析电信用户流失的原因,以及总结出流失用户的共同特征,使用多种机器学习方法,通过精确度、召回率等标准,比较各种方法之间的差异,为减少电信用户流失提出建议。

在进行案例分析之前,将详细介绍机器学习领域的模型性能评价指标,准确度、精准率、召回率、F1 分数。

11.4.1 算法度量尺度

在介绍四种衡量标准之前,首先要介绍的是混淆矩阵,混淆矩阵的主要作用是用来衡量模型在测试样本上的性能,混淆矩阵有四个值,分别是真正的正例(TP)、假的正例(FP)、真正的反例(TN)、假的正例(FN)。TP:表示正确预测的正值,FP:表示错误预测的正值,TN:表示正确预测的负值,FN:表示错误预测的负值。

准确度:是衡量模型质量最直观的指标。它实际上是与预测中涉及的所有数据相比,正确预测的数据量。正如我在一开始提到的,如果模型具有高度的准确性,人们可能会认为它是最好的。

首先要明确的是,只有当有一个对称的数据集,其中的误报和漏报的值相同时,准确度才能作为一个很好的衡量标准。因此,必须考虑其他参数来全面评估模型的性能。准确度公式如下:

$$\text{Accuracy}=\frac{\text{TP}+\text{TN}}{\text{TP}+\text{FP}+\text{TN}+\text{FN}} \tag{11-13}$$

精确率:指的是真正的正例在所有正例中所占的比率。精确率适用于当负例被错误地预测为正例(假正例)产生的代价很高的时候,因为高查准率意味着低假正例。比如说短信分类场景,如果把有用的信息分入垃圾信息中去时,将会造成很严重的后果。精确率公式如下:

$$\text{Precision}=\frac{\text{TP}}{\text{TP}+\text{FP}} \tag{11-14}$$

召回率指的是真正的正例在所有预测正确结果中所占的比率。比如说针对医疗欺诈场景，当一个事件为医疗欺诈时，却被错误地预测为正常行为，这会造成财务方面的损失。召回率公式如下：

$$\text{Recall}=\frac{\text{TP}}{\text{TP}+\text{FN}} \tag{11-15}$$

F1 分数：准确率和召回率的加权平均。F1 分数考虑了假反例和假正例。它不像准确性那样容易理解，但 F1 分数比准确性更适用，特别是当数据集的类别分布不均匀时。当假阳性案例和假阴性案例造成的成本相似时，可以直接使用准确性，但当假阳性案例和假阴性案例造成的成本差异很大时，可以考虑更好的衡量标准，如 F1 分数。具体公式如下：

$$\text{F1}=2\times\frac{\text{Prcision}\cdot\text{Recall}}{\text{Prcision}+\text{Recall}} \tag{11-16}$$

11.4.2 案例分析

在前面几个小节介绍了几种模型性能表现的评估标准，接下来将开始相关实践环节，使用随机森林、支持向量机、逻辑回归等方法建立模型，并评估几种模型的性能。具体操作如下。

对数据进行均衡性检测，结果显示正例数为 1 869，而反例数为 5 174，显然数据集是不均衡的；然后对数据的类型进行检测，其中 TotalCharges 表示的是费用，而它的数据类型为 object，修改数据类型为 float。

```
import pandas as pd
import matplotlib.pyplot as plt
import seaborn as sns
df1 = pd.read_csv("dxls.csv")
junheng = df1["Churn"].value_counts()  #均衡性检查(数据集不均衡)
print(junheng)
```

执行上面的示例代码后，输出结果如下：

```
No     5174
Yes    1869
Name: Churn, dtype: int64
```

数据格式检查。

```
df1.info()  #数据格式检查
df1['TotalCharges'] = pd.to_numeric(df1['TotalCharges'])
print(df1['TotalCharges'].dtypes)
```

执行上面的示例代码后，输出结果如下：

```
0    customerID        7043   non-null   object
1    gender            7043   non-null   object
2    SeniorCitizen     7043   non-null   int64
3    Partner           7043   non-null   object
4    Dependents        7043   non-null   object
5    tenure            7043   non-null   int64
6    PhoneService      7043   non-null   object
7    MultipleLines     7043   non-null   object
8    InternetService   7043   non-null   object
9    OnlineSecurity    7043   non-null   object
10   OnlineBackup      7043   non-null   object
11   DeviceProtection  7043   non-null   object
12   TechSupport       7043   non-null   object
13   StreamingTV       7043   non-null   object
14   StreamingMovies   7043   non-null   object
15   Contract          7043   non-null   object
16   PaperlessBilling  7043   non-null   object
17   PaymentMethod     7043   non-null   object
18   MonthlyCharges    7043   non-null   float64
19   TotalCharges      7033   non-null   object
20   Churn             7043   non-null   object
```

处理缺失值，查询数据集中缺失值的数量，本数据集含 10 个缺失值，数量较少，直接删除缺失值所在的行。

```
qs = pd.isnull(df1).sum()  #缺失值处理，检测数据中是否存在缺失值。
df1.dropna(inplace=True)
print(df1.shape)
```

执行上面的示例代码后，输出结果如下：

```
(7033, 21)
```

使 Churn 列的 Yes 和 No 变成 1 和 0，方便数据分析。

```
df1['Churn'].replace(to_replace='Yes',value=1,inplace=True)
df1['Churn'].replace(to_replace='No',value=0,inplace=True)
print(df1['Churn'].head())
```

执行上面的示例代码后，输出结果如下：

```
0    0
1    0
2    1
```

```
3    0
4    1
```

对人员流失做可视化分析。

```
fig, axes = plt.subplots(2, 2, constrained_layout=True)
gender = sns.countplot(ax=axes[0, 0], x='gender', hue='Churn', data=df1)
laonianren = sns.countplot(ax=axes[0, 1], x='SeniorCitizen', hue='Churn', data=df1)
dul=sns.countplot(ax=axes[1, 0], x='Dependents', hue='Churn', data=df1)
banlv = sns.countplot(ax=axes[1, 1], x='Partner', hue='Churn', data=df1)
```

执行上面的示例代码后,输出结果如图 11-9 所示。

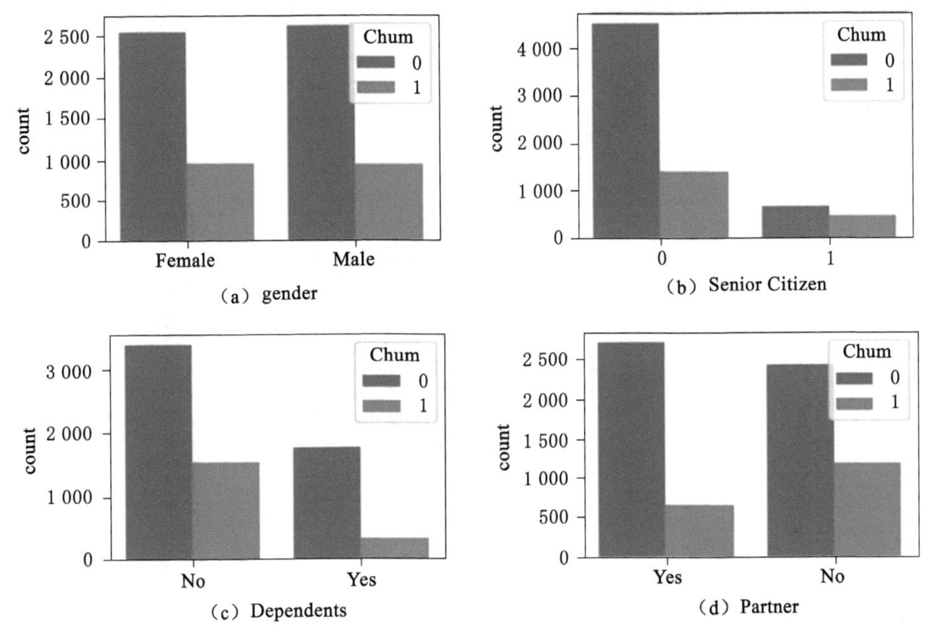

图 11-9　流失问题分析图

针对性别,是否经济独立、是否有伴侣、是否是老人等特征对用户流失问题进行分析,可以看出性别对用户流失不产生显著影响,年龄大的流失比例更大,没有伴侣的比有伴侣的客户流失率更高,经济独立的影响较大,未独立的用户流失要远大于已独立的用户。

分析特征之间的相关性,用热力图将其可视化。具体操作如下。

```
tz = df1.iloc[:, 1:20]
corr1 = tz.apply(lambda x: pd.factorize(x)[0])  # factorize 一种编码方式与 onehot 类似
cor = corr1.corr()  #构造相关矩阵
plt.figure(figsize=(13, 13))
axes2 = sns.heatmap(cor, cmap="RdBu_r", linewidths=0.2, fmt='.2f',
```

```
    xticklabels=True, yticklabels=True)
plt.show()
```

执行上面的示例代码后，输出结果如图 11-10 所示。从热力图可以看出，互联网服务、网络安全服务、在线备份服务、设备保护服务、技术支持服务、网络电视和网络电影之间存在着很强的相关性。多线服务和电话服务之间也有很强的相关性，并且有很强的正相关性。

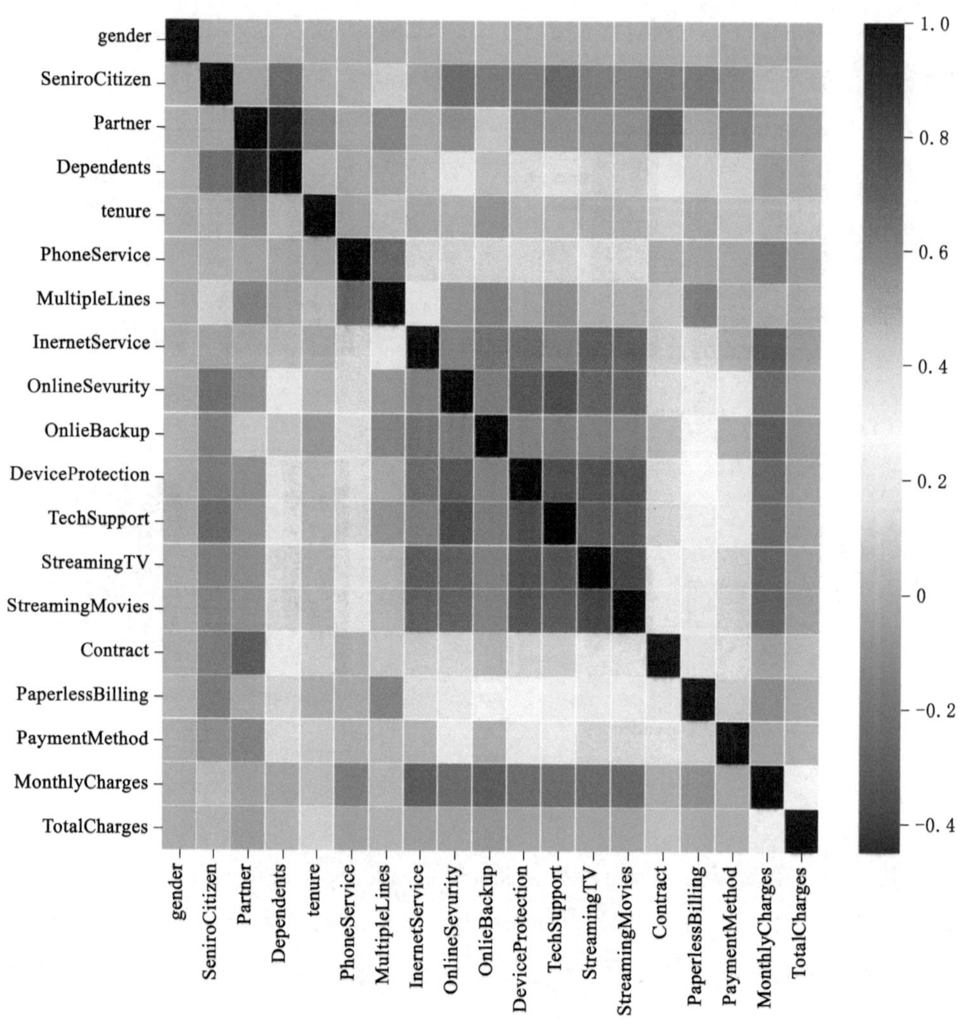

图 11-10　相关性热力图

根据分析，变量 gender 和 phone service 对电信客户流失的预测影响不大，可以直接丢弃。接下来，分析网络安全服务、在线备份服务、设备防护服务、技术支持服务、网络电视、网络电影和无网络服务对客户流失率的影响。

```
covar=['OnlineSecurity','OnlineBackup','DeviceProtection','TechSupport','StreamingTV',Streaming-
Movies']
plt.figure()
for i, zhuti in enumerate(covar):
    plt.subplot(3, 2, i + 1)
    sns.countplot(x=zhuti, hue='Churn', data=df1)
plt.show()
```

执行上面的示例代码后，输出结果如图11-11所示。可以看出，在网络安全服务、在线备份服务、设备保护服务、技术支持服务、网络电视和网络电影这六个变量中，没有互联网服务的客户流失率是一样的，而且相对较低。这可能是因为以上六个因素只有在客户使用互联网服务时才会影响客户的决策。这六个因素不会对不使用互联网服务的客户是否决定失去互联网服务产生推论性影响。

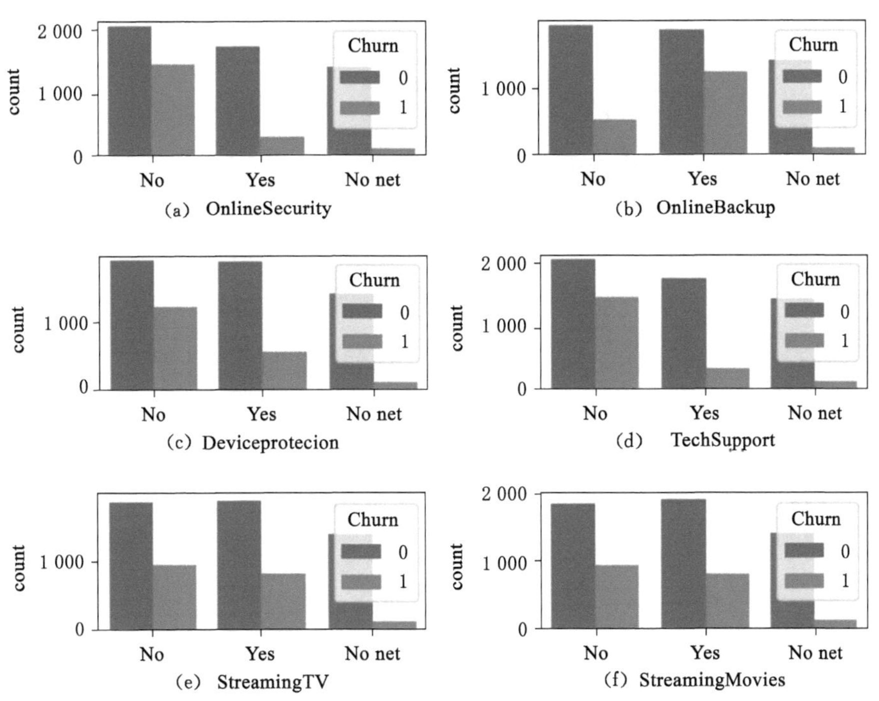

图11-11　相应特征对人员流失的影响

下面对数据进行预处理，删除对人员流失率影响比较小的特征列，并对数值类数据进行标准化处理，处理之后使用箱型图查看异常数据的占比。

```
from sklearn.preprocessing import StandardScaler
#调用标准化包
df1process = df1.iloc[:, 2:20]
```

```
df1process.drop('PhoneService', axis=1, inplace=True)
#删除特征列
s1 = StandardScaler(copy=False)
df1process[['tenure', 'MonthlyCharges', 'TotalCharges']]
=s1.fit_transform(df1process[['tenure','MonthlyCharges', 'TotalCharges']])
plt.figure()
box=sns.boxplot(data=df1process[['tenure','MonthlyCharges','TotalCharges']])
plt.show()
```

执行上面的示例代码后，输出结果如图 11-12 所示，通过对箱形图的分析，数值类数据不存在明显的异常值。

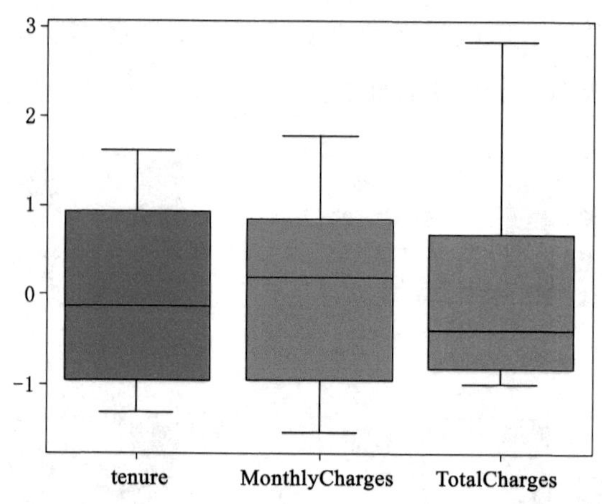

图 11-12　用箱形图分析数据

对离散特征的值进行处理比如说将无互联网服务与无手机服务转换成'No'等，并将所有的离散特征的值转换成整数编码，使其易于数据分析。

```
def dx(columnlabel):
    print(columnlabel, "--", df1process[columnlabel].unique())
obj1 = df1process.select_dtypes(['object'])
df1process.replace(to_replace='No internet service', value='No', inplace=True)
df1process.replace(to_replace='No phone service', value='No', inplace=True)
for i in range(0, len(obj1.columns)):
    dx(obj1.columns[i])
```

执行上面的示例代码后，输出结果如下：

```
Partner -- ['Yes' 'No']
Dependents -- ['No' 'Yes']
MultipleLines -- ['No' 'Yes']
```

```
InternetService -- ['DSL' 'Fiber optic' 'No']
OnlineSecurity -- ['No' 'Yes']
OnlineBackup -- ['Yes' 'No']
DeviceProtection -- ['No' 'Yes']
TechSupport -- ['No' 'Yes']
StreamingTV -- ['No' 'Yes']
StreamingMovies -- ['No' 'Yes']
Contract -- ['Month-to-month' 'One year' 'Two year']
PaperlessBilling -- ['Yes' 'No']
PaymentMethod --['Electronic check' 'Mailed check' 'Bank transfer (automatic)'
'Credit card (automatic)']
```

对非数据特征进行编码。

```
from sklearn.preprocessing import LabelEncoder   #标签编码
def labelencode(columnlabel):
    df1process[columnlabel] = LabelEncoder().fit_transform(df1process[columnlabel])
    for i in range(0, len(df1process.columns)):
        labelencode(df1process.columns[i])
        for i in range(0, len(obj1.columns)):
dx(obj1.columns[i])
```

执行上面的示例代码后，输出结果如下：

```
Partner -- [1 0]
Dependents -- [0 1]
MultipleLines -- [0 1]
InternetService -- [0 1 2]
OnlineSecurity -- [0 1]
OnlineBackup -- [1 0]
DeviceProtection -- [0 1]
TechSupport -- [0 1]
StreamingTV -- [0 1]
StreamingMovies -- [0 1]
Contract -- [0 1 2]
PaperlessBilling -- [1 0]
PaymentMethod -- [2 3 0 1]
```

在训练模型之前需要把数据集划分成训练集和测试集，在本次案例分析中把数据集分成训练集 70%，测试集 30%，并将两者都分成 10 组。具体操作如下。

```
from sklearn.model_selection import StratifiedShuffleSplit  #交叉验证
x = df1process
y = df1["Churn"].values
hf = StratifiedShuffleSplit(n_splits=10, test_size=0.3, random_state=0)
for train_index, test_index in hf.split(x, y):
    print('train:', train_index, 'test:', test_index)
    x_train, x_test = x.iloc[train_index], x.iloc[test_index]
    y_train, y_test = y[train_index], y[test_index]
```

执行上面的示例代码后，输出结果如下：

```
train: [ 769  362 4643… 4130  313 3303] test: [ 449 6214  871 … 5185 6469 4527]
train: [6002 1271 4481… 3221 2590 4093] test: [3955 2157 5259 …   75 5241 1432]
train: [5108 6348  423… 5889 5611 1452] test: [4889 2873 6951 … 3683 3735 6866]
train: [5370 2633 3179…  238 1274  357] test: [4403 3443 1572 … 4764  715 6523]
```

使用随机森林、朴素贝叶斯、支持向量机、逻辑回归、k 近邻方法建立预测模型，分析各个模型在该数据集上的性能表现，最后得出朴素贝叶斯方法在该数据集上有更好的表现。

```
from sklearn.ensemble import RandomForestClassifier
from sklearn.svm import SVC, LinearSVC
from sklearn.linear_model import LogisticRegression
from sklearn.naive_bayes import GaussianNB
from sklearn.neighbors import KNeighborsClassifier
from sklearn.metrics import classification_report, precision_score, recall_score, f1_score
Classifiers =[["Random", RandomForestClassifier()],
              ['svm', SVC()],
              ['Log', LogisticRegression()],
              ['NB', GaussianNB()],
              ['KNN', KNeighborsClassifier(n_neighbors=10)]]
Classify_result = []
names = []
pred = []
for name, classifier in Classifiers:
    classifier = classifier
    classifier.fit(x_train, y_train)
    y_pred = classifier.predict(x_test)
    recall = recall_score(y_test, y_pred)
    precision = precision_score(y_test, y_pred)
```

```
        class_eva = pd.DataFrame([recall, precision])
        Classify_result.append(class_eva)
        name = pd.Series(name)
        names.append(name)
        y_pred = pd.Series(y_pred)
        pred.append(y_pred)
    names = pd.DataFrame(names)
    names = names[0].tolist()
    re = pd.concat(Classify_result, axis=1)
    re.columns = names
    re.index = ['recall', 'precision']
    print(re)
```

执行上面的示例代码后，输出结果如下：

```
Random        svm         Log         NB          KNN
recall       0.493761    0.322638    0.513369    0.759358    0.397504
precision    0.632420    0.672862    0.651584    0.520782    0.638968
```

基于上面的数据分析，可以概括出易流失用户的特征：年龄较大的用户、未婚且经济独立的青少年更容易流失用户。电话服务对用户流失没有直接影响。各种网络服务可以降低用户流失率。合同签订的时间越长，留下的时间就越长。以电子方式付款的用户更容易流失。

11.5 优化技巧与解决方案升级

(1) 优化技巧 1：Python 处理大数据的技巧——内存管理控制

利用数据类型控制内存。首先判断特征列取值的最小表示范围，然后进行类型转换，如 float64 转换为 float16 等。

```
f"
function:_get_type(self,min_val,max_val,types)
    get the correct types that our columns can trans to
"
import NumPy as np
def _get_type(self,min_val,max_val,types):
    if types == 'int':
        if max_val <= self.int8_max and min_val >= self.int8_min:
            return np.int8
```

```
        elif max_val <= self.int16_max and min_val >= self.int16_min:
            return np.int16
        elif max_val <= self.int32_max and min_val >= self.int32_min:
            return np.int32
        return None
    elif types == 'float':
        if max_val <= self.float16_max and min_val >= self.float16_min:
            return np.float16
        elif max_val <= self.float32_max and min_val >= self.float32_min:
            return np.float32
        elif max_val <= self.float64_max and min_val >= self.float64_min:
            return np.float64
        return None
```

(2) 优化技巧 2:加速数据处理的技巧

① 加速 Pandas 的 Merge

当数据量比较大时,Pandas 的 Merge 操作相比基于 Object 的 Merge 操作耗时,因此如果遇到 Index 经常被编码成一个非常复杂的字符串序列,此时我们就可以将 Index 编码为简单的数字,然后存储映射的字典,再对数字进行 Merge,最后通过字典映射回来。

② 加速 Pandas 分位数的特征提取

在日常的大数据处理和分析工作中,经常会遇到提取各种分位数的问题,如果枚举分位数特征,每次都自定义一个分位数提取函数会极其耗时。这时就可以考虑将所有分位数的提取用一个函数实现,返回一个分位数的 list,这样就无须再进行多次分位数的提取了。

③ 使用 NumPy 替代 Pandas

由于 NumPy 的操作比 Pandas 操作得快,因此当 Pandas 全部是数值等特征时,可以考虑将其转化为 NumPy 再进行特征提取。

④ 使用 Cython 优化

Cython 是一个基于 C 语言的 Python 编译器,在一些计算量大的程序中,可以用 Cython 来实现相当大的加速。考虑大部分人可能都不太了解复杂的 Cython 语句,下面介绍下 Cython 的简易版使用技巧。通过在 Ipython 加入 Cython 魔术函数%load_ext Cython,如下示例就可以加速了一倍。进一步再借助更高级的 Cython 语句,还是可以比 Python 快个几十上百倍。

⑤ 使用 NumExpr 优化

NumExpr 是一个对 NumPy 计算式进行的性能优化。NumExpr 的使用极其简单，只需要将原来的 NumPy 语句使用双引号框起来，并使用 numexpr 中的 evaluate 方法调用即可。经验上看，数据有上万条使用 NumExpr 才比较有效果，对于简单运算使用 NumExpr 可能会更慢。

11.6 保存和加载训练后的模型

前面的内容介绍了如何对获取的原始数据进行机器学习创建模型。但是，为了让这些工作有价值，我们需要用模型做一些事情，比如把它整合到一个已有的应用里。要实现这个目标，就必须在训练后保存模型，并且在应用需要的时候加载它。这就是这一节的重点。

比如现在有一个训练好的 Scikit-Learn 模型，想保存它并且在其他位置进行加载。

```
#加载库
from sklearn.ensemble import RandomForestClassifier
from sklearn import datasets
from sklearn.externals import joblib
#加载数据
iris = datasets.load_iris()
features = iris.data
target = iris.target
#创建对象
classifer = RandomForestClassifier()
# train
model = classifer.fit(features,target)
#模型保存为 pickle 文件
joblib.dump(model,'model.pkl')
#加载模型
classifer = joblib.load("model.pkl")
```

在生产中使用模型的第一步，就是把模型保存成文件，使它可以应用在另一个应用或者工作流上。

或者有一个训练好的 Keras 模型，需要对其保存和加载。

```
#加载库
import NumPy as np
from keras.datasets import imdb
from keras.preprocessing.text import Tokenizer
```

```
from keras import models
from keras import layers
from keras.models import load_model
#设置随机数种子
np.random.seed(10)
#特征数
num_of_features = 1000
#加载数据
(train_data,train_target),(test_data,test_target) = imdb.load_data(
    num_words=num_of_features
)
# onehot 编码
tokenizer = Tokenizer(num_words=num_of_features)
tarin_feature = tokenizer.sequences_to_matrix(train_data,models='binary')
test_feature = tokenizer.sequences_to_matrix(test_data,models='binary')
#神经网络结构
network = models.Sequential()
network.add(…) #网络结构参数
models.compile(…) #编译
history = network.fit(…) #训练
#保存
network.save('model.h5')
#加载
network = load_model('models.h5')
```

不同于 Scikit-Learn，Keras 不推荐使用 Pickle 格式来保存模型，而是将模型保存为 HDF5 文件。这种文件仅包含加载模型做预测所需要的结构和训练后的参数，而且包含重新训练所需要的各种设置，比如损失、优化器的设置等。

11.7 本章小结

本章主要介绍数据挖掘技术与机器学习的相关知识，首先介绍了数据挖掘技术的发展历史和数据挖掘技术的方法分类，例如分类、预测、聚类等。然后介绍了机器学习中的概念与发展历史并详细描述了监督学习与非监督学习，列举了两种方法主要解决的问题，并在小节最后详细描述了监督学习与非监督学习的差别。最后描述了经典的机器学习算法回归算法、神经网络、聚类算法、关联规则以及决策树算法的基本概念和案例实现。

本章习题

1. 相比于监督学习,无监督学习有怎样的特点?主要解决什么类型的问题?

2. 神经网络中包含很多神经元,这些神经元的工作原理是什么?

3. 回归算法是经典的机器学习算法,这一算法处理的主要问题是什么?

4. 聚类算法是经典的无监督算法,聚类算法的目的是什么?它与分类算法的区别是什么?

5. 用 Python 语言实现例 11.1。

6. 用 Python 语言实现例 11.3。

7. K-means 算法是常用的聚类算法,请描述该算法的流程。

8. 神经网络为什么被称为神经网络?请描述神经网络的起源,并回答:作为一门学科,它的主要任务是什么?

参考文献

[1] 白宁超，唐聃，文俊. Python 数据预处理技术与实践[M]. 北京：清华大学出版社，2019.

[2] 蔡驰聪. Python 数据分析从入门到精通：微课视频版[M]. 北京：中国水利水电出版社，2021.

[3] 曹尔黎，刘美艳，李翠亭，等. 统计学[M]. 北京：中国金融出版社，2013.

[4] 邓立国. Python 大数据分析算法与实例[M]. 北京：清华大学出版社，2020.

[5] 方健，孙悦，邵芳，等 Python 项目实战从入门到精通[M]. 北京：机械工业出版社，2020.

[6] 方巍. Python 数据挖掘与机器学习实战[M]. 北京：机械工业出版社，2019.

[7] 黑马程序员. Python 数据分析与应用：从数据获取到可视化[M]. 北京：中国铁道出版社，2019.

[8] 贾俊平. 统计学：基于 R 应用[M]. 5 版. 北京：中国人民大学出版社，2014.

[9] 贾俊平. 统计学：基于 R 应用[M]. 4 版. 北京：中国人民大学出版社，2021.

[10] 贾俊平. 统计学：基于 R 应用[M]. 北京：机械工业出版社，2014.

[11] 贾俊平. 统计学：基于 SPSS[M]. 3 版. 北京：中国人民大学出版社，2019.

[12] 贾俊平. 统计学基础[M]. 2 版. 北京：中国人民大学出版社，2014.

[13] 贾俊平. 应用统计学[M]. 北京：高等教育出版社，2014.

[14] 金大卫. 大数据分析导论[M]. 北京：清华大学出版社，2020.

[15] 刘翠杰，张妍蕊. 统计学原理[M]. 北京：北京理工大学出版社，2009.

[16] 刘世平. 大数据在金融行业实用案例剖析[M]. 北京：经济科学出版社，2016.

[17] 刘铁. 数学模型与实验[M]. 北京：科学出版社，2018.

[18] 卢冶飞，孙忠宝. 应用统计学[M]. 3 版. 北京：清华大学出版社，2017.

[19] 卢冶飞，孙忠宝. 应用统计学[M]. 4 版. 北京：清华大学出版社，2019.

[20] 吕云翔,李伊琳,王肇一. Python 数据分析实战[M]. 北京:清华大学出版社,2019.
[21] 罗斐. 统计学[M]. 北京:知识产权出版社,2013.
[22] 马小科. 数据挖掘基础及其应用[M]. 西安:西安电子科技大学出版社,2020.
[23] 司守奎,孙玺菁. Python 数学实验与建模[M]. 北京:科学出版社,2020.
[24] 宋天龙. Python 数据分析与数据化运营[M]. 2 版. 北京:机械工业出版社,2019.
[25] 魏伟一,李晓红. Python 数据分析与可视化:微课视频版[M]. 北京:清华大学出版社,2020.
[26] 吴思远. 数据挖掘实践教程[M]. 北京:清华大学出版社,2017.
[27] 吴喜之. Python——统计人的视角[M]. 北京:中国人民大学出版社,2018.
[28] 武志学. 大数据导论:思维、技术与应用[M]. 北京:人民邮电出版社,2019.
[29] 辛晓婷,李华荣,杜启军. Python 程序员面试笔试宝典[M]. 北京:机械工业出版社,2020.
[30] 杨正洪. 人工智能技术入门[M]. 北京:清华大学出版社,2021.
[31] 叶维忠. Python 编程从入门到精通[M]. 北京:人民邮电出版社,2018.
[32] 由育阳. 数据挖掘技术与应用[M]. 北京:北京理工大学出版社,2021.
[33] 余本国. Python 编程与数据分析应用:微课版[M]. 北京:人民邮电出版社,2020.
[34] 余挺,李超. 基于 Python 语言的数据分析[M]. 北京:北京邮电大学出版社,2021.
[35] 袁卫,庞皓,曾五一. 统计学[M]. 2 版. 北京:高等教育出版社,2005.
[36] 张海霞,迟艳琴,赵雪虹. 统计学[M]. 2 版. 北京:中国金融出版社,2017.
[37] 张良均,王路,谭立云. Python 数据分析与挖掘实战[M]. 北京:机械工业出版社,2016.
[38] 张仁寿. 统计学[M]. 北京:中国统计出版社,2018.
[39] 张卫国. 管理统计学[M]. 广州:华南理工大学出版社,2014.
[40] 张小斐. 统计学[M]. 2 版. 北京:中国统计出版社,2013.
[41] 郑继明,刘勇,刘平. 计算方法学习指导[M]. 北京:清华大学出版社,2013.
[42] 周品. 云时代的大数据[M]. 北京:电子工业出版社,2013.
[43] 周志华. 机器学习[M]. 北京:清华大学出版社,2016.
[44] (奥)托马斯·哈斯尔万特(Thomas Haslwanter). Python 统计分析[M]. 李锐译. 北京:人民邮电出版社,2018.
[45] (美)马里奥·多布勒,(美)蒂姆·高博曼. Python 数据可视化[M]. 李瀛宇译. 北京:清华大学出版社,2020.
[46] 韩慧昌,林然,徐江. Python 机器学习手册 从数据预处理到深度学习[M]. 北京:

电子工业出版社,2019.

[47] LLOYD S. Least squares quantization in PCM[J]. IEEE Transactions on Information Theory,1982,28(2):129-137.